HZ Books

华 章 图 书

一本打开的书，一扇开启的门，

通向科学殿堂的阶梯，托起一流人才的基石。

www.hzbook.com

智能系统与技术丛书

基于机器学习的数据缺失值填补

理论与方法

赖晓晨 张立勇 刘辉 吴霞 著

机械工业出版社
China Machine Press

图书在版编目（CIP）数据

基于机器学习的数据缺失值填补：理论与方法 / 赖晓晨等著 . 一北京：机械工业出版社，2020.9

（智能系统与技术丛书）

ISBN 978-7-111-66305-8

I. 基… II. 赖… III. 机器学习 IV. TP181

中国版本图书馆 CIP 数据核字（2020）第 156300 号

基于机器学习的数据缺失值填补：理论与方法

出版发行：机械工业出版社（北京市西城区百万庄大街 22 号　邮政编码：100037）

责任编辑：董惠芝　　　　　　　　　　　责任校对：殷　虹

印　　刷：北京诚信伟业印刷有限公司　　版　　次：2020 年 9 月第 1 版第 1 次印刷

开　　本：186mm×240mm　1/16　　　　印　　张：15.5

书　　号：ISBN 978-7-111-66305-8　　　定　　价：79.00 元

客服电话：（010）88361066　88379833　68326294　　投稿热线：（010）88379604

华章网站：www.hzbook.com　　　　　　　　　　　读者信箱：hzit@hzbook.com

版权所有·侵权必究

封底无防伪标均为盗版

本书法律顾问：北京大成律师事务所　韩光 / 邹晓东

前　言

为什么要写这本书

近年来，以机器学习、深度学习为代表的人工智能技术已经逐步应用到医学、金融、交通等领域，由此掀起了一场大规模的科技与产业革新。人工智能是一门基于数据的科学技术，高质量的数据是推动其发展与应用的重要驱动力。然而，由于现实生活中机器或人为等干扰，数据缺失经常发生甚至不可避免。数据缺失可理解为不完整数据集中的"漏洞"，若不对其进行合理"弥补"，则无法正常开展数据挖掘等数据分析任务。由此可见，在数据质量难以保障而人工智能不断深化的今天，缺失数据已成为从业或科研人员经常面临的问题。

结合缺失数据处理这一现实需求，以及笔者多年的研究和工程经验，本书将全方位、多角度、深层次地呈现目前主流的数据缺失值填补方法，以对缺失值填补领域的研究成果和个人见解进行系统的论述。

缺失值填补是缺失数据处理的有效手段，其核心思想是为每个缺失值计算合理的替换值，以构造完整数据集。此类方法既可以保持原始数据集的规模，又能够保留不完整样本中现有数据所携带的信息，逐渐受到众多研究学者和开发人员的广泛关注。缺失值填补方法众多，应用范围基本覆盖基于数据的科学研究与工业应用领域。诸如均值填补、热平台填补等传统方法主要基于统计学理论实现，随着人工智能的发展，以机器学习为代表的人工智能技术在缺失值填补领域逐渐盛行。一方面，缺失值填补能够改善数据质量，进而改进机器学习的应用成效；另一方面，机器学习能够反哺缺失值填补方法的设计与创新。基于机器学习的缺失值填补理论与方法研究逐渐成为主要的发展趋势。

尽管填补方法众多，但无论是哪种方法均不具备普适性，故需从全局视角建立对缺失值填补的全面认知，以在实际应用中结合具体场景和数据集特性选取适宜的填补方法。目前，缺失值填补领域的研究成果以学术论文为主，少有系统性的图书。由于内容分散且繁杂，研究者需要耗费大量时间查阅论文，且难以形成系统且全面的认知。为了方便读者从全局视角掌握不同的填补方法，深入理解其意义及相互之间的区别，本书对当下缺失值填补领域的研究成果与应用情况进行系统概括和提炼，并重点突出基于神经网络和 TS 模型等机器学习理论的缺失值填补方法，为读者在科研或工作中遇到的缺失值问题提供全面而有效的解决思路。

总体而言，本书涉及的理论和方法能解决数据处理所面临的缺失值问题，从而有效提高数据质量，为后续人工智能技术的应用与发展建立坚实的基础。

读者对象

本书专注于采用机器学习方法解决数据缺失问题，目标明确、特点鲜明，内容循序渐进、由浅入深，尤其强调论述的系统性和完备性。本书适用人群包括：

❑ 人工智能，尤其是机器学习相关领域的研究者；
❑ 有相关项目开发需求的软件工程师；
❑ 高校信息学科或相关交叉学科的教师；
❑ 高校计算机、软件、电子、自动化相关专业的三、四年级本科生及研究生；
❑ 其他了解一定人工智能基础的学习者和对此感兴趣的爱好者。

阅读本书，应具备如下基础：

❑ 了解人工智能的基础知识和概念；
❑ 具有人工智能基本工具的使用经验，如 Python、TensorFlow。

本书特色

本书专注于采用机器学习方法进行缺失数据的填补，相比于传统的基于统计学的方法，基于机器学习方法的模型更简单，不需要读者具有很强的数学功底，并且填补效果优于传统方法。以机器学习为代表的人工智能方法引领了目前技术发展的潮流，为社会生活的方方面面带来了彻底的变化。

目前图书市场中，关于缺失值填补的图书少之又少。现存的几类图书，要么基于统计学的方法，要么直接调用函数库讲解应用，对于基于机器学习方法的缺失值填补方法的论述基本是空白状态，这与大量数据集需要完成缺失值填补这一现实需求存在巨大的鸿沟。

本书的主要特点如下。

❑ 新颖性。本书主要采用神经网络和 TS 模型方法来解决数据缺失问题，与传统基于统计学的填补方法截然不同，且填补精度更高，填补难度更低。目前，国内图书市场尚无一本专著与本书类似，因而本书具有新颖性。

❑ 先进性。本书采用的数据集来自 UCI 等国际公认的著名大学数据集，提出了一系列基于神经网络和 TS 模型的填补方法，并与近年来国际上较为流行的其他方法充分对比，实验结果证明本书所提出的方法具有技术先进性。

❑ 工程性。本书附录公开了核心方法代码，读者可直接将本书方法应用于自己的工程项目当中，具有工程价值。

❑ 易用性。读者只要了解人工智能的基本概念，能够基于 Python 语言和 TensorFlow 完成基本操作，即可读懂本书，并且能够演示和复现各章节的填补方法，具有很好的易用性。

❑ 系统性。本书较为全面地介绍了缺失值填补的各方面内容，包括传统方法概述、国内外研究现状评论，对作者设计的各种方法也采用循序渐进的方式，按照方法之间的逻辑关系逐步介绍，力争为读者呈现基于机器学习的缺失值填补方法的全貌，给读者提供一站式的学习体验，具有良好的系统性。

如何阅读本书

本书系统地介绍了基于机器学习的缺失值填补理论及方法，共分为 8 章。

第 1 章介绍了缺失值填补的背景、意义、研究现状及应用。

第 2 章首先对数据缺失机制、缺失数据的处理进行概述，由此突出缺失值填补方法的优越性及必要性；接着从基本概念、方法分类、性能度量 3 个角度介绍缺失值填补概况。

第 3 章详细阐述目前基于统计学、机器学习的缺失值填补理论与方法。首先从样本间相似度、属性间关联性两个角度对部分填补方法展开介绍；接着阐述基于参数估计的期望最大化填补方法，以及针对缺失数据不确定性的缺失值填补方法。

第 4 章对目前神经网络在缺失值填补领域的研究成果进行归纳总结，包括基于多层感知机、自相关神经网络、循环神经网络等的填补模型。

第 5 章从网络代价函数、填补方法两个角度阐述神经网络填补方法的设计及应用，重点介绍缺失值变量视角下的网络动态填补方案，并详细阐述缺失值变量思路的优点。

第 6 章介绍基于 TS 模型的缺失值填补方法，突出 TS 模型可解释性强的优点，详细介绍面向不完整数据的 TS 建模过程，并通过特征选择算法解决 TS 建模中的特征冗余问题。

第 7 章从前提参数优化和结论参数优化两个角度改进 TS 模型。其中，针对类不均衡问题提供了合理的 TS 模型优化方案，并介绍了缺失值与 TS 模型参数的交替学习方案。

第 8 章基于前文介绍的缺失值填补方法，针对我国贫困家庭特征分析中的数据缺失问题提供解决方案，为缺失值填补的研究工作赋予现实意义，体现其应用价值。

第 4～8 章提供的各缺失值填补方法的相关核心代码下载地址为 https://github.com/ldz15219/-/releases/tag/1.0。

总体而言，第 1～3 章阐述了缺失值填补的理论基础，第 4～5 章详细阐明了基于神经网络的缺失值填补方法，第 6～7 章详细阐明了基于 TS 模型的缺失值填补方法，第 8 章介绍缺失值填补方法的实际应用。读者可根据自身需求或者已有知识储备有选择地阅读，但如果你是一名初学者，建议从第 1 章开始按顺序学习。

勘误和支持

由于作者的水平有限，编写时间仓促，书中难免会出现一些错误或者不准确的地方，恳请读者批评指正。如果你有更多的宝贵意见，欢迎发送邮件至 laixiaochen@dlut.edu.cn，期待能够得到大家的真挚反馈。

致谢

感谢刘德正在本书的内容撰写、实验设计、文字及格式校对等方面付出的辛苦努力。没有你的帮助，本书不可能完成。也感谢刘鑫、陆艺丹、宋橘超、朱金冲、阎文亮等多位朋友对本书的大力支持。

感谢机械工业出版社华章公司的编辑杨福川、张锡鹏、李良等，在创作过程中始终支持我的工作，你们的鼓励和帮助引导我们顺利完成全部书稿。

感谢国家重点研发计划项目（2018YFB1700200）和国家自然科学基金项目（U1608256）的支持。

感谢我的家人，是你们帮我承担了家庭负担，并时时督促和鼓励我，使我得以完成书稿的撰写。

谨以此书献给我的孩子，希望你能健康开心地成长！

赖晓晨

2020 年 4 月

目　　录

第1章

绪　　论

　　随着信息时代的到来，各行业的数据规模呈爆炸式增长。由于数据质量难以得到有效保障，数据缺失已经成为实验研究和实践过程中面临的重要问题。在面对缺失数据时，直接删除往往会造成大量信息丢失，严重降低数据集的可靠性。缺失值填补方法利用现有数据为缺失值计算合理的填补值，从而构造完整的数据集。该方式既可以保持原始数据集的规模，又能够对缺失值做出合理的推断，已成为缺失数据处理的研究热点。

　　常用的缺失值填补方法主要包括基于统计学的缺失值填补方法和基于机器学习的缺失值填补方法。基于统计学的缺失值填补方法具备广泛的研究基础，且研究成果斐然。而鉴于机器学习算法在处理大规模数据时具有良好的表现，将其应用于数据填补工作具有重要的现实意义。大多数基于机器学习的填补方法根据不完整数据集中的已知信息建立预测模型，并通过训练出的预测模型估计缺失值，其优越性已经在实验研究和实践过程中得到了充分验证。目前，缺失值填补方法已经为基于数据的科学研究提供了可靠的基础，并且在多个实践领域获得了广泛的应用。随着移动互联网、物联网、云计算产业的深入发展，高质量的数据已经成为推动各行业发展的重要因素，缺失值填补方法必将因其重要的现实意义与实用价值而受到越来越多的关注。

1.1　缺失值填补的背景与意义

　　互联网、物联网的广泛应用催生了数据的爆炸式增长，大数据时代已然来临，并且正在以极广的覆盖性、极强的渗透力改变着人类的生产、生活方式。狄更斯在《双城记》中写道："这是一个最好的时代，也是一个最坏的时代。"这句话用以形容大数据的发展现状再贴切不过。一方面，海量数据的衍生价值能够促进人类文明的发展。经典的 DIKW（Data-to-

Information-to-Knowledge-to-Wisdom）模型阐述了由数据到智慧的演化进程，其将数据、信息、知识、智慧按自底向上的顺序纳入一个金字塔形的层次结构。数据位于该结构的底层，是信息的载体，是知识与智慧的本原。若将数据比作雨滴，那么信息是由雨滴汇集的河川，知识是由河川汇聚的大海，智慧是大海里诞生的新生命。由此可见，海量数据中很可能蕴藏着启迪人类智慧与文明的力量。另一方面，大数据具有基数庞大、类型繁多、增速迅猛、价值密度低等特点，而人类传统的分析手段已经无法胜任大数据的挖掘工作。如何高效地利用海量数据并释放其衍生价值是目前面临的一项重要挑战。在此背景下，以机器学习、深度学习为代表的人工智能技术成为大数据挖掘和分析的重要手段，并且掀起了一场大规模的科技与产业革新。

人工智能是计算机科学的重要分支，其发展与数据、算法及硬件密切相关。著名的人工智能专家吴恩达曾指出，发展人工智能就像利用火箭发射卫星，需要强有力的引擎和足够的燃料。而在人工智能这艘火箭中，机器学习与深度学习等算法是引擎，高性能的计算硬件是打造引擎的工具，海量数据是引擎的燃料。上述比喻形象地阐述了人工智能发展的三大要素以及彼此间的关系。进一步探究大数据与人工智能的联系可知，大数据能够为人工智能提供海量的数据支持，而人工智能能够合理挖掘并释放大数据在各行业中的衍生价值。现如今，大数据与人工智能已经逐步惠及医学、金融、交通、通信等领域，在当今社会发挥着重要作用。

高质量的数据是推动人工智能发展的重要因素。然而，由于各种机器或人为因素的干扰，真实数据集中经常存在不同程度的数据缺失，以致出现数据质量下降等情况。数据缺失问题普遍存在于数据采集、录入、传输、存储及分析等环节。探究缺失值的成因对于理解以及解决数据缺失问题有着积极作用。

以传感器网络为例，该场景下的数据缺失主要来自传感器与环境间的交互。例如，节点的硬件在日晒、风吹或雨淋等环境影响下易损坏，导致无法传回数据。节点携带的能量有限，其在能量消耗殆尽而未及时更换电池的情况下会导致部分数据丢失。节点的通信能力有限，其受障碍物、信号衰弱等影响，导致无法成功传输数据。节点的存储及处理能力有限，当其无法存储数据或及时运算时，会丢失部分数据[1]。

以社会调查为例，数据采集期间的数据缺失原因主要有：被调查者因身体、工作等原因无法现身参与调查；被调查者因问题敏感或涉及隐私而拒绝作答；被调查者有意或无意地隐瞒事实而虚假回复（此类数据在后期由分析人员成功检测并删除）；调查者因粗心而忘记询问某些问题，或者笔录时出现明显的错填。此外，在数据的后续处理过程中也易出现数据缺失现象。例如，在数据录入期间，操作员因人为失误错录数据的位数或某个数字等导致数据出错（此类数据在后期由分析人员成功检测并删除）；在数据存储、传输及分析过程中，因系统失灵、传输故障、人为失误等各种原因造成数据丢失[2]。

除以上场景外，数据缺失还存在于金融投资、医疗诊断等诸多场景中。由于数据缺失的产生原因较多且难以完全避免，使得缺失数据成为影响数据质量的一大原因。缺失数据可能携带该数据对象的重要信息，并且缺失的数据量过大会严重降低数据的质量与可信度。若直接利用算法分析不完整数据，不仅会增大建模难度和分析过程的复杂度，还会导致分析结果出现错误。然而事实上，大多数已有的人工智能算法无法直接处理缺失数据，因此，需在预处理阶段对缺失数据进行有效处理，方可进行后续分析。而如何有效处理缺失数据已成为不完整数据分析中亟待解决的关键问题。

目前，常用的缺失值处理方式主要包括不完整样本删除和缺失值填补。直接删除不完整样本会使得建模的数据量减小。而当不完整样本的数量相对于整个数据集不可忽视时，该方法将导致大量的信息丢失，进而导致分析结果出现严重偏差。相较于直接删除不完整样本，缺失值填补法则是一种更为合理的解决方法。

在不完整数据分析中，缺失值填补法通过研究现有数据，为每个缺失值找到一个尽可能合理的替代值，以此获得与原始数据集大小、维度完全相同的数据集。该方法既可以保持原始数据集的规模，又能够对缺失值做出合理的推断，已受到众多科研及从业人员的广泛关注。据统计，在机器学习和数据挖掘的科研应用中，数据预处理耗费了研究人员超过60% 的时间与精力，而在工业应用中该比重甚至超过 80%[3]，其中，不完整数据处理是关键工作内容。由此可见，不完整数据的缺失值填补理论及方法具有重要的研究意义与研究价值。

在数据质量难以保障而人工智能不断深化的今天，以不完整数据为对象的缺失值填补研究是一项基础且必要的工作。合理的缺失值填补方法不仅能够有效提升机器学习等人工智能算法的工作效率，还能提高数据分析与建模的准确性和可信度，因此具有重要的现实意义。

1.2　缺失值填补方法的研究现状概述

高质量的数据集是发现和获取知识的必要前提，因而填补值的准确性已成为数据挖掘和机器学习成功与否的一个关键因素。缺失值填补法利用现有数据为缺失值计算合理的填补值，从而构造完整数据集。常用的填补方法大致可分为基于统计学的缺失值填补方法和基于机器学习的填补方法。

1.2.1　基于统计学的缺失值填补方法

均值填补是最早使用的一种基于统计学的缺失值填补方法，该方法将样本属性分为数值型和非数值型分别进行处理[4]。针对数值型数据，该方法以不完整属性列中全部现有值的平均值填补该属性列的缺失值。针对非数值型数据，该方法基于众数原则，利用不完整属性列中现有值出现频率最高的值填补其中的缺失值。该方法在某些情况下能够取得较好的填补效果，但其在填补过程中忽视了属性之间的相关性，制约了方法的适用范围[5]。

回归填补法基于属性间的依赖关系建立回归模型，并根据数据集中的完整记录求解模型参数[6]。根据属性间的依赖关系，回归模型可以分为线性回归和非线性回归。线性回归形式简单、计算量小，但真实存在的数据集中属性间大多不遵循线性依赖。非线性回归通过拟合曲线将各个记录点光滑地链接起来，其中拟合曲线的类型既可以是指数函数（Exponential Function）、对数函数（Logarithmic Function）、幂函数（Power Function）和多项式函数（Polynomial Function）等基本初等函数，也可以是由其中一种或多种函数构成的复合函数。相较于均值填补等忽视样本间相关性的方法，回归填补法利用了数据中包含的潜在信息，因而通常其填补精度更高，且适用范围更广。

期望最大化（Expectation-Maximization，EM）填补法利用现有数据的边缘分布对缺失数据进行极大似然估计（Maximum Likelihood Estimate，MLE），从而得到相应的填补值[7]。对于极大似然估计优化目标，该方法采用迭代的方式进行优化求解。每一轮迭代由两步组成：期望（Expectation）步和最大化（Maximization）步，简称 E 步和 M 步。E 步基于现有数据和待定参数估计缺失值的条件期望并将其作为填补值，M 步将条件期望最大化并计算待定参数。在这种迭代式的填补方法中，完整数据得到充分的利用，从而获得较为精确的填补结果。同时，EM 填补法的精度与数据集中缺失率相关，当缺失率太大时，上述迭代优化过程容易陷入局部最优解，不仅会影响填补精度，还会导致方法的收敛速度显著降低。

多重填补法基于不同的模型或规则为每个缺失值生成多个可能的填补值，并由此生成多个完整数据集，然后使用相同的处理方法对获得的填补数据集进行统计分析，最后综合各个分析结果，得到最终的填补值。该方法由 Rubin[8]于 1978 年提出，并经过 Meng[9]和 Schafer[10]等人的不断改进。它考虑了由于数据填补而产生的不确定性，相较于上述单一填补（Single Imputation）法具有更高的准确性，但也导致了计算量的明显增加。

1.2.2　基于机器学习的缺失值填补方法

基于机器学习的缺失值填补方法把不完整数据集中的完整样本当作训练集来建立预测模型，并根据训练出的预测模型估计缺失值。目前，常见的基于机器学习的缺失值填补方法包括 K 最近邻（K-Nearest Neighbors，KNN）填补法、基于聚类的填补方法和基于神经网络（Neural Network，NN）的填补方法等。

1. K 最近邻填补法

针对每个不完整样本，K 最近邻填补法为寻找最相近的 K 个近邻样本，并利用近邻样本在不完整属性上的平均值填补缺失值。在获取不完整样本的近邻样本时，如何度量样本间的距离是一个关键问题。较为常见的距离度量指标包括欧式距离（Euclidean Distance）、闵可夫斯基距离（Minkowski Distance）等。这些指标在处理连续变量时表现良好，但却无法处理离散变量。张世超等人将灰色关联分析法（Gray Relational Analysis）引入样本间距离的度量中，且在计算不完整样本的近邻样本时将样本的标签信息考虑在内，从而对同时包含离散变量和连续变量的数据集中的缺失数据进行了有效填补[11]。

在获取不完整样本的近邻样本后，如何充分利用近邻样本的属性进行缺失值填补同样是一个重要问题。鉴于不完整样本各近邻与该样本的距离存在差异，Troyanskaya 等人提出了一种加权的 K 最近邻填补法。该方法基于欧式距离选择不完整样本的 K 个近邻样本，并根据各近邻样本与不完整样本间距离的倒数计算其权重[12]。为了提高权重的灵活性并降低算法对超参数 K 的敏感性，提高缺失值填补的精度，Tutz 等人将核函数（Kernel Function）引入权重计算过程以调节权重与样本间距离的相关程度。同时，权重计算方法引入了权重参数，通过调整权重参数，所得样本间的权重能够在不同 K 值下取得良好的填补效果，提高了 K 最近邻填补法的鲁棒性[13]。与均值填补类似，K 最近邻填补法同样没有考虑到样本属性之间的相关性，毕永朋等人参考主成分分析（Principal Component Analysis，PCA）算法的原理，通过协方差矩阵记录属性间的相关系数，并在计算填补结果时将来自其他属性的影响考虑在内，提高了 K 最近邻填补法的精度[14]。

2. 基于聚类的填补方法

基于聚类的填补方法通常使用聚类算法将数据集中的样本划分为不同的簇，并参照聚类中心（Cluster Center）及类内的完整样本对不完整样本的缺失值进行填补。Gajawada 等人提出了一种较为典型的基于聚类的缺失值填补方法，即通过 K 均值（K-Means）聚类算法对数据集中的样本进行聚类。对于每一个不完整样本，在其所属的聚类簇中寻找该样本的一组近邻，计算各近邻样本在对应属性上的均值并将其作为填补结果[15]。为了在填补过程中充分利用簇内关系，降低不同簇的相互干扰，马永军等人在 K 均值聚类填补方法的基础上引入了离群点检测[16]。该方法通过核函数将数据集映射到高维空间，在高维空间对样本进行聚类，形成不同的簇，在同簇内选择与缺失值最相似的数据进行填补，然后使用 K 均值聚类检测填补后数据集中的离群样本，去除离群样本的填补值并将离散样本重新放入数据集进行填补。通过不断迭代直到填补的数据不再检测出离群点，离群点检测的引入使得样本的聚类信息得以充分利用，从而提升了基于聚类的填补方法的精度。为了有效挖掘数据矩阵中隐藏的局部特征信息，徐鹏雅将双聚类算法应用于缺失数据的填补中[17]。双聚类算法在行和列两个维度上对数据矩阵中的对象和属性同时进行聚类，双聚类簇内均方残差越低，表示在簇内属性一致性越高。该方法利用双聚类簇这一特点寻找与缺失值一致性较高的属性，并根据其均值进行缺失值填补。

相对于上述确定性的聚类划分，模糊 C 均值（Fuzzy C-Means，FCM）聚类计算样本对于各个聚类簇（Cluster）的隶属度，从而提供更加灵活的聚类结果。目前，FCM 已经广泛应用于缺失数据的填补。Kumaran 等人通过 FCM 对样本进行模糊聚类，对于不完整样本中的各现有属性，计算其与各聚类中心的距离以确定其所属聚类簇，并采用各属性投票的方式确定样本所属的聚类簇，从而根据簇内完整样本的属性进行缺失值填补。模糊聚类与投票的结合取得了优于传统聚类算法的聚类精度，因而获得了较好的填补效果[18]。鉴于聚类簇的数量对模糊聚类的精度具有较大的影响，Aydilek 等人采用支持向量回归和遗传算法对聚类簇的数量和加权因子进行优化，以改善聚类效果的方式提升缺失值填补的精度[19]。考虑到聚类簇的初始位置对模糊聚类的影响，Ming 等人在模糊聚类前通过全局 K 均值聚类算法选定各聚类簇的初始位置，从而提升了模糊聚类及缺失值填补的鲁棒性[20]。

3. 基于神经网络的填补方法

基于神经网络的填补方法多使用不完整数据集中的现有属性训练网络参数，并通过所构建的网络模型对不完整样本的缺失值进行填补。目前，业内已经提出了很多应用于缺失值填补的网络模型，其中，自组织映射（Self-Organizing Map，SOM）是较为传统的一种。自组织映射是由输入层、竞争层构成的两层无监督型结构[21]，能够识别相似度较高的输入样本子集，并使竞争层中彼此距离较近的神经元（Neuron）对相似样本产生响应，从而利用这些神经元的权重归纳样本间相似度[22]。该方法首先基于完整样本实现权重训练，接着将各不完整样本输入网络模型并计算其与权重向量间的距离。随后，选取距各不完整样本最近的权重向量所对应的神经元作为获胜节点，并确定激活邻域。最终，将激活邻域内所有权重向量在不完整属性的加权平均值作为填补值。该模型结构简单，训练过程的时间开销较小，但其忽视了属性间的相关性，会在一定程度上影响填补精度。

多层感知机（Multi-Layer Perceptron，MLP）按照一定规则将若干神经元节点组织为层状网络结构，并借助激活函数及节点间的连接权重等表征复杂的非线性系统。基于 MLP 的填补方法根据不完整属性的组合个数建立相应数量的 MLP 回归模型，模型中通过连接权重充分利用属性间的相关性。具体而言，针对数据集中每种不完整属性组合，该方法为其构建专属 MLP 模型，即建立以不完整属性为模型输出，其他属性为模型输入的 MLP 回归模型。此外，一种改进的 MLP 填补方法依次将每个不完整属性作为输出，其他属性作为输入建立 MLP 模型，最终构造模型数量仅为 s_m 的填补框架。基于 MLP 的填补方法能够较好地拟合属性间的关联，但由于每个模型均需完成一次训练，所以其训练过程比较耗时。

自编码器（AutoEncoder，AE）是一类输出层和输入层节点数量等同于样本属性个数的网络模型，其仅借助一个结构即可学习每个不完整属性的拟合函数[23]。相较于 MLP 填补架构，自编码器具有高度的结构简洁性，因此其训练更为高效。自编码器在缺失值填补领域已取得广泛的研究成果。例如，Abdella 等人提出结合自编码器与遗传算法的填补方法，在填补阶段将缺失值视为代价函数（Cost Function）的自变量，并利用遗传算法优化代价函数以求解缺失值[24]。Nelwamondo 等人在上述方法的基础上加入动态规划理论，构建了多个自编码器并为每个不完整样本选取最优模型以实现填补[25]。Aydilek 等人在填补阶段采用 K 最近邻法对缺失值进行预填补，同时将近邻数 K 视为代价函数的变量，并由遗传算法确定其最优解[26]。

　　除以上自编码器填补模型外,许多基于各类神经网络的自编码器变体也被相继提出并应用于缺失值填补。Ravi 等人提出 4 种自编码器变体,包括广义回归自编码器、基于粒子群算法的自编码器、基于粒子群算法的自相关小波神经网络,以及径向基函数自编码器,并通过实验证明广义回归自编码器在自编码器架构族中具有较优的填补性能[27]。随后,Gautam 等人提出对偶传播自编码器[28],后续又提出极限学习机(Extreme Learning Machine,ELM)自编码器[29],并通过实验证明上述两种填补模型在多个数据集上的填补精度均优于广义回归自编码器。

1.3　缺失值填补的应用

　　缺失值填补的应用范围基本覆盖了基于数据的科学研究与工业应用领域。下面就医疗、交通、金融、环境与工业 5 个领域展开探讨。

1. 医疗

　　随着医疗信息化的深入,基于数据驱动的智能诊疗系统得以开发和应用。智能诊疗系统能够基于医学数据实现自动化诊断、治疗方案制定、治疗效果跟踪等功能,从而为医生提供可靠的决策支持。医学数据主要来源于医学影像、电子病历、电子健康档案等。然而,由于数据保存不当、医疗信息难以跨平台共享等因素,医学数据中往往存在较多缺失数据。而此类缺失数据将直接影响智能诊疗系统的性能,甚至会导致误诊和临床试验的推论错误。因此,缺失值填补在医疗中的应用较为广泛。

　　在验证填补方法对医学数据有效性的研究过程中,Janssen 等人利用 804 例疑似患有深部静脉血栓形成(Deep Venous Thrombosis,DVT)患者的资料展开实验论证[30]。该实验涉及两种缺失数据删除方法,即删除不完整样本以构成样本量缩减的完整数据集,以及删除不完整属性以构成属性个数缩减的完整数据集。研究人员在对比上述删除法和多重填补法后发现,简单的删除方法会导致预测的错误,而多重填补法能够获得较为理想的预测结果,因此建议在医学研究中采用多重填补等填补方法进行缺失值处理。

　　在填补方法性能的研究过程中,Jerez 等人关注到乳腺癌患者的术后康复问题,并以此展开实验[31]。乳腺癌患者的术后治疗方案取决于对患者疾病情况的准确预测。不合理的治疗方案将导致患者出现副作用甚至病情恶化。尽管目前诸多预测模型可辅助医生进行合理推断,但临床医疗数据集中的缺失数据易导致模型预测结果不可靠。为了分析不同缺失值填补方法对乳腺癌患者术后复发情况的预测精度,研究人员对比了均值填补、热平台填补、多重填补、K 近邻填补、多层感知机填补、自组织映射填补这 6 种方法,并通过实验验证了在乳腺癌复发预测方面,基于机器学习的填补方法(后三种)明显优于基于统计学的填补方法(前三种)。

除上述场景外，缺失值填补方法在冠心病及肺癌等疾病的诊断、重症患者的死亡率风险预测等方面均有应用。在这些应用中，缺失值填补方法能够有效提升医学数据的质量，并由此提高智能诊疗系统的准确度。

2. 交通

城镇化进程的加快、交通信息化的发展促使交通数据迅猛积累，基于大规模的交通数据设计智能交通系统，以此构建经济、便捷、高效的综合交通体系是当代城市交通的重要发展方向。但是，交通检测节点广泛分布于现实环境中，并且其受环境状态、节点故障等影响，经常面临数据缺失问题。在保障智能交通系统的准确性与可靠性方面，缺失值填补方法有重要的应用价值。

针对交通流量数据缺失值问题，研究者常采用自回归综合移动平均模型（Auto-Regressive Integrated Moving Average，ARIMA）、前馈神经网络（Feed Forward Neural Network，FFNN）等填补缺失值。Shang 等人结合粒子群算法、支持向量回归及 FCM 设计缺失值填补方法，随后将其应用于上海市南北高架路、厦门市莲前西路的交通数据中，并且获得了理想的填补精度[32]。Duan 等人设计名为去噪堆叠式自编码器的深度学习模型，并将其成功应用于美国加州交通局性能测量系统（Caltrans Performance Measurement System，PeMS）所公布的交通数据中[33]。

交通流的实时预测是智能交通系统的重要功能之一。根据预测的交通流信息提前感知拥堵路段并分析拥堵趋势，是实行智能交通调控的基础。然而，交通数据中的缺失值不仅增加了预测模型的设计难度，还降低了交通流的预测精度。针对此问题，众多研究者展开了一系列的理论分析与应用研究。例如，Tian 等人基于长短时记忆（Long Short-Term Memory，LSTM）神经网络、循环神经网络（Recurrent Neural Network，RNN）设计了具备缺失值处理能力的交通流预测模型。该模型采用多尺度时间平滑（Multiscale Temporal Smoothing，MTS）进行缺失值处理，即模型借助 RNN 单元从历史输入值中隐式地获取缺失数据的估计值，从而在模型训练期间合理填补缺失值。上述交通流预测模型被应用于 PeMS 公布的交通数据中，并获得了理想的预测效果[34]。

交通信号灯控制系统是智能交通领域的热门研究方向。此类系统利用基于交通数据建立的模型智能调控交通信号灯，从而对道路上的行人和车辆进行指挥与疏导。然而，交通数据中的缺失值会影响决策的合理性，进而扰乱交通秩序，甚至危害城市的交通安全。因此，面向实时交通数据的高效缺失值填补方法受到越来越多的关注。

3. 金融

股票交易是一项高收益、高风险的投资活动，一直以来都是民众的重要投资方式。为了给投资者提供高回报且低风险的决策建议，大量科研及从业人员通过分析股票数据，对股市的运行机制及股票的价格走势展开分析。但是由于数据保存不当等原因，股票数据往往面临缺失值问题。为了提高分析结果的准确性，缺失值填补成为分析股票数据时经常采用的数据预处理方法。例如，Sohae 考虑到全球股票市场的相似性，利用世界各国不同的股票数据进行信息共享，并以此设计针对股票数据的多重填补方法[35]。随着对基于机器学习的填补方法的研究逐渐深入，越来越多的学者致力于将此类填补方法应用于股票等金融数据的缺失值处理任务。

除了股票预测的场景外，缺失值填补方法还在风险控制、金融产品营销、智能理财等方面具有一定应用价值。随着大数据与人工智能的发展，基于数据的智能系统为金融领域的技术革新提供了巨大的助力。在风险控制中，利用包含客户身份、工作、住址、信用等在内的海量数据展开建模，能够自动化识别欺诈行为，从而更好地实现风险的可控操作。此外，在金融产品的营销中，基于用户行为数据分析的产品精准推荐，不仅能够凭借个性化的服务保障用户体验，还能够深度挖掘用户喜好并大幅度提升销售表现。然而，客户数据中往往存在一定缺失值，例如因数据异常被分析人员删除所导致的数据缺失，因客户未填报或存储不当而导致的数据缺失等。在此情况下，直接删除不完整样本通常不具备可行性，原因在于删除包含缺失值的客户样本后，所建模型无法对被删除的客户展开判别和分析。因此，缺失值填补在此类场景中的应用较广泛。

4. 环境

基于环境数据的分析能够对现实环境进行监控和预测，进而指导人类的日常生产活动。环境数据的采集设备一般分布于室外的特定场景，由于设备失灵、环境恶劣等，降水量、气温、风速、湿度等环境数据中经常存在数据缺失。为了提高分析和预测模型的精度，研究人员在建模之前通常需要对缺失值进行有效的估计。

针对降水量数据中的缺失值问题，Nkuna 等人利用南非卢乌乌胡河流域的真实降水量数据集进行实验分析。研究人员采用径向基函数神经网络（Radial Basis Function Neural Network，RBFNN）设计缺失值填补方法，由此生成可靠的降水量数据。实验表明，基于RBFNN 填补后的降水量数据集能够进一步用于水文模拟及水资源规划与管理[36]。此外，Coulibaly 等人基于加拿大加蒂诺流域的气候数据展开缺失值填补的研究。研究人员设计多层感知机填补、循环神经网络填补、时滞前馈神经网络填补等多种缺失值填补方法，随后对气候数据集中的日降水量与日极端温度缺失数据进行填补，并获得了理想的填补精度[37]。

由于空气污染日益严峻，PM2.5 等污染因子的检测与分析备受关注。基于污染数据建立准确的数学模型，对于生态环境的保护有着重要意义。然而，缺失值的存在影响了污染数据的有效分析，故缺失值填补方法在监测与治理环境污染方面有一定的研究价值。例如，在分析唐山市大气污染数据时，研究人员采用多元线性逐步回归法建立基于回归模型的填补方法，由此对大气中 PM2.5 的多环芳烃浓度数据进行缺失值填补[38]。

基于真实环境采集到的数据，往往受采集设备、环境影响而出现缺失的情况。在此类数据的建模与分析中，需合理考虑缺失值的有效处理，因此缺失值填补方法具有较大的应用价值。

5. 工业

工业过程通常涉及复杂庞大的系统，此类系统易受工作环境中电、磁等噪声的干扰而处于异常状态，由此导致采集到的数据丢失或失真。并且，由于各类数据的更新速度可能不同，采集信号的频率往往存在差异。在采集时间不同步的情况下，若存储设备出现故障，则会导致样本中的部分数据丢失。采集数据对于系统的显示与控制、系统状态预测等有重要作用，因此，缺失值填补在工业中具有一定的应用价值。例如，研究人员以青霉素生物发酵为背景，基于发酵过程中的菌体浓度、基质浓度、产物浓度等进行生物发酵的软测量建模，通过将多重填补方法应用于建模过程，获得了理想的建模效果[39]。

高危机械设备的精确故障诊断对于人员安全、环境保护有着极大的影响。例如，核动力设备等大型复杂的机械设备在发生地震、海啸等突发事件时，检测系统所检测的信号通常因突发事件的破坏而产生数据缺失。基于不完整数据的故障诊断会降低检测结果的准确性与可靠性，甚至会导致一系列灾难。如何有效地处理缺失数据，并以此提高诊断结果的精度，是故障诊断领域的重要研究任务。在此背景下，研究人员针对旋转机械故障诊断中面临的缺失值问题，设计基于改进隐马尔可夫模型（Hidden Markov Model，HMM）的诊断方法。该方法采用缺失值填补思路，对 HMM 识别过程中的 Viterbi 算法进行改进，从而使 HMM 诊断方法具备缺失值处理能力。缺失值填补与故障诊断方法的结合为高危机械设备故障的精确诊断提供了良好的助力[40]。

1.4 本章小结

数据缺失是实验研究和行业应用中普遍存在的问题。在实际应用中，若直接基于不完整数据进行分析研究，不仅会增加建模难度和分析过程的复杂性，还会导致分析结果的准确性和可靠性降低。因此，我们需要在数据的预处理阶段对缺失数据进行妥善处理。直接删除法会造成大量的信息缺失，严重降低数据的质量与可信度。缺失值填补通过研究现有数据为每个缺失位置找到一个尽可能合理的替代值，既可以保持原始数据集的规模，又能够保留不完整样本中现有数据所携带的信息，从而为后续研究提供更好的支持。

缺失值的填补方法大致可分为基于统计学的填补方法和基于机器学习的填补方法。基于统计学的缺失值填补方法主要包含均指填补、回归填补等较为传统的填补方法，受到广泛的研究与关注。随着近年来数据集规模的不断增大，鉴于机器学习算法在处理大规模数据时具备良好的表现，将其应用于数据填补工作具有重要的现实意义。常见的基于机器学习的缺失值填补方法包括 K 最近邻填补法、基于聚类的填补方法和基于神经网络的填补方法等。这些方法在填补过程中充分利用完整样本和不完整样本中存在的属性，可取得高精度的填补结果。目前，缺失值填补的应用范围基本覆盖所有基于数据的科学研究与应用领域，为医疗、交通、金融、环境、工业等领域提供了切实的帮助。在大数据时代，数据缺失将成为更多行业和领域所面临的问题，缺失值填补的研究也将具备更加重要的现实意义。

参考文献

［ 1 ］　谷立丹. 无线传感器网络不确定数据估计算法研究［D］. 哈尔滨：哈尔滨工程大学，2017.

［ 2 ］　金勇进，邵军. 缺失数据的统计处理［M］. 北京：中国统计出版社，2009.

［ 3 ］　祁瑞华. 不完整数据分类知识发现算法研究［D］. 辽宁：大连理工大学，2011.

［ 4 ］　MEEYAI S. Logistic Regression with Missing Data: A Comparison of Handling Methods, and Effects of Percent Missing Values［J］. Journal of Traffic and Logistics Engineering, 2016, 4(2): 128-134.

［ 5 ］　ZHANG S, ZHANG J, ZHU X. Missing Value Imputation Based on Data Clustering［J］. Transactions on Computational Science I, 2008: 128-138.

［ 6 ］　YANG K, LI J, WANG C. Missing Values Estimation in Microarray Data with Partial Least Squares Regression［J］. Computational Science-ICCS, 2006(2004): 662-669.

［ 7 ］　DEMPSTER A P, LAIRD N M, RUBIN D B. Maximum Likelihood from Incomplete Data via the EM Algorithm［J］. Journal of the Royal Statistical Society. Series B, 1977, 39(1): 1-38.

［ 8 ］　Rubin D B. Multiple Imputations in Sample Surveys［J］. Am Statist Assoc, 1978: 20-34.

［ 9 ］　Meng X L, Rubin D B. Performing Likelihood Ration Tests with Multiple Imputed Data Sets［J］. Biometrika, 1992, 79(1): 103-11.

［10］　Schafer J L. Analysis of Incomplete Multivariate Data［M］. Chapman and Hall, 1997: 286-293.

［11］　ZHANG S. Nearest Neighbor Selection for Iteratively KNN Imputation［J］. Journal of Systems and Software, 2012, 85(11): 2541-2552.

［12］　Troyanskaya O, Cantor M, Sherlock G, et al. Missing Value Estimation Methods for DNA Microarrays［J］. Bioinformatics, 2001, 17 (6): 520-525.

［13］　Gerhard Tutz, Shahla Ramzan. Improved Methods for the Imputation of Missing Data by Nearest Neighbor Methods［J］. Computational Statistics & Data Analysis, 2015, 90: 84-99.

［14］　毕永朋. 均值填补算法的改进和研究［D］. 江西：江西理工大学计算机科学与技术学院，2018.

［15］　Satish Gajawada, Durga Toshniwal. Missing Value Imputation Method based on Clustering and Nearest Neighbors［J］. International Journal of Future Computer and Communicaion, 2012, 1(2): 206-208.

［16］　马永军，汪睿，李亚军，陈海山. 利用聚类分析和离群点检测的数据填补方法［J］. 计算机工程与设计，2019, 40(03): 744-747+761.

［17］　徐鹏雅. 基于一种双聚类算法的成分数据缺失值填补［D］. 浙江：浙江财经大学，2019.

［18］　Shamini Raja Kumaran, Mohd Shahizan Othman, Lizawati Mi Yusuf, Arda Yunianta. Estimation of Missing Values Using Hybrid Fuzzy Clustering Mean and Majority Vote for Microarray Data, Procedia Computer Science, 2019, 163: 145-153.

[19] AYDILEK I B, ARSLAN A. a Hybrid Method for Imputation of Missing Values Using Optimized Fuzzy C-means with Support Vector Regression and a Genetic Algorithm [J]. Information Sciences, 2013, 233: 25-35.

[20] Lim Kian Ming, Loo Chu Kiong, Lim Way Soong. Autonomous and Deterministic Supervised Fuzzy Clustering with Data Imputation Capabilities [J]. Applied Soft Computing, 2011, 11(1): 1117-1125.

[21] Fessant F, Midenet S. Self-organising Map for Data Imputation and Correction in Surveys [J]. Neural Computing & Applications, 2002, 10(4): 300-310.

[22] Wang S H. Application of Self-organising Maps for Data Mining with Incomplete Data Sets [J]. Neural Computing & Applications, 2003, 12: 42-48.

[23] Marseguerra M, Zoia A. the AutoAssociative Neural Network in Signal Analysis: II. Application to on-line Monitoring of a Simulated BWR Component [J]. Annals of Nuclear Energy, 2005, 32(11): 1207-1223.

[24] Abdella M, Marwala T. the use of Genetic Algorithms and Neural Networks to Approximate Missing Data in Database [C]. The IEEE 3rd International Conference on Computational Cybernetics, 2015: 207-212.

[25] Nelwamondo F V, Golding D, Marwala T. A Dynamic Programming Approach to Missing Data Estimation Using Neural Networks [J]. Information Sciences, 2013, 237: 49-58.

[26] Aydilek I B, Arslan A. a Novel Hybrid Approach to Estimating Missing Values in Databases Using k-nearest Neighbors and Neural Networks [J]. International Journal of Innovative Computing, Information and Control, 2012, 8(7): 4705-5717.

[27] Ravi V, Krishna M. a new Online Data Imputation Method Based on General Regression Auto-associative Neural Network [J]. Neurocomputing, 2014, 138: 106-113.

[28] Gautam C, Ravi V. Counter Propagation Auto-associative Neural Network Based Data Imputation [J]. Information Sciences, 2015, 325: 288-299.

[29] Gautam C, Ravi V. Data Imputation Via Evolutionary Computation, Clustering and a Neural Network [J]. Neurocomputing, 2015, 156: 134-142.

[30] Janssen K J, Donders A R, Harrell J F E, et al. Missing Covariate Data in Medical Research: to Impute is Better than to Ignore [J]. Journal of Clinical Epidemiology, 2010, 63(7): 721-727.

[31] Jerez J M, Molina I, García-Laencina P J, et al. Missing Data Imputation Using Statistical and Machine Learning Methods in a Real Breast Cancer Problem [J]. Artificial Intelligence in Medicine, 2010, 50(2): 105-115.

[32] Shang Q, Yang Z, Gao S, et al. an Imputation Method for Missing Traffic Data Based on FCM Optimized by PSO-SVR [J]. Journal of Advanced Transportation, 2018, 2018: Article ID 2935248.

[33] Duan Y, Lv Y, Liu Y L, et al. an Efficient Realization of Deep Learning for Traffic Data Imputation

[J]. Transportation Research Part C: Emerging Technologies, 2016, 72: 168-181.

[34] Tian Y, Zhang K, Li J, et al. LSTM-based Traffic Flow Prediction with Missing Data [J]. Neurocomputing, 2018, 318: 297-305.

[35] Sohae O. Multiple Imputation on Missing Values in Time Series Data [D]. Durham: Duke University, 2015.

[36] Nkuna T R, Odiyo J O. Filling of Missing Rainfall Data in Luvuvhu River Catchment Using Artificial Neural Networks [J]. Physics and Chemistry of the Earth, 2011, 36(14-15): 830-835.

[37] Coulibaly P, Evora N D.Comparison of Neural Network Methods for Infilling Missing Daily Weather Records [J]. Journal of Hydrology, 2007, 341(1-2): 27-41.

[38] 王燚烊，王瑞福，武建辉. 大气PM2.5中多环芳烃浓度缺失值填补方法的研究 [J]. 中国卫生统计，2019, 36(06): 878-882.

[39] 侯贺. 缺失值处理方法的研究及其在软测量技术中的应用 [D]. 沈阳：东北大学，2011.

[40] 刘功生. 信息缺失情况下基于HMM的旋转机械故障诊断方法研究 [D]. 衡阳：南华大学，2015.

第2章

缺失数据的处理方法

数据缺失是科学研究和实际应用中普遍存在的问题，缺失数据的处理方法已经受到越来越多的关注。本章将对常用的缺失数据处理方法进行详细的探讨与分析。首先介绍三种数据缺失机制，即完全随机缺失（Missing Completely At Random，MCAR）、随机缺失（Missing At Random，MAR）和非随机缺失（Missing Not At Random，MNAR），理解这些数据缺失机制对于学习缺失数据的处理至关重要。然后，从不做处理、不完整样本删除，以及缺失值填补三个方面分析常见的缺失数据处理方法。其中，不做处理是将缺失值直接引入具体建模过程，并基于一定规则避免对缺失值的直接处理；不完整样本删除是指删除数据集中的不完整样本，构造样本量缩减的数据集以供后续分析；缺失值填补则通过现有数据的研究为缺失值计算合理的填补值，进而得到与原始数据集规模一致的完整数据集。鉴于缺失值填补方法的良好性能，该处理方式已取得较好的研究成果。本章将对缺失值填补方法进一步探讨，主要涉及缺失值填补的基本概念、缺失值填补方法的多角度分类，以及填补方法的性能度量。

合理的缺失数据处理方法能够改善数据质量，进而提高后续分析的准确性。因此，在科学研究与实际应用中，应该针对具体问题选择行之有效的缺失数据处理方法。

2.1 数据缺失机制

理解数据缺失的原因对于不完整数据分析至关重要，美国学者 Rubin 根据缺失值成因将数据缺失问题分为 3 类，即完全随机缺失、随机缺失和非随机缺失[1]。上述三种数据缺失机制揭示了不完整数据集中缺失值与现有值之间的关系，为缺失值填补方法的设计与应用提供了良好的理论基础。下面对 3 种数据缺失机制分别展开介绍。

2.1.1 完全随机缺失

完全随机缺失是指，数据的缺失概率与缺失变量以及非缺失变量均不相关[2]。非缺失变量能够被成功观测与记录，其数值构成了数据集中的现有值；缺失变量无法被成功观测与记录，对应着数据集中的缺失值。

假设 $X=\{x_i \mid x_i \in \mathbb{R}^s, i=1, 2, \cdots, n\}$ 表示样本数量为 n，属性数量为 s 的数据集，第 i 个样本为 $\pmb{x}_i=[x_{i1}, x_{i2}, \cdots, x_{is}]^{\mathrm{T}}$ $(i=1, 2, \cdots, n)$。$I=[I_{ij}] \in \mathbb{R}^{n \times s}$ 用于描述数据的缺失情况，定义如式（2-1）所示：

$$I_{ij}=\begin{cases}0, & x_{ij}=? \\ 1, & \text{otherwise}\end{cases} \tag{2-1}$$

当属性值 x_{ij} 缺失时，$I_{ij}=0$，否则，$I_{ij}=1$。令 x_i^p 表示样本 x_i 中的现有值，x_i^m 表示样本 x_i 中的现有值，完全随机缺失下，x_{ij} 的缺失概率如式（2-2）所示[3]：

$$p(I_{ij}=1 \mid x_i)=p(I_{ij}=1 \mid x_i^p, x_i^m)=p(I_{ij}=1) \tag{2-2}$$

在数据采集、传输、存储、处理等过程中，由人为失误或机器故障等原因所致的数据缺失通常属于完全随机缺失。例如，操作员在录入数据时因不慎而遗漏某些数值，传感器节点在某时刻因信号强度衰弱而无法成功传输数据。

鉴于缺失值的产生完全随机，当数据集中缺失值所占比例较小时，可直接删除包含缺失值的不完整样本，仅根据数据集中的完整样本展开分析。简单的统计分析方法在处理此缺失机制时同样具备可行性，例如，可采用均值填补法，根据不完整属性下所有现有值的平均值估算缺失值；也可构建关于缺失值的线性回归模型，利用模型输出进行缺失值估计。针对医疗卫生领域的完全随机缺失问题，武瑞仙[4]等人将直接删除法与部分基于统计学的缺失值填补方法进行对比后发现，当数据集中缺失值的比例小于 10% 时，两类方法的填补效果相当，随着缺失值比例的增加，直接删除法的填补精度逐渐降低，而多重填补等统计学方法则表现得更为理想。此外，基于神经网络等机器学习算法的缺失值填补法通过对数据集内有效信息的合理挖掘，也能够在此缺失机制下实现缺失值的有效估计。

相较于本节后续介绍的随机缺失和非随机缺失，完全随机缺失的处理方式更为简单，但其在实际处理中并不普遍[5]。

2.1.2 随机缺失

随机缺失是指，数据的缺失概率仅与非缺失变量相关，与缺失变量无关。基于式（2-1）所定义的数据缺失情况描述，在随机缺失机制下，样本 x_i 中 x_{ij} 的缺失概率如式（2-3）所示：

$$p(I_{ij}=1 \mid x_i)=p(I_{ij}=1 \mid x_i^p, x_i^m)=p(I_{ij}=1 \mid x_i^p) \tag{2-3}$$

随机缺失机制下，某样本属性值是否缺失与样本中的现有值取值有关，与缺失值取值无关。在现实世界中，随机缺失问题较为常见，例如，由于男性比女性更愿意公布体重数据，样本的体重值是否缺失与该样本中性别的取值存在较大关联；在对人群的骨密度进行调查时，高龄者由于身体不便无法参与检查，因此骨密度属性的缺失情况往往与年龄属性相关。

在随机缺失中，不完整样本往往在部分属性取值上相似度较高。简单删除不完整样本容易导致数据集所含信息的大量丢失，降低分析结果的可靠性。例如，在骨密度调查时，代表高龄者的样本在骨密度属性上易出现缺失值，而高龄者数据对于骨密度分析有着较大影响，直接删除此类不完整样本易导致分析结果的偏差。

因此，数据预处理期间，通常需根据现有值对缺失值展开合理的估计。在基于统计学的缺失值填补方法中，回归填补、期望最大化填补和多重填补均能够有效处理此类缺失值问题。针对医疗数据中的随机缺失问题，研究人员将多种基于统计学的填补方法进行对比后发现，当数据缺失率低于10%时，回归填补和期望最大化填补的填补效果比较理想，而当数据缺失率在20%左右时，多重填补能够获得较高的填补精度[6]。

基于机器学习的缺失值填补方法同样能够有效处理随机缺失问题。以 K 最近邻填补和聚类填补法为例，鉴于不完整样本中缺失值与现有值的相关性，以及其与近邻样本在属性取值上的相似性，K 近邻填补法根据近邻样本在缺失值相应属性上的取值填补不完整样本。在聚类填补法中，原型（Prototype）是对簇内样本相似性的归纳，也是最具代表性的一个样本点。利用原型填补不完整样本的缺失值，同样能够获得理想的填补结果。

2.1.3　非随机缺失

非随机缺失是指，数据的缺失概率不仅与非缺失变量相关，还与缺失变量相关。基于式（2-1）所定义的数据缺失情况描述，在非随机缺失机制下，样本 x_i 中 x_{ij} 的缺失概率如式（2-4）所示：

$$p(I_{ij}=1\,|\,x_i)=p(I_{ij}=1\,|\,x_i^p,\ x_i^m) \tag{2-4}$$

非随机缺失是现实世界中一种常见的缺失机制，例如，教育程度低的人不愿公布其受教育情况，导致样本中教育程度属性的缺失；在跟踪调查病患的治疗过程时，某些病患因病情过重或病情好转而不再接受检查，导致数据缺失。因此，非随机缺失相较于前两种机制更难以处理。一种较为常见的解决思路是通过寻找缺失值与现有值之间的联系将其有条件地转化为随机缺失机制。常用的方式有构造不完整属性的置信区间，通过条件假设建立约束[7]等。此外，还可采用基于 Heckman 样本选择误差模型的填补、形态混合模型的最大似然估计填补、形态混合模型的多重填补[8]等方法处理该缺失机制下的缺失数据。

对数据缺失机制的合理推测能够提高不完整数据的分析质量。目前，缺失机制的推测主要依靠对数据缺失原因的探究，或者研究领域的知识背景等。总体而言，完全随机缺失和随机缺失是不完整数据分析中较为常见的前提假设，而非随机缺失可通过一定方式转化为随机缺失。因此，本书主要是在完全随机缺失和随机缺失机制的基础上对缺失值填补方法展开研究。

2.2 缺失数据的处理

常见的缺失数据处理方法主要包括三类，即不做处理、个案删除和缺失值填补。不做处理是指对数据集中的缺失值不进行任何处理，直接将其应用于分析过程。此方式能够降低缺失值预处理对数据集原始信息的破坏，但是模型构建具有一定难度。个案删除方法通过剔除不完整样本或者不完整属性，构造一个规模缩减的完整数据集。此方法简单方便，然而易导致数据集中可用信息的减少。缺失值填补方法是指通过研究现有数据为每个缺失值估算一个尽可能合理的替代值，这样能够在保持原始数据集规模的同时，利用推断所得的填补值辅助后续分析的有效进行。

2.2.1 不做处理

在不完整数据分析中，缺失值处理通常是数据清洗的关键步骤，处理后的完整数据集可用于分类、回归、聚类等进一步研究。然而，对不完整数据进行预处理的过程会引入人为误差，造成数据集原始信息的破坏。此外，由于所得完整数据集的质量视缺失值处理手段不同而不同，研究人员针对相同的不完整数据集，可能会得到不一致的分析结论，这影响了分析结果的有效性和可信度。

为避免由预处理导致的各类问题，可直接基于不完整数据建立模型，并在建模过程中避免对缺失值的直接处理。基于该思路构建的模型无须任何预处理操作即可实现不完整数据集的分析。下面以分类场景为例，介绍几种不做预处理即可分析不完整数据的模型。

1. C4.5 决策树模型

决策树（Decision Tree，DT）是一类经典的分类模型，其采用树形结构组织一系列的判断条件，并通过不断限制属性取值范围，将具有相似属性值的样本划入同一类别。决策树的具体建模思路如图 2-1 所示。

首先，将所有样本置于根节点，选取数据集内的一个属性，并根据各样本在该属性上的取值将其划分到不同的子节点。接着，依次查看每个子节点，若子节点内

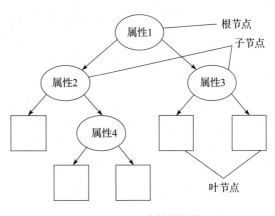

图 2-1 C4.5 决策树结构

的样本来自不同类别，并且存在对该节点进行有效划分的属性，则选择一个属性对该子节点展开划分。否则，结束划分，并将该节点标记为叶节点，节点内样本数量最多的类别被视为该叶节点表示的类别。

决策树的实施关键在于每次划分期间如何确定划分属性。一般而言，在某次划分后子节点所包含的样本应尽可能属于同一类别，即节点的纯度越高越好。根据这一标准，可以从若干属性中计算出一个最优的划分属性。然而，最优划分属性的计算往往依赖于所有样本在该属性上的取值，若该属性上存在缺失值，则需改进求解方式以在建模期间分析缺失值。若某样本在最优划分属性上存在缺失值，则无法根据属性取值将其合理划分到某个子节点内。因此，传统的决策树在建模不完整数据时面临两个重要问题，即如何在属性值缺失的情况下选择划分属性，以及如何在给定划分属性后，对该属性为缺失值的不完整样本合理划分。

C4.5 是一类能够适应缺失值的决策树模型，为每个样本赋予取值范围为 [0，1] 且初始值为 1 的权重，用于表征样本隶属于某个节点的程度。完整样本的权重始终为 1，不完整样本的权重在建模期间不断调整。在构建树模型的过程中，若某属性为不完整属性，则忽略其中的缺失值，仅根据该属性上的所有现有值计算最优的划分属性。若样本数据在给定划分属性上为缺失值，则将该样本划入所有子节点，并调整其在每个子节点的权重，从而以不同概率对不完整样本进行划分。

模型应用期间，若新样本数据在某节点的划分属性上为缺失值，则将该样本划入所有子节点，并调整其在每个子节点的权重，随后沿着每个子节点继续向下划分，直至抵达叶节点。最终，C4.5 模型能够将样本以不同权重划入多个叶节点，并根据这些权重计算样本从属于每个类的概率，进而将最大概率对应的类别视为样本所属类别。

2. 基于多层感知机的简化特征模型集群

多层感知机是一类典型的神经网络结构，具备强大的非线性映射能力，经常应用于分类、回归等场景。其详细介绍见 4.3.1 节。基于多层感知机的分类方法是指通过构建一个以样本属性值为输入，以类标签为期望输出的网络模型来提炼数据集中对分类有效的信息，进而对新样本类别做出合理预测。

多层感知机不具备缺失值处理能力，当不完整样本输入网络模型后，模型无法正常工作。为此，一种可行的解决思路是为每个不完整样本构造专属分类器，即忽略样本中的缺失值，建立以已知属性值为输入、类标签为期望输出的简化特征模型，用于对符合此类缺失形式的不完整样本进行分类[9]。该方法保持了网络模型内部的计算结构，并通过多种模型的简单组合来应对输入样本中的不同缺失情况。

例如，假设数据集的属性个数为 3，采用"?"表示样本中的缺失值，在样本 $x_i = [x_{i1}, x_{i2}, ?]$、$x_j = [x_{j1}, ?, x_{j3}]$、$x_k = [x_{k1}, x_{k2}, ?]$ 中共计存在两种缺失形式，针对 x_i 和 x_k，可建立以第 1、2 维属性为输入，以类标签为期望输出的多层感知机模型。针对 x_j，可建立以第 1、3 维属性为输入，以类标签为期望输出的模型。训练期间，利用输入属性上为现有值的所有样本对网络模型依次展开训练，并将训练完毕的模型组合为模型集群。预测期间，寻找与不完整样本缺失形式相匹配的模型，将其现有值输入模型以求解类标签。若模型集群中不存在与该样本相匹配的结构，则根据样本的缺失形式构造新的分类器，并在训练完毕后将其加入模型集群。

上述模型集群避免了分类模型对缺失值的直接处理，是一种相对简单的缺失值处理思路。鉴于多层感知机模型构造灵活，能够拟合数据属性间复杂的关联关系，此模型集群可实现缺失值的有效估计。然而，由于数据缺失的随机性，导致数据集中存在多种缺失形式。因此训练和预测期间，模型集群的规模将根据不完整样本中缺失形式的增多而变大，计算和存储开销也会相应增加。考虑到不同缺失形式在不完整样本中的出现频率不相同，为有效降低训练过程中的计算开销，可结合懒惰学习的方式，在训练时仅为出现频率较高的几组缺失形式构建分类器，以此形成初始的模型集群。预测期间，若集群内不存在与某不完整样本所对应的分类器，则构造新分类器并在训练完毕后将其加入集群。此方法通过将次要分类器的构建延迟到预测时期，可在一定程度上缓减前期不必要的时空开销，从而提高算法效率。

缺失值的直接引入增加了模型构建的复杂性，在建模过程中，需结合模型的计算特点去除模型对缺失值的依赖。例如，C4.5 决策树改进了模型的内部计算方式，其重新定义确定划分属性的方法，并引入了样本权重，从而在构建树模型期间避免对缺失值的直接运算。基于多层感知机的简化特征模型集群在保持多层感知机内部计算方式不变的前提下，针对不同缺失情况构建若干个模型，以避免网络对不完整样本输入的直接处理。除上述方法外，诸如多视角集成分类[10]等不做预处理即可适应缺失值的模型及方法已经被设计并公开。然而事实上，大多数已有的人工智能算法无法直接处理缺失数据。因此，为了能够利用这些在领域内成熟有效的算法，缺失数据需在预处理阶段得到有效处理。而如何有效地处理缺失数据已成为不完整数据分析的关键问题。

2.2.2　不完整样本删除

不完整样本删除法通过剔除不完整样本或者不完整属性，对原始数据集进行裁剪，从而得到一个规模缩减的数据集。假设 $X = \{x_i \mid i = 1, 2, \cdots, 6\}$ 表示样本数量为 6 的不完整数据集，其完整样本集合为 $\{x_1, x_3, x_5\}$，不完整样本集合为 $\{x_2, x_4, x_6\}$。下面以该数据集为例介绍两种常见的不完整样本删除方法，即完全个案分析（Complete Case Analysis）和可用个案分析（Available Case Analysis）。

完全个案分析，又称成列删除（Listwise Deletion），是指删除包含缺失值的不完整样本，仅利用完整样本展开分析。针对不完整数据集 X，完全个案分析法是指直接剔除不完整样本集合为 $\{x_2, x_4, x_6\}$，由此得到一个样本数量仅为 3 的完整数据集 $\{x_1, x_3, x_5\}$，后续所有分析过程均基于所得数据集展开。

完全个案分析法的缺失值处理效果主要取决于数据集的缺失机制与缺失率[11]。正如2.2.1 节所述，当缺失值为完全随机缺失时，直接删除不完整样本具备一定可行性。在此情况下，基于完全个案分析法所得数据集的大部分统计值是无偏的，例如均值、方差等。当缺失值为其他缺失机制时，得到的分析结果通常是有偏的。此外，当缺失率较小时，完全个案分析法有着较高的效率以及良好的处理效果，并且不会损失过多信息；而当缺失率过大时，该方式将导致已知信息的大量丢失。尤其当样本数据中仅包含个别缺失值，或者缺失值在样本属性值中占比很小时，完全个案分析法往往不具备合理性。由于现实世界中完全随机缺失的情况很少，并且在某些场景下数据集的缺失率难以控制在较小范围内，因此完全个案分析法有着一定的局限性。

可用个案分析，又称成对删除（Pairwise Deletion），是指在分析过程中仅对用到的属性为缺失值的样本进行删除。例如，在计算数据集中第 1 个属性的均值和方差时，可用个案分析法仅删除该属性为缺失值的不完整样本，并根据其他样本进行求解。在分析第 1 个属性和第 2 个属性的协方差或相关系数时，可用个案分析法将剔除在这两个属性上存在缺失值的不完整样本，并保留其余样本用于分析。

相较于完全个案分析，可用个案分析能够尽可能多地保留数据集的已知信息。但是，其存在诸多争议，所以并不推荐使用。在具体分析时，可用个案分析法根据所用属性内的缺失情况对样本进行不同程度的删除，该过程可看作是基于缺失值分布对不完整数据集进行采样。当缺失值为完全随机缺失时，该采样操作不会影响到原始的样本分布。然而，当缺失值为随机缺失或非随机缺失时，受缺失值分布的影响，可用个案分析法所得数据集的样本分布与原始样本分布未必一致。因此，采样操作可能会对数据集造成扭曲。此外，针对不同的分析需求，可用个案分析选用的样本集合也不相同。例如，在计算数据集中每组属性对的协方差时，所用到的样本视每组属性对的取值情况而不同，故每个协方差均由不同的样本集合计算而来，这将导致后续模型求解和分析的困难[8]。

不完整样本删除法方便快捷，时间和空间开销较低，是实际分析中经常采用的缺失值处理方法。相比于缺失值填补，不完整样本删除法未引入任何人工数据，可避免由填补质量差而导致的分析偏差。但是此类方法具有一定局限性，主要适用于缺失率小且为完全随机缺失的不完整数据集。随着缺失率逐渐增加，数据集中的可有信息将大量丢失，进而影响分析结果的准确性。因此，在不完整样本删除法并不适用的诸多场景下，需根据实际情况设计合理有效的填补方法以处理缺失值。

2.2.3 缺失值填补

缺失值填补方法基于现有数据为每个缺失值计算合理的填补值，从而构造一个和原始数据集规模相同的完整数据集。缺失值填补的主要目的在于，借助填补值减小由缺失数据导致的分析偏差，以及构造完整数据集使后续分析过程更加简单高效。

与不完整样本删除法相比，缺失值填补方法在一些场景下更具合理性。例如，在问卷调查中，受访者由于生理、心理、文化等可能无法对全部问题做出回复，部分样本中难免会存在缺失值。当不完整样本包含几十甚至上百个属性值时，因为极少数缺失值而丢弃样本中大量的已知数据，将导致现有数据的极大浪费。又如，在对家庭人均收入进行回归建模时，数据集中的"受访年份""房屋构建年份"等属性对分析结果的影响不显著，而"工资收入""日用消费"等属性对分析结果影响较大。若因不显著属性中的缺失值而丢弃显著属性中的现有值，同样会造成现有数据的浪费。相较之下，缺失值填补法能够最大化保留数据集中的已知信息，并利用推断所得的填补值辅助后续分析的有效进行。

常用的填补方法大致包括基于统计学的填补方法和基于机器学习的填补方法。下面首先以均值填补法、回归填补法和热平台（Hot Deck）填补法为例，对常见的统计学填补方法进行简单介绍。

针对数值型属性，均值填补法根据属性中现有值的平均值对该属性中的缺失值进行填补。该方法可进一步推广到非数值型属性的处理中。针对非数值型属性，可利用属性中现有值出现频率最高的数，即众数，填补该属性内的缺失值。均值或众数一般被认为是具有代表性的统计量，利用该类数值替换属性中的缺失值是一种简单快捷的填补方式。基于均值填补法所得的填补值能够保持在合理的取值范围内，不必担心由填补值所致的异常值问题。但是，该方法的填补结果过于集中，降低了属性值分布的离散性。

回归填补法以现有值相应属性为自变量、以缺失值相应属性为因变量建立回归模型，接着基于完整样本求解模型参数后，将现有值输入模型，并以模型输出填补缺失值。回归填补法在建模期间充分利用了数据集中的现有数据。当所建模型能够合理地描述自变量与因变量间的相关性时，回归填补效果较为理想。然而，回归填补法带有一定的预测性，在实际问题中，其求解的填补值有可能超过合理范围，进而产生异常值。

热平台填补法是指从数据集中找到一个与不完整样本相似的完整样本，并利用该样本的属性值填补缺失值。热平台法所得的填补值来自数据集本身，而非统计量或者推测值。由于填补值从相似样本中产生，并非完全如均值一样是个固定值，因此与均值填补法相比，该方法能够降低对属性值分布离散性的影响，并解决回归填补法产生异常值的问题。当不完整属性内存在较多缺失值时，填补值很可能来自相同样本，因此易导致属性取值重复。

基于机器学习的填补方法通常采用建模的方式挖掘不完整数据内的有效信息，从而对填补值进行合理推断。下面介绍两种面向缺失值填补的建模思路。

第一种思路通过样本间相似性的挖掘，为每个不完整样本寻找一组相似样本，并根据相似样本的属性值实现缺失值填补。例如，K 最近邻填补法为每个不完整样本寻找距其最近的 K 个完整样本，然后将这 K 个样本在相应属性上的均值或加权平均值作为填补值。基于聚类的填补方法一般对数据集进行划分后，采用聚类中心对不完整样本进行填补。聚类中心由簇内所有样本求解而来，是对这些样本的归纳性描述。根据聚类中心填补缺失值相当于利用簇内所有样本进行缺失值填补。基于自组织映射网络的填补方法是建立由输入层、竞争层构成的自组织映射网络，并在训练期间利用竞争层神经元的权重向量归纳输入样本间的相似度，在填补期间，将不完整样本直接输入模型，并利用与该样本相似的一组权重向量填补缺失值。由于权重向量是对输入中相似样本的高度概括，因此基于权重向量填补缺失值，相当于利用数据集中与不完整样本最相似的那部分样本进行缺失值填补。

第二种思路对不完整属性与完整属性间的关联关系进行回归建模，并根据所建模型估算缺失值。与统计学方法中的回归填补不同，机器学习所采用的回归模型构造灵活，往往具备强大的非线性拟合能力，因此能够较好地挖掘数据属性间的关联关系。例如，可针对不完整数据集建立诸如多层感知机、自编码器等非线性模型。训练期间，根据数据集中的完整样本集合求解模型参数；填补期间，首先对不完整样本进行预填补，接着将预填补后的样本输入所建模型并将模型输出作为填补值。此类方法需解决由样本缺失形式多样而导致的建模困难。缺失形式可理解为不完整样本中缺失值在样本属性上的位置分布，若样本仅在第 i 个属性上存在缺失值，其缺失形式为 $\{i\}$；若样本仅在第 i 个和第 j 个属性存在缺失值，则缺失形式为 $\{i, j\}$，以此类推。缺失形式不同，则回归模型中自变量和因变量的设置也有所不同。为解决上述问题，多层感知机模型针对每种缺失形式构建专属的回归模型，而自编码器则基于输入层和输出层神经元数量等同于样本属性个数，采用输出等于输入的网络结构，同时学习所有属性的非线性拟合函数。

缺失值填补能够改善不完整数据的质量，实际应用中需合理选择填补方法。针对相同的不完整数据集，不同的填补方法会生成不同的填补值，进而使分析结果不一致。为了获得有效的填补值，需要针对具体场景具体分析，选择最适用的缺失值填补方法。

2.3   缺失值填补概述

2.3.1   基本概念

在现实世界中，由于人为或者机器原因的干扰，数据集经常面临缺失值问题。缺失值可能分散在数据集中的各个位置，在实际存储时，这些缺失值一般由"空格""NaN""NA""?"等特殊符号，或者"−1"等数值进行标记。

含有缺失值的数据集被称为不完整数据集，假设 $X = \{x_i \mid x_i \in \mathbb{R}^s, \ i = 1, 2, \cdots, n\}$ 表示样本数量为 n，属性数量为 s 的不完整数据集，其中第 i 个样本为 $\boldsymbol{x}_i = [x_{i1}, x_{i2}, \cdots, x_{is}]^{\mathrm{T}}$ $(i = 1, 2, \cdots, n)$。式（2-1）所示的矩阵 $\boldsymbol{I} = [I_{ij}] \in \mathbb{R}^{n \times s}$ 可用于描述数据集中的缺失情况，$I_{ij} = 1$ 表示属性值 x_{ij} 是现有值，$I_{ij} = 0$ 表示 x_{ij} 为缺失值。图 2-2 是数据集 X 的简单示意图，

其中，第一行的元素 A_j（$j=1$, 2, $\cdots$, s）表示第 j 个属性的名称。除这些元素外，图 2-2 中每一行代表 1 个样本，每一列代表一维属性，黑色方框表示缺失值，白色方框表示现有值。

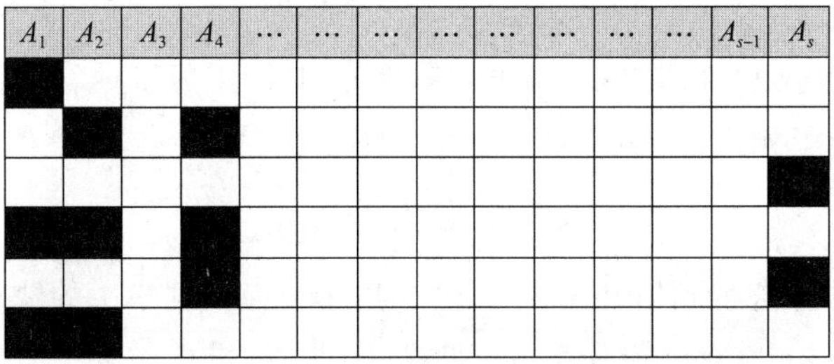

图 2-2　不完整数据集描述

从横向视角观察图 2-2 中的数据集，若样本在至少一个属性上存在缺失值，则该样本称为不完整样本，若样本在所有属性上均不存在缺失，则称其为完整样本。根据样本内是否存在缺失值，不完整数据集 X 可划分为完整样本集合 X_{co} 和不完整样本集合 X_{in}。其定义分别如式（2-5）、式（2-6）所示：

$$X_{co} = \{x_i \mid \forall \, x_{ij} \neq ?, \ j = 1, \ 2, \ \cdots, \ s\} \tag{2-5}$$

$$X_{in} = \{x_i \mid \exists \, x_{ij} = ?, \ j = 1, \ 2, \ \cdots, \ s\} \tag{2-6}$$

从纵向视角观察图 2-2 中的数据集，若某属性上存在至少一个缺失值，则该属性称为不完整属性，否则称为完整属性。例如，属性 A_1 内存在多个缺失值，故 A_1 是不完整属性，而属性 A_3 内全部为现有值，故 A_3 是完整属性。

从单个元素的视角观察上述数据集，所有现有值构成了数据集的现有值集合 X_p，而所有缺失值构成了缺失值集合 X_m，定义如式（2-7）、式（2-8）所示：

$$X_p = \{x_{ij} \mid x_{ij} \neq ?, \ i = 1, \ 2, \ \cdots, \ n, \ j = 1, \ 2, \ \cdots, \ s\} \tag{2-7}$$

$$X_m = \{x_{ij} \mid x_{ij} = ?, \ i = 1, \ 2, \ \cdots, \ n, \ j = 1, \ 2, \ \cdots, \ s\} \tag{2-8}$$

缺失率是缺失值数量和属性值总数的比值，若 X 中存在 n_{miss} 个缺失值，则缺失率可表示为 $\dfrac{n_{miss}}{(n \cdot s)}$。缺失率可用于衡量数据集的不完整程度。缺失率越大，往往意味着数据集的缺失情况越严重。

不完整数据集中缺失值的存在增大了数据分析的难度，并且易导致分析结果偏差。缺失值填补方法旨在为每个缺失值计算合理的填补值，并利用这些填补值替换数据集内的缺失值，由此生成与原始数据集规模一致的完整数据集。当所有缺失值被估算和替换后，可根据面向完整数据的分析方法对数据集展开后续研究。

假设样本 x_i 的第 j 维属性值 x_{ij} 为缺失值，则 x_{ij} 对应的填补值可表示为 $\hat{x}_{ij}$，填补后的样

本可表示为 $\hat{x}_i = [x_{i1}, \cdots, \hat{x}_{ij}, \cdots, x_{is}]^{\mathrm{T}}$。所有不完整样本经填补后得到的样本构成集合 $\hat{X}_{\mathrm{in}}$，定义如式（2-9）所示：

$$\hat{X}_{\mathrm{in}} = \{\hat{x}_i \mid x_i \in X_{\mathrm{in}}\} \tag{2-9}$$

原始完整样本集合 X_{co} 和填补后的样本集合 $\hat{X}_{\mathrm{in}}$ 共同组成了填补数据集 $\hat{X}$。在数据集 $\hat{X}$ 中，所有填补值构成了如式（2-10）所示的填补值集合 $\hat{X}_m$：

$$\hat{X}_m = \{\hat{x}_{ij} \mid x_{ij} \in X_m\} \tag{2-10}$$

缺失值填补方法最终得到填补值集合 $\hat{X}_m$，用于替换数据集中的缺失值。不同的缺失值填补方法所得的填补值集合 $\hat{X}_m$ 有所不同。理论上讲，填补值与缺失值的真实值应尽可能接近，然而，缺失值的真实取值无法获取，因此，实际应用时填补值的合理性往往体现在其能够使后续分析更加准确高效，并且使所得结果更加可靠。

2.3.2　方法分类

数据质量对人工智能领域的算法与模型有着重要的影响，因此，缺失值问题受到了越来越多的关注。目前，缺失值填补方法数量众多并且应用广泛，为了从宏观上对各种填补方法加以区分和归纳，可以基于不同的角度对已有的填补方法展开分类。下面介绍几种缺失值填补方法的分类标准。

根据所用理论基础不同，缺失值填补方法可分为基于统计学的填补方法以及基于机器学习的填补方法。正如 1.2 节所述，基于统计学的填补方法根据统计学的理论知识对缺失值进行统计处理，主要包括均值填补、回归填补、期望最大化填补等。基于机器学习的填补方法借助机器学习算法对不完整数据进行建模，挖掘数据内的有效信息并以此估算缺失值。此类方法包括 K 最近邻填补法、基于聚类的填补方法和基于神经网络的填补方法等。

机器学习可看作是计算机科学与统计学的交叉学科，因此部分机器学习算法会借助统计学理论展开建模，例如贝叶斯网（Bayesian Network）、朴素贝叶斯分类器（Naive Bayes Classifier）、期望最大化算法等均是在概率框架下实施决策的机器学习算法。鉴于机器学习与统计学之间的关联，诸如期望最大化填补等方法既可隶属于统计学方法，也可隶属于机器学习方法，故在此标准下方法的分类界限存在一定的模糊性。

根据同一缺失值的填补次数不同，缺失值填补方法可分为单一填补法和多重填补法。单一填补法为每个缺失值计算一次填补值，从而获得一个完整数据集；而多重填补法为每个缺失值计算多次填补值以得到若干个完整数据集，接着对每个填补数据集进行统计分析，并综合各分析结果以计算最终的填补值。单一填补法比较常见，例如，均值填补、回归填补、K 最近邻填补、神经网络填补等大多数统计学与机器学习填补方法均可视为单一填补法。多重填补法所用的填补模型与单一填补法中的填补模型基本相同。例如，回归填补法可视为多重填补法的基础填补方法，在单次填补期间进行填补值的估算。为了使单次求解的填补值不相同，可考虑在回归填补法所得的填补值基础上加入一个随机误差项，进而生成若干个填补值。此外，在单次填补期间，也可根据重抽样法从完整样本集合中随机抽取部分样本，并根据所抽取的样本求解回归模型参数，接着利用所建模型计算填补值。重抽样法确保了每次参与回归建模的样本不同，进而保证了由所建模型求得的填补值也不相同。该方法将在 3.4.1 节详细介绍。

与多重填补法相比，单一填补法更加简单且易操作，但是所得的填补值是唯一的，无法体现缺失值的不确定性，若填补值不合理，则会导致分析结果的偏差。而在多重填补法的处理过程中，若干个填补值能够反映出缺失值的不确定性，某个不合理的填补值不会对最终的分析结果造成决定性的负面影响。

根据填补期间是否需要辅助信息，缺失值填补方法可分为不使用辅助信息的填补法和使用辅助信息的填补法。其中，前者仅通过对现有数据的分析为缺失值计算合理的填补值。此类方法包括均值填补、回归填补、K 最近邻填补、神经网络填补等多种方法。后者在现有数据的基础上，结合辅助信息，甚至是领域内专家的经验指导填补值的求解。冷平台（Cold Deck）填补法是一类典型的使用辅助信息的填补方法，其借助以往的调查数据或者相关资料等信息进行缺失值的估算。例如，在家庭经济调查中，若某家庭的人均年收入数据不慎丢失，冷平台填补法将利用该家庭在往年调查中的人均年收入数据对该缺失值进行估算。由于家庭的历年调查数据能够客观反映该家庭的经济状况，因此借助相关的历史数据可以对缺失值做出合理的推断。此外，人机结合的方式也为使用辅助信息的填补方法提供了有效的设计思路。在填补期间，可根据人类的经验对模型求解实施必要的干预，将运算模型和真实情况进行有效链接，从而使模型在充分考虑真实情况的基础上计算出更为合理可靠的填补结果。

不使用辅助信息的填补法能够对数据集进行明确的建模，而使用辅助信息的填补法建立的模型相对模糊。以冷平台填补法为例，在应用该方法时，如何根据以往的调查数据或相关资料求解填补值是一个模糊的过程，需要根据实际情况进行具体设计，故此类方法所用到的模型较为模糊。相比之下，不使用辅助信息的填补法直接针对现有数据建模。例如，均值填补法利用每个属性中现有值的平均值填补缺失值，神经网络填补法通过网络模型拟合数据属性间的关联并以此求解填补值，此类方法的建模过程比较明确。

根据数据集的使用方式不同，常见的缺失值填补方法可分为基于样本间相似性的填补方法和基于属性间关联度的填补方法。基于样本间相似性的填补方法寻找与不完整样本相似性较高的一组样本，并利用这些样本在相应属性上的缺失值进行填补。正如 2.2.3 节所述，此类方法包括 K 最近邻填补法、基于聚类的填补法以及基于自组织映射网络的填补法等。此外，在统计学填补方法中，均值填补法针对不完整样本中的每个缺失值，将缺失值相应属性上为现有值的所有样本视为相似样本，接着利用相似样本在该属性上的均值填补缺失值。热平台填补法根据数据集中与不完整样本相似的一个完整样本展开缺失值填补。这两种方法均可视为基于样本间相似性的填补方法。基于属性间关联度的填补方法根据回归建模挖掘数据属性间的关联性，并以此指导缺失值填补。此类方法包括回归填补法、多层感知机与自编码器等神经网络填补法以及基于 TS（Takagi-Sugeno）模型的填补法等。前两种方法已在 2.2.3 节介绍，在第三种方法中，TS 模型是一种可解释强大的非线性建模工具，其基本思想是将整个输入数据集分解成若干个模糊子集，并为每个子集建立局部线性回归模型，接着将各个局部模型进行融合以形成全局的非线性模型。该模型可看作是线性回归模型的改进结构，能够实现理想的拟合效果。

对比基于样本间相似性的填补方法，基于属性间关联度的填补方法往往能够利用属性间关联对缺失值做出更合理的推算。然而，回归模型的拟合质量影响了填补值的准确性，因此在对属性间关联进行挖掘时，需根据实际情况选取行之有效的回归模型，从而对填补值进行估算。

上述几种分类标准从不同视角对填补方法进行区分和归纳，这些分类标准之间相互交叉重叠，共同构成了对缺失值填补方法的宏观描述。

2.3.3 性能度量

正如 2.3.2 节所述，目前存在众多的缺失值填补方法，这些方法在具体场景下的填补效果各有不同。实际应用中，可对不同方法的填补性能进行度量与对比，从中选择最为有效的方法进行缺失值处理。

在科研实验中，研究人员通常按照一定缺失率从完整数据集中删除部分现有值，以此构造缺失值，随后采用所设计的填补方法对缺失值进行估算。在此过程中，缺失值对应的真实值已知，故可根据填补值和缺失值相应真实值之间的误差来度量方法的填补性能。

当填补方法中不包含模型参数时，可直接根据现有数据计算填补值，并根据所得填补值计算填补性能。例如，均值填补法根据不完整属性中现有值的平均值求解填补值，无须任何模型参数即可实现填补。当填补方法中包含模型参数时，可将完整数据集划分为训练集与测试集。其中，训练集用于模型参数的学习，测试集用于评估所得模型的填补性能。此外，模型通常涉及超参数的设置问题。超参数是指在模型构建或模型参数学习之前需预先设定的一类参数，例如，神经网络的神经元个数、训练期间的学习率、最大迭代次数等均称为超参数。针对超参数设置问题，可从数据集中抽出部分样本构成验证集，并根据模型在验证集上的表现选取适宜的超参数。基于训练集、测试集和验证集的填补实验过程大致如下：首先从测试集、验证集中按一定缺失率删除部分现有值以构造缺失值；随后，设置超参数并建立填补模型，在此基础上利用训练集求解填补模型中的参数，根据模型在验证集上求得的填补值计算其填补性能；接着，设置不同的超参数，按照上述流程计算在不同超参数下填补模型的填补性能，并从中选择最优性能所对应的超参数作为最终的超参数；最后，基于所得超参数建立填补模型，根据训练集求解模型参数，并通过模型在测试集上的填补结果衡量方法的填补性能。

下面介绍几种常用的填补性能评价指标，均方根误差（Root Mean Square Error，RMSE）的定义如式（2-11）所示：

$$\text{RMSE}=\sqrt{\frac{1}{|\hat{X}_m|}\sum_{\hat{a}_t\in\hat{X}_m}(a_t-\hat{a}_t)^2}\qquad(2\text{-}11)$$

式（2-11）中，$\hat{X}_m$ 是由所有填补值构成的集合，$\hat{a}_t$ 表示集合 $\hat{X}_m$ 内的填补值，a_t 表示与该填补值对应的真实值。

均方误差（Mean Square Error，MSE）的定义如式（2-12）所示：

$$\text{MSE}=\frac{1}{|\hat{X}_m|}\sum_{\hat{a}_t\in\hat{X}_m}(a_t-\hat{a}_t)^2\qquad(2\text{-}12)$$

平均绝对误差（Mean Absolute Error，MAE）的定义如式（2-13）所示：

$$\text{MAE}=\frac{1}{|\hat{X}_m|}\sum_{\hat{a}_t\in\hat{X}_m}|a_t-\hat{a}_t|\qquad(2\text{-}13)$$

在上述评价指标中，RMSE 仅是 MSE 的平方根，二者的评价效果完全相同。下面仅以 RMSE 为例，将其和 MAE 指标进行比较。RMSE 对每个误差进行平方运算，如图 2-3 所示，当误差 $a_t-\hat{a}_t\in(0,1)$ 时，RMSE 借助 $(a_t-\hat{a}_t)^2$ 缩小误差，当误差 $a_t-\hat{a}_t\in(-\infty,1)\bigcup(1,+\infty)$ 时，RMSE 借助 $(a_t-\hat{a}_t)^2$ 放大误差。因此，RMSE 指标能够改变误差的幅度。相较之下，MAE 仅是对误差取绝对值，与误差的原始尺度完全相同。

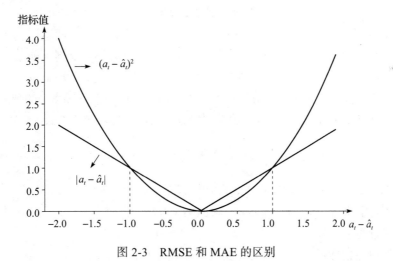

图 2-3　RMSE 和 MAE 的区别

在应用上述指标时，RMSE、MSE 和 MAE 的数量级可能很大，原因在于这些指标无法消除属性的量纲。例如，在家庭经济调查中，家庭人均年收入和家庭人数这两个属性在数量级上存在较大差异，前者往往拥有较大的数量级，其误差在上述指标中的占比较大，而后者的数量级相对较小，其误差的占比较小。

下面介绍的两个指标能够在一定程度上消除属性量纲对评价结果的影响。平均绝对百分比误差（Mean Absolute Percentage Error，MAPE）定义如式（2-14）：

$$\text{MAPE} = \frac{1}{|\hat{X}_m|} \sum_{\hat{a}_t \in \hat{X}_m} \left| \frac{a_t - \hat{a}_t}{a_t} \right| \qquad (2\text{-}14)$$

MAPE 指标将每个填补值的估计误差 $a_t - \hat{a}_t$ 和真实值 a_t 进行比较，使得估计误差和真实值的量纲相同。然而，当某真实值的取值为 0 时，式（2-14）中会出现分母为 0 的现象，此时可考虑在分母加上一个较小的常数值，以使 MAPE 正常求解。

确定系数（Coefficient of Determination）通常写作 R^2，定义如式（2-15）所示：

$$R^2 = 1 - \frac{\text{SS}_{\text{res}}}{\text{SS}_{\text{tot}}} = 1 - \sum_{\hat{a}_t \in \hat{X}_m} \frac{(a_t - \hat{a}_t)^2}{(a_t - \overline{a})^2} \qquad (2\text{-}15)$$

式（2-15）中，SS_{res} 是残差平方和（Residual Sum of Squares，RSS），表示真实值与填补值之间误差的平方和；SS_{tot} 是总平方和（Total Sum of Squares，TSS），体现了真实值的离散程度。$\overline{a}$ 表示真实值的平均值，可描述为式（2-16）：

$$\overline{a} = \frac{1}{|\hat{X}_m|} \sum_{\hat{a}_t \in \hat{X}_m} a_t \qquad (2\text{-}16)$$

在式（2-15）中，SS_{res} 和 SS_{tot} 具有相同的量纲，通过除法运算能够在一定程度上消除属性量纲对评价结果的影响。由于 SS_{tot} 是对真实值离散程度的描述，其数值不受填补值的影响。一般来说，SS_{res} 越小，R^2 的指标值越大，方法的填补性能越好。

然而在实际环境中，缺失值所对应的真实值往往无法获取，因此不能基于上述评价指标度量方法的填补性能。在此情况下，可考虑根据后续分析的效果判断前期填补的合理性[12]。以分类为例，不完整数据集由填补方法处理为完整数据集后，将此完整数据集划分为训练集和测试集，基于训练集建立分类模型，并利用所建模型在测试集上的分类效果间接度量填补性能。准确率（Accuracy）是一种常用的分类精度指标，定义如式（2-17）所示：

$$\text{ACC} = \frac{n'_t}{n_t} \qquad (2\text{-}17)$$

式（2-17）中，n'_t 表示类别预测正确的测试样本数量，n_t 表示测试集的样本数量。除该指标外，还可采用精确率（Precision）、召回率（Recall）、F1 得分（F1 Score）[13] 等对填补方法的性能实行间接度量。

为了基于以上指标对填补方法的性能展开客观合理的度量，可采用诸如 k 折交叉验证法等设计实验方案。基于 k 折交叉验证的填补实验方案如图 2-4 所示。首先将数据集随机等分为 k 个子集，依次将 1 个子集作为测试集，其他 $k-1$ 个子集作为训练集，构造 k 组训练集与测试集对。图 2-4 中，每组内深色标记的子集表示测试集，所有浅色标记的子集共同构成该组中的训练集。接着，分别利用各组中的训练集与测试集展开 k 次实验。具体来说，每次实验期间，首先通过训练集完成模型训练，接着在测试集上人工构造部分缺失值并求解模型在测试集上的填补评价指标值，最终利用 k 个指标值的平均值度量方法的填补性能。

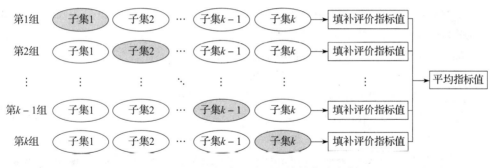

图 2-4　基于 k 折交叉验证的填补实验方案

2.4　本章小结

理解数据缺失机制对于缺失数据的处理有着重要且基础的意义。首先，本章对完全随机缺失、随机缺失和非随机缺失机制进行详细介绍。从发生频率上讲，随机缺失和非随机缺失是现实生活中比较常见的两种数据缺失机制，完全随机缺失并不常见。从处理难易度上讲，完全随机缺失容易处理，而非随机缺失难以处理，一般可将其有条件地转化为随机缺失后再加以处理。

接着，本章阐述了 3 种缺失数据的处理方法，其中，不做处理方法将缺失值直接参与模型构建，并在建模期间避免对缺失值的直接处理。不完整样本删除法主要包括完全个案分析和可用个案分析，此类方法通过删除数据集中不完整样本得到一个样本量缩减的数据集。相较于前两种处理方法，缺失值填补法为每个缺失值计算合理的填补值，并利用填补值替换数据集中的缺失值，从而构造与原始数据集规模一致的完整数据集。

在上述 3 种处理方法中，缺失值填补法的研究与应用较为广泛，因此本章对缺失值填补法展开了详细探讨。首先介绍了缺失值填补的一些基本概念，接着从多个角度对填补方法进行分类，旨在对当前的缺失值填补法做一个宏观认识，最后阐述了诸如 RMSE、MSE、MAE 和 MAPE 等多种填补性能的度量方式。

鉴于目前的缺失值处理方法众多，在实际应用中，应该针对具体问题选择合理有效的填补方法展开缺失值处理，进而提高数据质量以及后续分析的准确性。

参考文献

［1］　Rubin D B. Inference and Missing Data.［J］. Biometrika, 1976, 63(3): 581-592.

［2］　张熙. 多重填补方法估计存在不依从与缺失值的随机对照试验的因果效应［D］. 上海：复旦大学，2012.

［3］　Chen F F, Sun Z H, Ye X. Statistic Inference of Additive Hazards Model When Censoring Indicators are Missing at Random〔J〕. Journal of University of Chinese Academy of Sciences, 2016, 33(4): 443-445.

［4］ 武瑞仙，邓子兵，谯治蛟. 利用 Monte Carlo 技术模拟研究不同缺失值处理方法对完全随机缺失数据的处理效果〔J〕. 中国卫生统计，2015, 32(3): 534-539.

［5］ 金勇进，邵军. 缺失数据的统计处理〔M〕. 北京：中国统计出版社 2009.

［6］ 花琳琳，施念，杨永利，赵天仪，施学忠. 不同缺失值处理方法对随机缺失数据处理效果的比较〔J〕. 郑州大学学报（医学版），2012, 47(03): 315-318.

［7］ Gorbach T, de Luna X. Inference for Partial Correlation when Data are Missing not at Random〔J〕. Statistics and Probability Letters, 2018, 141: 82-89.

［8］ Allison P D. Missing Data〔M〕. New York: Sage Publications, 2001.

［9］ Saar-Tsechansky M, Provost F. Handling Missing Values when Applying Classification Models〔J〕. Journal of Machine Learning Research, 2007, 8: 1623-1657.

［10］ 严远亭. 不完整数据集的多视角集成分类研究〔D〕. 安徽：安徽大学，2016.

［11］ 潘传快. 农业经济调查数据的缺失值处理：模型、方法及应用〔D〕. 武汉：华中农业大学，2017.

［12］ García-Laencina P J, Sancho-Gómez J L. Figueiras-Vidal A R. Pattern Classification with Missing Data: a Review〔J〕. Neural Computing and Applications, 2010, 19(2): 263-282.

［13］ 周志华. 机器学习〔M〕. 北京：清华大学出版社，2016.

缺失值填补方法

在大数据时代，缺失值填补方法因其重要的实用价值而受到广泛关注。研究者从多种角度出发，提出了众多的缺失值填补方法，并取得了十分丰硕的研究成果。鉴于各方法解决数据缺失问题的出发点存在差异，缺失值填补的模型结构和基础理论也不尽相同，一些常见的模型和理论包括：统计学模型、机器学习模型、极大似然原理、证据理论等。为了对缺失值填补方法形成更清晰的认知，本章将对常用的缺失值填补方法进行系统性介绍，大致包括4个方面：基于样本间相似度的填补方法、基于属性间相关性的填补方法、基于参数估计的期望最大化填补法以及针对缺失数据不确定性的填补方法。

目前，各类缺失值填补方法已广泛应用于各领域的研究与实践中，对其进行系统的认知将为缺失值填补方法设计和不完整数据分析打下重要的基础。

3.1　基于样本间相似度的填补方法

基于样本间相似度的填补方法通过样本间相似性的挖掘，为每个不完整样本寻找一组相似样本，并根据相似样本的属性值实现缺失值填补。此类方法主要包括：均值填补法、热平台填补法、K 最近邻填补法、基于聚类的填补方法。本节依次对上述方法进行详细介绍。

3.1.1　均值填补法

均值填补法是一种常用的基于样本间相似度的填补方法。此方法将不完整属性分为数值型和非数值型。对于数值型属性，以不完整属性列中现有值的平均值填补该属性列的缺失值；对于非数值型属性，利用不完整属性列中现有值出现频率最高的数值填补其中的缺失值。在实际应用中，根据计算均值时所采用现有值的来源不同，可将该方法分为单一均值填补法和分层均值填补法。

1. 单一均值填补法

单一均值填补法是指利用不完整属性中全部现有值的均值对该属性中的全部缺失值进行填补。假设 $X=\{x_i \mid x_i \in \mathbb{R}^n,\ i=1,\ 2,\ \cdots,\ n\}$ 表示样本数量为 n ，属性数量为 s 的不完整数据集，其第 i 个样本为 $\boldsymbol{x}_i=[x_{i1},\ x_{i2},\ \cdots,\ x_{is}]^{\mathrm{T}}\ (i=1,\ 2,\ \cdots,\ n)$ 。$\boldsymbol{I}=[I_{ij}] \in \mathbb{R}^{n \times s}$ 用于描述数据的缺失情况，定义如式（3-1）所示：

$$I_{ij}=\begin{cases}0, & x_{ij}=? \\ 1, & \text{其他}\end{cases}\tag{3-1}$$

针对数据集 X 中的第 j 个属性，若其为数值型不完整属性，在计算均值前先为该属性中数据缺失的位置添加一个占位数值，使该位置的数值能够参与运算。式（3-2）所示为该属性中除占位数值外全部现有值的均值：

$$\text{mean}=\frac{\displaystyle\sum_{i=1}^{n} I_{ij} \cdot x_{ij}}{\displaystyle\sum_{i=1}^{n} I_{ij}},\quad \sum_{i=1}^{n} I_{ij} \neq 0\tag{3-2}$$

对于第 j 个属性中的缺失值，将该平均值作为其填补结果。该方法简单易行，是一种常用的缺失值处理方式，但由于所求解的填补值较为单一，降低了数据的离散程度并限制了属性取值的多样性与随机性，故在一定程度上损失了数据信息。

2. 分层均值填补法

分层均值填补法是基于单一均值填补法的改进方法。该方法利用与不完整属性相关联的完整属性将数据集划分为不同的子集，根据子集内样本的现有值计算平均值并将其作为填补结果。例如，在人口调查数据中，要对年收入这一属性中的缺失值进行填补，可以根据年龄、受教育程度等属性对样本进行划分，然后基于划分结果依次对每个子集内的样本进行缺失值填补。

对于不完整数据集 X ，若其中的第 j 个属性为数值型不完整属性，采用分层均值填补法对其进行缺失值填补的过程如下。首先，选出与第 j 个属性相关联的一组属性，基于该组属性采用聚类算法将数据集 X 划分为不同的子集，子集的数量记为 L 。聚类算法详见 3.1.4 节。随后，对于第 l 个子集，计算其中样本在第 j 个属性的现有值均值，并使用此均值填补子集内该属性中的缺失值。

针对同一属性中的缺失值，分别采用单一均值填补法和分层均值填补法进行填补，所得结果的示意图如图 3-1 所示，其中，方形表示现有值，星形表示填补值。

图 3-1a）图单一均值填补法通过计算属性中现有值的均值，从而为属性中全部缺失值赋予相同的填补值；图 3-1b）图分层均值填补法分别计算各子集中现有值的平均值，从而为各

子集中的缺失值分别提供填补结果。由此可见，与单一均值填补法相比，分层均值填补法能够在一定程度上缓解单一填补值对数据离散程度的影响。此外，由于在填补过程中对样本进行划分，该方法所得填补结果在后续的聚类和分类问题中表现较好。

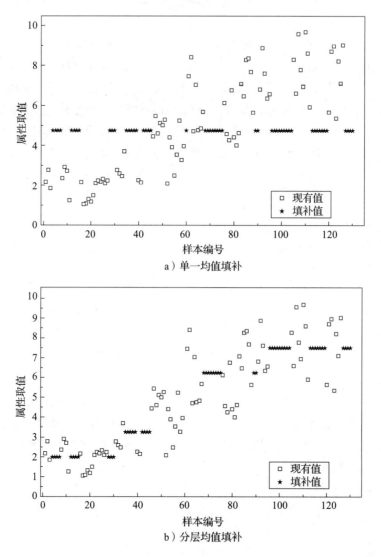

图 3-1　均值填补法结果示意图

目前，均值填补法已经在工业、农业、医疗等领域获得广泛应用。该方法的优势在于简单方便，没有复杂的运算过程，时间复杂度和空间复杂度比较低，并且填补结果通常能够保持在合理的取值范围内，出现异常值的概率较低。不过由于该方法设计简单，对现有值所含信息的挖掘不充分，往往会影响填补值对真实值的还原度。

3.1.2 热平台填补法

热平台填补法是指在一组完整样本中寻找与不完整样本相似的样本，并利用该样本的属性值填补缺失值。该方法不以统计量或推测值为填补结果，而是直接以数据集中样本自身的数值为填补值。

在此类方法的设计过程中，需要解决的主要问题是如何选择相似样本。处理该问题首先要确定相似样本的来源。传统的热平台填补法从数据集全体完整样本中寻找与不完整样本相似的样本，不仅会增加算法的时间复杂度和空间复杂度，还往往使得所选样本与不完整样本的相似度不高，影响填补精度。因此，为了更有效地选择相似样本，通常采用与分层均值填补法相似的方式，找出与不完整属性相关联的属性，并基于此将数据集划分为不同的子集，将各子集作为相似样本的来源。假设子集的数量为 L，其中第 l 个子集记为 $X^{(l)}$。针对该子集中的不完整样本，根据选择相似样本的方式不同，可将热平台填补法分为随机热平台填补法、最近邻热平台填补法和序贯热平台填补法。下面依次进行介绍。

1. 随机热平台填补法

随机热平台填补法从不完整样本所在子集中随机抽取完整样本作为其相似样本，并将相似样本的现有值作为填补结果。该方法的主要优势在于当不完整样本数量较多时，其选择相似样本的方式可视为一种有放回的随机抽样，所得填补结果不会影响样本总体分布情况。同时，该方法简单易行，时间和空间复杂度低，是社会调查领域较为常见的缺失值处理方法。然而，即使相似样本源于不完整样本所在的子集，在一定程度上保证了填补结果的有效性，但由于相似样本是随机选择的，往往很难保证各填补值的精度。

2. 最近邻热平台填补

最近邻热平台填补法根据不完整样本中的现有值计算其与完整样本的距离，从而选择相似样本。为了获得更加精确的近邻样本，该方法通常根据与不完整属性相关联的属性计算样本距离。在该方法中，常用的距离度量指标包括欧式距离和马氏距离（Mahalanobis Distance）。假设子集 $X^{(l)}$ 中的样本数量为 $n^{(l)}$，对于数据集中的样本 x_i（$i = 1, 2, \cdots, n^{(l)}$），若其第 j 个属性不完整，记该属性的相关属性编号为 $j_1, j_2, \cdots, j_M$，定义 $X_{co}^{(l)} = \{x_i \mid x_i \in X^{(l)}, \forall x_{ij} \neq ?, j = 1, 2, \cdots, s\}$ 为子集 $X^{(l)}$ 中完整样本的集合，x_i 与其中完整样本 x_k 的欧式距离如式（3-3）所示：

$$d_{Euc}(x_i, x_k) = \sqrt{\sum_{m=1}^{M} (x_{ij_m} - x_{kj_m})^2}, \ x_k \in X_{co}^{(l)} \qquad (3\text{-}3)$$

式（3-3）中，x_{ij_m}、x_{kj_m} 分别为样本 x_i、样本 x_k 的第 j_m 个属性。作为一种常见的距离度量方式，欧式距离直接计算两点在空间中的分布距离，设计较为直观，但其将样本不同属性等同看待，未能将属性间的相关性纳入计算过程中，这一点有时不能满足实际要求。为此，可将马氏距离作为样本间距离的度量。对于样本 x_i，基于属性 $j_1, j_2, \cdots, j_M$ 所得与样本 x_k

的马氏距离表示如式（3-4）所示：

$$d_{\mathrm{Mah}}(x_i,\ x_k) = \sqrt{(\boldsymbol{x}'_i - \boldsymbol{x}'_k)^{\mathrm{T}} S^{-1} (\boldsymbol{x}'_i - \boldsymbol{x}'_k)},\quad x_k \in X_{\mathrm{co}}^{(l)} \tag{3-4}$$

式（3-4）中，$\boldsymbol{x}'_i = [x_{ij_1},\ x_{ij_2},\ \cdots,\ x_{ij_M}]^{\mathrm{T}}$，$\boldsymbol{x}'_k = [x_{kj_1},\ x_{kj_2},\ \cdots,\ x_{kj_M}]^{\mathrm{T}}$，$S=[s_{tt'}]\in\mathbb{R}^{M\times M}$ 表示基于编号为 j_1, j_2, $\cdots$, j_M 的属性所求解的协方差，可用于记录属性间的相关性。矩阵 S 中的元素 $s_{tt'}$ 表示第 j_t 个属性与第 $j_{t'}$ 个属性的协方差，其中 $t=1, 2, \cdots, M$；$t'=1, 2, \cdots, M$。对于子集 $X^{(l)}$，仅根据其中的完整样本计算协方差[1]，计算方法如式（3-5）所示：

$$s_{tt'} = \frac{\sum_{x_i \in X_{\mathrm{co}}^{(l)}} (x_{ij_t} - \overline{x}_{j_t})(x_{ij_{t'}} - \overline{x}_{j_{t'}})}{n_{\mathrm{co}}^{(l)}} \tag{3-5}$$

式（3-5）中，$n_{\mathrm{co}}^{(l)}$ 表示集合 $X_{\mathrm{co}}^{(l)}$ 中的样本数量，$\overline{x}_{j_t}$、$\overline{x}_{j_{t'}}$ 分别表示 $X_{\mathrm{co}}^{(l)}$ 中各样本在第 j_t 个属性和第 $j_{t'}$ 个属性的平均值。根据实际情况选择式（3-3）或式（3-4）计算 x_i 与各完整样本的距离，并获取最近邻样本的现有值用于缺失值填补。相比于随机热平台填补法，此方法对数据集中现有值的利用更加充分，所得填补结果更贴近真实值。

3. 序贯热平台填补法

序贯热平台填补法通过计算属性间的相关性找出与不完整属性相关性最高的完整属性，随后对子集内的样本基于该完整属性按照一定的顺序排列。对于不完整属性中的缺失值，将其上方相邻样本的现有值作为填补结果[2]。该方法常采用皮尔森相关系数（Pearson Correlation Coefficient）度量属性间的相关性。与计算协方差类似，皮尔森相关系数同样是基于完整样本集 $X_{\mathrm{co}}^{(l)}$ 获取的。对于第 j 个属性和第 j' 个属性，皮尔森相关系数如式（3-6）所示：

$$\mathrm{Pearson}_{jj'} = \frac{\sum_{x_i \in X_{\mathrm{co}}^{(l)}} (x_{ij} - \overline{x}_j)(x_{ij'} - \overline{x}_{j'})}{\sigma_j \cdot \sigma_{j'}} \tag{3-6}$$

式（3-6）中，$\overline{x}_j$、$\overline{x}_{j'}$ 分别为两属性内现有值的均值，σ_j、$\sigma_{j'}$ 的计算规则如式（3-7）所示：

$$\sigma_k = \sqrt{\sum_{x_i \in X_{\mathrm{co}}^{(l)}} (x_{ik} - \overline{x}_k)^2},\quad k=j,\ j' \tag{3-7}$$

分别计算各属性与第 j 个属性的皮尔森相关系数，该相关系数的绝对值越大，表明两属性的相关性越高。接着寻找最大相关系数对应的属性，并根据样本在该属性上的取值对样本重新排序。对于第 j 个属性存在缺失的样本，获取其相邻样本的属性值作为填补结果。相比于最近邻热平台填补法，该方法仅根据与不完整属性相关性最高的单个属性寻找相似样本，虽然参考的属性数量减少，但对属性间相关性的挖掘更加细致，在实际应用中可结合具体情况选用这两种方法。

　　热平台填补法常用于处理社会调查中的数据缺失问题，是美国人口调查局经常使用的缺失值填补方法[3]。该方法极少使用同一数值作为大量缺失值的填补结果，对数据离散程度的影响很低。然而，由于填补值直接来源于其他样本，在将其应用于回归问题时，易使回归方程的误差增大，参数估计的稳定性下降，耗费更多的时间，给回归问题的计算带来不便。

　　在热平台填补法中，完整样本来源于不完整样本所在的数据集。冷平台填补法是相对于热平台填补法而言的，从其他历史数据集中获取填补结果。与热平台填补法类似，针对各不完整样本，该方法从历史数据集中选择相似样本，并采用相似样本的现有值作为填补结果。例如，在人口普查数据中，若某样本的"居住地"属性缺失，则采用该样本最近一次接受调查时填写的居住地作为填补值。冷平台填补法选择相似样本的方式与热平台填补法大体相同，此处不再赘述。

3.1.3　K 最近邻填补法

　　K 最近邻填补法是一种基于 K 最近邻算法实现的缺失值填补方法。K 最近邻算法是机器学习领域基本的分类方法，针对各个待分类样本，找到与该样本距离最近的 K 个样本，并将多数近邻样本所属类别作为分类结果。K 最近邻填补法参照其思路，寻找与各不完整样本距离最近或相关度最高的 K 个完整样本，并将各完整样本现有值的加权平均作为填补值。该方法包含两个关键步骤，即选择近邻样本和计算近邻样本权重。下面对二者依次进行说明。

1. 选择近邻样本

　　选择近邻样本是指针对各不完整样本，通过计算与其他样本的距离或相关性，找到与该样本距离最近的 K 个完整样本。闵可夫斯基距离是该方法中常用的距离度量指标。对于不完整数据集 X，基于式（3-1）所定义的数据缺失情况，对于样本 x_i、x_k，在计算闵可夫斯基距离前应先为样本中数据缺失的位置添加一个占位数值，使该位置的数值能够参与运算，二者的闵可夫斯基距离如式（3-8）所示：

$$d_{\min}(x_i, x_k) = \left(\frac{s\sum_{l=1}^{s} I_{il} \cdot I_{kl} \cdot |x_{il} - x_{kl}|^p}{\sum_{l=1}^{s} I_{il} \cdot I_{kl}} \right)^{\frac{1}{p}}, \quad k = 1, 2, \cdots, n; \quad k \neq i, \quad \sum_{l=1}^{s} I_{il} \cdot I_{kl} \neq 0 \quad （3\text{-}8）$$

　　式（3-8）中，p 为闵可夫斯基距离公式的参数。当 p = 2 时，闵可夫斯基距离即转化为欧式距离，记为 $d_{\mathrm{Euc}}(x_i, x_k)$。通常称基于不完整样本计算的欧式距离为局部距离（Partial Distance），可记为 $d_{\mathrm{Part}}(x_i, x_k)$。

　　闵可夫斯基距离仅适用于处理数值型属性，但现实应用时，数据集中经常同时存在数值型属性和非数值型属性。灰色关联分析法是一种能够同时处理上述两种类型属性的样本相关性度量方法，其基本思想是通过比较两样本在各属性的取值来度量其相似程度[4]。该方法通常包含三个阶段：选择属性、计算灰色相关系数（Gray Relational Coefficient，GRC）、计算灰色相关度（Gray Relational Grade，GRG）。对于不完整数据集 X，假设第 i 个样本 x_i 为不完整样本，第一阶段为属性选择阶段，通常选择该样本的完整属性参与后续计算，此处采用 $J_{co,i}$ 表示该样本完整属性的下标集合。第二阶段为计算该不完整样本与各完整样本的灰色相关系数。记数据集 X 中完整样本的集合为 X_{co}，若数据集 X 中的第 k 个样本为完整样本，则样本 x_i 与 x_k 在第 j 个属性的灰色相关系数如式（3-9）所示：

$$\mathrm{GRC}(x_{ij},\ x_{kj}) = \frac{\min\limits_{x_m \in X_{co}} \min\limits_{l \in J_{co,i}} |x_{il} - x_{ml}| + \rho \max\limits_{x_m \in X_{co}} \max\limits_{l \in J_{co,i}} |x_{il} - x_{ml}|}{|x_{ij} - x_{kj}| + \rho \max\limits_{x_m \in X_{co}} \max\limits_{l \in J_{co,i}} |x_{il} - x_{ml}|},\ x_k \in X_{co},\ j \in J_{co,i} \qquad (3\text{-}9)$$

式（3-9）中，$\rho \in [0,\ 1]$ 被称为分辨系数（Distinguishing Coefficient），其值越小，表示灰色相关系数的数值越分散，通常可取 $\rho = 0.5$，也可根据实际情况进行调整。根据式（3-9）可依次计算样本 x_i 各完整属性与样本 x_k 的灰色相关系数。第三阶段为计算两样本各属性灰色相关系数的均值，并将其作为样本间的灰色相关度，如式（3-10）所示：

$$\mathrm{GRG}(x_i,\ x_k) = \frac{1}{|J_{co,i}|} \sum_{j \in J_{co,i}} \mathrm{GRC}(x_{ij},\ x_{kj}) \qquad (3\text{-}10)$$

式（3-10）中，$|J_{co,i}|$ 表示样本 x_i 中完整属性的数量。依次计算样本 x_i 与数据集 X 中各完整样本的灰色相关度，选择灰色相关度最大的 K 个样本作为其近邻样本。在式（3-9）、式（3-10）中，数值型属性和非数值型属性被同等对待，因此灰色关联分析法能够有效处理包含上述两种类型属性的不完整数据集。

真实数据集中通常存在部分噪声样本，若选择的近邻样本中包含噪声样本，将会影响填补结果对真实值的还原度。消除近邻噪声的 K 最近邻（Eliminate Neighbor Noise-K Nearest Neighbor，ENN-KNN）填补法根据投票思想度量各近邻样本为噪声样本的可能性，并剔除可能性大的噪声近邻样本，从而消除其对缺失值填补产生的影响[5]。假设数据集 X 中第 i 个样本 x_i 为不完整样本，基于局部距离为其选择 K 个近邻样本，并构成集合 $N(x_i)$。对于所有 $x_{nei} \in N(x_i)$，获取 x_{nei} 的 K 个近邻样本，并将得到的全部样本构成集合 $NN(x_i)$，称其为 x_i 的二次近邻集合，其中样本记为 x_p，如图 3-2 所示。

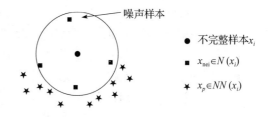

图 3-2　ENN-KNN 方法示意图

ENN-KNN 填补法通过双向投票的方式计算近邻集合 $N(x_i)$ 中各样本为非噪声样本的可靠性，首先基于近邻集合 $N(x_i)$ 对二次近邻集合 $NN(x_i)$ 中的各样本进行正向投票，接着利用二次近邻集合 $NN(x_i)$ 对近邻集合 $N(x_i)$ 的样本进行逆向投票。

正向投票期间，$N(x_i)$ 中的样本 x_{nei} 为自身近邻样本投票，投票时的权重如式（3-11）所示：

$$w_{nei} = \frac{1}{d_{Part}(x_i, \ x_{nei})}, \quad x_{nei} \in N(x_i) \tag{3-11}$$

式（3-11）中，$d_{Part}(x_i, \ x_{nei})$ 表示样本间的局部距离。

由于在 $NN(x_i)$ 内，某个样本 x_p 可能同时位于 $N(x_i)$ 中多个样本的近邻集合内，x_p 所得的投票结果可能是多个权重值的累加，其投票结果的计算规则如式（3-12）所示：

$$V(x_p) = \sum_{x_{nei} \in N(x_i)} \frac{w_{nei}}{K} \cdot f(x_p, \ N(x_{nei})) \tag{3-12}$$

式（3-12）中，$N(x_{nei})$ 表示样本 x_{nei} 的近邻样本所构成的集合，$f(x_p, \ N(x_{nei}))$ 用于判断 x_p 是否隶属于 $N(x_{nei})$。若 $x_p \in N(x_{nei})$，则函数值为 1；否则为 0。

反向投票期间，对于 x_i 的近邻样本 x_{nei}，根据 $N(x_{nei})$ 中样本的投票结果计算 x_{nei} 的可靠性，计算方法如式（3-13）所示：

$$V(x_{nei}) = \sum_{x_p \in N(x_{nei})} V(x_p) \tag{3-13}$$

最后，基于 x_i 各近邻样本的可靠性剔除其中的噪声样本，判断噪声样本的标准如式（3-14）所示：

$$\text{IsNoise}(x_{nei}) = \begin{cases} 1, \ V(x_{nei}) < \theta V_{max} \\ 0, \ V(x_{nei}) \geqslant \theta V_{max} \end{cases} \tag{3-14}$$

式（3-14）中，V_{max} 表示可靠性最高的近邻样本获得的可靠性评分，$\theta \in [0, \ 1]$ 被称为淘汰系数。当 $\theta = 0$ 时，ENN-KNN 填补法相当于传统的 K 最近邻填补法；当 $\theta = 1$ 时，ENN-KNN 填补法相当于仅根据可靠性最高的近邻样本填补缺失值。

2. 计算近邻样本权重

计算近邻样本权重是指计算各近邻样本在缺失值填补中的贡献程度，从而基于近邻样本的现有值和其权重获取填补结果。传统的 K 最近邻填补法采用等权重的方式计算填补值，实际上等同于将各近邻样本现有值的均值作为填补结果。该方法忽视了近邻样本在分布位置的差异性，没有对近邻样本的信息进行充分利用，在一定程度上影响了填补精度。

一种常见的思路是基于近邻样本与不完整样本的局部距离计算其在填补过程中的权重，计算方法如式（3-11）所示。可见，该方法将样本间距离的倒数作为近邻样本权重，近邻样本与不完整样本距离越远，其权重越小。此方法计算权重的方式较为直观、易于理解，且应用方便，但权重计算方式不够灵活，对样本间的位置关系挖掘不够充分，限制了其填补精度及应用范围。

为了使样本权重的求解更加灵活，适用范围更广，可将核函数引入权重计算过程[6]。

核函数是一类用于处理线性不可分问题的函数，蕴含着从低维空间到高维空间的映射，该映射能够使低维空间中线性不可分的两类样本在高维空间中线性可分。常用的核函数包括多项式核（Polynomial Kernel）函数、高斯核（Gauss Kernel）函数、S 型核（Sigmoid Kernel）函数。S 型核函数的函数值和输入数值呈正相关，而高斯核函数的取值与输入数值呈负相关。为了使权重随样本间距离的增加而减小，通常采用高斯核函数进行权重计算。高斯核函数又称径向基核（Radial Basis Function Kernel，RBF Kernel）函数，基于不完整数据集 X 中的样本 x_i、x_k 计算的高斯核函数如（3-15）式所示：

$$\phi_{\mathrm{RBF}}(d_{\mathrm{Part}}(x_i,\ x_k)) = \exp\left(-\frac{d_{\mathrm{Part}}(x_i,\ x_k)^2}{2\sigma^2}\right) \tag{3-15}$$

式（3-15）中，$\sigma > 0$ 为高斯函数的带宽（Width），其值越大，映射后的空间维度越低。当 σ 趋近于 0 时，理论上可将原始空间的样本映射到无穷维的空间。

核函数的引入能够使 K 最近邻填补法在计算权重时更加充分地利用近邻样本位置信息，有助于提升该方法的填补精度。假设数据集 X 中第 i 个样本 x_i 为不完整样本，记其近邻样本构成集合 $N(x_i)$，则对于 $x_{\mathrm{nei}} \in N(x_i)$，引入核函数的权重如式（3-16）所示：

$$w(x_i,\ x_{\mathrm{nei}}) = \frac{\phi_{\mathrm{RBF}}\left(d_{\mathrm{Part}}\dfrac{(x_i,\ x_{\mathrm{nei}})}{\lambda}/\lambda\right)}{\sum\limits_{k=1}^{K}\phi_{\mathrm{RBF}}\left(d_{\mathrm{Part}}\dfrac{(x_i,\ x_k)}{\lambda}/\lambda\right)} \tag{3-16}$$

式（3-16）中，$\lambda > 0$ 是权重参数。λ 越小，权重随样本间距离的增加而减小的速度就越快。当 λ 趋近于正无穷时，x_i 的所有近邻样本具有相同的权重。此外，通过调整权重参数 λ，能够使 K 最近邻填补法在不同 K 值下取得良好的填补效果，提高了该方法的鲁棒性。

相比于均值填补法和热平台填补法，K 最近邻填补法正受到越来越多的关注，其理论体系较为成熟，已广泛应用于工业、交通、医疗等多个领域。但由于为每个不完整样本寻找近邻样本的过程都需遍历全体完整样本，导致 K 最近邻填补法的时间复杂度较高，很难应用于处理样本数量大的数据集。

3.1.4 基于聚类的填补方法

基于聚类的填补方法是指采用聚类算法处理数据缺失问题的填补方法。聚类算法基于样本间的相似度将数据集划分为若干子集，其中，每个子集通常称为一个簇，簇中样本分布的中心称为聚类中心，也称原型。

基于聚类的填补方法采用聚类算法将不完整数据集划分为不同的簇，并参照聚类中心及簇内完整样本对不完整样本的缺失值进行填补。下面主要从三个方面对该方法进行介绍，即缺失值填补中常见的聚类算法，聚类过程中不完整数据的处理，基于不完整数据聚类的缺失值填补方法。

1. 缺失值填补中常见的聚类算法

K 均值聚类和 FCM 是常用于缺失值填补的聚类算法，下面分别介绍两种聚类算法。

（1）K 均值聚类算法

K 均值聚类算法是一种迭代式聚类算法，该算法将每个样本划到距该样本最近的聚类中心所在的簇中，接着通过簇内样本的均值更新聚类中心，并由此反复迭代直至聚类结束。假设 $X=\{x_i \mid x_i \in \mathbb{R}^s, \ i=1, 2, \cdots, n\}$ 表示样本数量为 n，属性数量为 s 的数据集，其第 i 个样本为 $\boldsymbol{x}_i=[x_{i1}, x_{i2}, \cdots, x_{is}]^{\mathrm{T}}$（$i=1, 2, \cdots, n$），基于此数据集的聚类流程如图 3-3 所示。

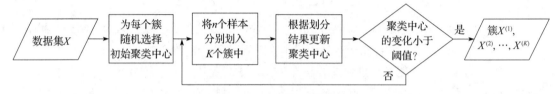

图 3-3　K 均值聚类算法流程图

如图 3-3 所示，K 均值聚类算法首先在数据集 X 中随机选择 K 个样本分别作为各簇的聚类中心。随后，采用迭代的方式进行样本聚类，每轮迭代分两步进行。第一步，对于数据集中的 n 个样本，分别计算其与 K 个聚类中心的欧式距离，将各样本划入其最近聚类中心所在的簇中；第二步，根据划分结果更新聚类中心，计算划分结束后簇内样本各属性值的均值并以此更新聚类中心。若更新前后聚类中心的变化小于设定的阈值，则结束迭代，并将最后一轮迭代中划分的样本簇作为聚类结果，各簇记为 $X^{(1)}, X^{(2)}, \cdots, X^{(K)}$。在 K 均值聚类算法中，样本 $\boldsymbol{x}_i$（$i=1, 2, \cdots, n$）相对于簇 $X^{(k)}$（$k=1, 2, \cdots, K$）的隶属关系可由式（3-17）所示的隶属函数表示：

$$u_{X^{(k)}}(x_i) = u_{ik} = \begin{cases} 1, & x_i \in X^{(k)} \\ 0, & x_i \notin X^{(k)} \end{cases} \tag{3-17}$$

式（3-17）中，隶属函数 u_{ik} 需满足式（3-18）、式（3-19）中的两个条件：

$$\sum_{k=1}^{K} u_{ik} = 1, \quad i=1, 2, \cdots, n \tag{3-18}$$

$$0 < \sum_{i=1}^{n} u_{ik} < n, \quad k=1, 2, \cdots, K \tag{3-19}$$

式（3-18）表明每个样本只能属于一个簇，式（3-19）限定了每个簇均为非空。若样本划分的结果符合上述隶属函数，则称这样的划分为硬划分。

（2）FCM 算法

FCM 算法可视为 K 均值聚类算法基于模糊划分的改进算法。模糊划分的概念由 Ruspini

于 1969 年首先提出，该划分是相对于硬划分而言的，即所有样本并非完全属于某一个簇，而是以不同程度隶属于各个簇。模糊划分中隶属度 u_{ik} 的取值范围由 $\{0, 1\}$ 扩展到 $[0, 1]$ 区间，从而刻画出样本分属于各簇的程度。对于数据集 X 中的样本，采用 FCM 算法对其进行聚类，相应的聚类模型如式（3-20）所示：

$$\begin{cases} \min\ J(U,\ V) = \sum_{k=1}^{K}\sum_{i=1}^{n} u_{ik}^{z} d_{\mathrm{Euc}}(\boldsymbol{x}_i,\ v_k)^2 \\ s.t.\ u_{ik} \in [0,\ 1],\ i=1,\ 2,\ \cdots,\ n,\ k=1,\ 2,\ \cdots,\ K \\ \quad \sum_{k=1}^{K} u_{ik} = 1,\ i=1,\ 2,\ \cdots,\ n \\ \quad 0 < \sum_{i=1}^{n} u_{ik} < n,\ k=1,\ 2,\ \cdots,\ K \end{cases} \tag{3-20}$$

式（3-20）中，u_{ik} 为隶属度，表示样本 x_i 隶属于第 k 个簇的程度，记 $\boldsymbol{U} = [u_{ik}] \in \mathbb{R}^{n \times K}$，称为划分矩阵。$v_k$ 为第 k 个簇的聚类中心，即该簇的原型，$v_k \in \mathbb{R}^s$，记 $\boldsymbol{V} = [v_{kj}] = [v_1,\ v_2,\ \cdots,\ v_K]^{\mathrm{T}} \in \mathbb{R}^{K \times s}$，称为原型矩阵。$z \in (1,\ \infty)$ 是一个模糊化参数，其控制着样本在各簇间的分享程度。当 $z=1$ 时，FCM 算法退化为 K 均值算法；当 z 趋近于无穷时，FCM 算法将失去划分能力。在实际应用中，可结合数据集自身特征确定 z 的取值，一个常用的取值是 $z=2$ [7]。为了简便描述，将 $u_{ik} \in [0,\ 1]$ 和 $0 < \sum_{i=1}^{n} u_{ik} < n$ 作为隶属度必须满足的默认条件，后续不再列写。

考虑式（3-20）中关于隶属度 u_{ik} 的等式约束条件，采用拉格朗日乘子法，设增广拉格朗日函数如式（3-21）所示：

$$J_{\lambda}(\boldsymbol{U},\ \boldsymbol{V}) = \sum_{k=1}^{K}\sum_{i=1}^{n} u_{ik}^{z} d_{\mathrm{Euc}}(x_i,\ v_k)^2 + \sum_{i=1}^{n} \lambda_i \left(\sum_{k=1}^{K} u_{ik} - 1 \right) \tag{3-21}$$

式（3-21）中，$\lambda = [\lambda_1,\ \lambda_2,\ \cdots,\ \lambda_n]^{\mathrm{T}}$ 为拉格朗日乘子，使 FCM 聚类过程中的目标函数 J 达到极小的必要条件如式（3-22）、式（3-23）所示：

$$v_k = \frac{\sum_{i=1}^{n} u_{ik}^{z} x_i}{\sum_{i=1}^{n} u_{ik}^{z}} \tag{3-22}$$

$$u_{ik} = \left[\sum_{t=1}^{K} \left(\frac{d_{\mathrm{Euc}}(x_i,\ v_k)^2}{d_{\mathrm{Euc}}(x_i,\ v_t)^2} \right)^{\frac{1}{z-1}} \right]^{-1},\quad k=1,\ 2,\ \cdots,\ K,\quad i=1,\ 2,\ \cdots,\ n \tag{3-23}$$

对式（3-22）和式（3-23）进行交替迭代式求解，当先后两次迭代中原型矩阵或划分矩阵的改变量小于某一预先设定的阈值时，则迭代停止。以下为算法的具体步骤。

步骤 1：设定模糊化参数 z，聚类数 K 和阈值 ε，$(\varepsilon > 0)$，随机初始化划分矩阵 $U^{(0)}$；

步骤 2：当迭代次数为 l，$l = 1, 2, \cdots$ 时，基于 $U^{(l-1)}$ 使用式（3-22）更新原型矩阵 $V^{(l)}$；

步骤 3：基于 $V^{(l)}$，使用式（3-23）更新划分矩阵 $U^{(l)}$；

步骤 4：若满足条件 $\forall k, i : \max |u_{ik}^{(l)} - u_{ik}^{(l-1)}| < \varepsilon$，算法停止，输出划分矩阵 U 和原型矩阵 V；否则 $l \leftarrow l+1$，返回步骤 2。

最终，所得划分矩阵 U 即聚类结果，原型矩阵 V 记录了划分结束后各簇的原型。

2. 聚类过程中不完整数据的处理

在聚类过程中，针对数据集中的数据缺失问题，目前有 4 种常用的应对策略[8]，即完整数据策略（Whole Data Strategy，WDS）、局部距离策略（Partial Distance Strategy，PDS）、优化完整策略（Optimal Completion Strategy，OCS）和最近原型策略（Nearest Prototype Strategy，NPS），以下依次对这 4 种策略进行详细说明。

（1）完整数据策略

完整数据策略是指将数据集中存在缺失值的样本直接剔除，仅采用完整样本参与聚类。假设数据集 X 中存在不完整样本，首先将数据集 X 划分为完整样本集 X_{co} 和不完整样本集 X_{in}；然后直接采用标准的聚类算法对 X_{co} 进行划分，从而获得由完整样本构成的多个聚类簇；最后对 X_{in} 中的样本，分别计算其中样本与各聚类中心的局部距离（见式（3-8）），进而将不完整样本划分到与之最近聚类中心所对应的簇中。此方法虽然易于实施，但聚类过程中忽视了不完整样本中的大量现有信息，往往很难获得理想的聚类精度。

（2）局部距离策略

局部距离策略是一种简单且有效的不完整数据聚类方法，其在聚类迭代过程中仅忽略了不完整样本的缺失属性值。PDS 方法采用式（3-8）所示的局部距离代替标准聚类算法中的欧式距离，从而将不完整数据集 X 划分为 K 个簇。以 FCM 算法为例，其相应的聚类模型如式（3-24）所示：

$$
\begin{cases}
\min J_2(U, V) = \sum_{k=1}^{K} \sum_{i=1}^{n} u_{ik}^z d_{\text{Part}}(x_i, v_k)^2 \\
s.t. \sum_{k=1}^{K} u_{ik} = 1, \ i = 1, 2, \cdots, n
\end{cases}
\tag{3-24}
$$

采用拉格朗日乘子法，设增广函数如式（3-25）所示：

$$
J_{2\lambda}(U, V) = \sum_{k=1}^{K} \sum_{i=1}^{n} u_{ik}^z d_{\text{Part}}(x_i, v_k)^2 + \sum_{i=1}^{n} \lambda_i \left(\sum_{k=1}^{K} u_{ik} - 1 \right)
\tag{3-25}
$$

式（3-25）中，$\lambda = [\lambda_1, \lambda_2, \cdots, \lambda_n]^{\text{T}}$ 为拉格朗日乘子，则在关于隶属度 u_{ik} 的等式约束条件下，基于式（3-1）所定义的数据缺失情况，聚类目标函数 J_2 达到极小的必要条件如式（3-26）、式（3-27）所示：

$$v_{kj} = \frac{\sum\limits_{i=1}^{n} u_{ik}^z I_{ij} x_{ij}}{\sum\limits_{i=1}^{n} u_{ik}^z I_{ij}}, \quad j = 1, 2, \cdots, s; \quad k = 1, 2, \cdots, K \quad (3\text{-}26)$$

$$u_{ik} = \left[\sum_{t=1}^{K} \left(\frac{d_{\text{Part}}(\boldsymbol{x}_i, \boldsymbol{v}_k)^2}{d_{\text{Part}}(\boldsymbol{x}_i, \boldsymbol{v}_t)^2} \right)^{\frac{1}{z-1}} \right]^{-1}, \quad i = 1, 2, \cdots; \; n \,; \quad k = 1, 2, \cdots, K \quad (3\text{-}27)$$

PDS 方法通过执行式（3-26）和式（3-27）的交替迭代，即可获得各簇原型以及完整样本和不完整样本相对于各簇的隶属度。相比于 WDS 方法忽略了全部不完整样本，PDS 更充分地使用了不完整数据集中所有已知信息，是一种更有效的不完整数据聚类方法。

（3）优化完整策略

优化完整策略是一种关注度较高的不完整数据聚类方法，该方法将缺失值视作变量，在聚类的同时进行缺失值填补。以 FCM 算法为例，设 X_m 为数据集 X 中缺失值构成的集合，其聚类模型如式（3-28）所示：

$$\begin{cases} \min J_3(\boldsymbol{U}, \boldsymbol{V}, X_m) = \sum\limits_{k=1}^{K} \sum\limits_{i=1}^{n} u_{ik}^z d_{\text{Euc}}(\boldsymbol{x}_i, \boldsymbol{v}_k)^2 \\ s.t. \; \sum\limits_{k=1}^{K} u_{ik} = 1, \; i = 1, 2, \cdots, n \end{cases} \quad (3\text{-}28)$$

由式（3-28）可见，缺失值在目标函数 J_3 中作为变量出现。

采用拉格朗日乘子法，设增广拉格朗日函数如式（3-29）所示：

$$J_{3\lambda}(\boldsymbol{U}, \boldsymbol{V}, X_m) = \sum_{k=1}^{K} \sum_{i=1}^{n} u_{ik}^z d_{\text{Euc}}(\boldsymbol{x}_i, \boldsymbol{v}_k)^2 + \sum_{i=1}^{n} \lambda_i \left(\sum_{k=1}^{K} u_{ik} - 1 \right) \quad (3\text{-}29)$$

使聚类目标函数 J_3 达到极小的必要条件如式（3-30）、式（3-31）和式（3-32）所示：

$$v_k = \frac{\sum\limits_{i=1}^{n} u_{ik}^z \boldsymbol{x}_i}{\sum\limits_{i=1}^{n} u_{ik}^z}, \quad k = 1, 2, \cdots, K \quad (3\text{-}30)$$

$$u_{ik} = \left[\sum_{t=1}^{K} \left(\frac{d_{\text{Euc}}(\boldsymbol{x}_i, \boldsymbol{v}_k)^2}{d_{\text{Euc}}(\boldsymbol{x}_i, \boldsymbol{v}_t)^2} \right)^{\frac{1}{z-1}} \right]^{-1}, \quad i = 1, 2, \cdots, n; \quad k = 1, 2, \cdots, K \quad (3\text{-}31)$$

$$x_{ij} = \frac{\sum\limits_{k=1}^{K} u_{ik}^z v_{kj}}{\sum\limits_{k=1}^{K} u_{ik}^z}, \quad x_{ij} \in X_m \quad (3\text{-}32)$$

式（3-32）表明，优化完整策略利用样本在各簇的隶属度计算权重，并将各簇原型属性值的加权平均作为填补值，上述加权平均值称为模糊均值。OCS 方法执行式（3-30）、式（3-31）和式（3-32）三者的交替迭代，收敛后可同时获得各簇原型、样本隶属度和缺失值的填补结果。

（4）最近原型策略

最近原型策略是对优化完整策略的一种简单修改，其将 OCS 方法中的式（3-32）修改为如式（3-33）所示的形式：

$$x_{ij} = v_{kj}, \quad d_{\text{Part}}(\boldsymbol{x}_i, \ v_k) = \min\{d_{\text{Part}}(\boldsymbol{x}_i, \ v_1), \ d_{\text{Part}}(\boldsymbol{x}_i, \ v_2), \ \cdots, \ d_{\text{Part}}(\boldsymbol{x}_i, \ v_K)\} \quad （3\text{-}33）$$

在迭代过程中，NPS 策略采用最近原型的相应属性值来填补缺失值。NPS 方法需要执行式（3-30）、式（3-31）和式（3-33）三者的交替迭代，从而在聚类的同时进行缺失值填补。对于 K 均值聚类算法而言，由于其采用硬划分的方式，每个样本仅被划入一个确定的簇，因此该算法的优化完整策略和最近原型策略实际上是等价的。然而到目前为止，尚无法从理论上对 NPS 算法的收敛性加以证明，该算法在聚类不完整数据时可能出现不收敛的情况[9]。

通过上述 4 种策略能够实现不完整数据的聚类，其中 WDS 和 PDS 仅能获得聚类结果，需根据聚类结果进行缺失值填补；OCS 和 NPS 在聚类的同时进行缺失值填补，能够同时得到聚类结果与填补值，但其本质仍是以聚类为目标的不完整数据处理策略，获得的填补结果可能并不精确，因此需对基于聚类结果的缺失值填补方法进一步探讨。

3. 基于不完整数据聚类的缺失值填补方法

K 均值聚类算法和 FCM 算法分别采用硬划分和模糊划分进行样本聚类。因此，二者聚类结果的形式存在差异，K 均值聚类算法将每个样本划分到唯一确定的簇，而 FCM 算法则采用划分矩阵记录样本对各簇的隶属度，从而将每个样本以不同的程度划分到各个簇。上述两种形式的聚类结果在缺失值填补中的应用方式也不尽相同，下面对其依次展开讨论。

（1）基于 K 均值聚类的填补方法

在利用 K 均值聚类结果进行缺失值填补时，一种简捷且常见的方法是采用不完整样本所在簇的聚类中心对应属性值填补缺失值。若不完整样本中的缺失值较多，则基于该样本现有值所计算的局部距离可靠性较低，可能使得该样本的聚类划分不准确，从而对填补结果的精度产生影响。为此，可采用离群样本检测算法对填补结果进行检验。离群样本是指集群中与其他大部分样本不同的样本，离群点检测算法又称局部异常因子（Local Outlier Factor，LOF）算法，用于检测样本集中的离群样本。假设 K 均值聚类算法将数据集 X 中的样本划分为 K 个簇，记其中的第 k 个簇为 $X^{(k)}$，可通过如式（3-34）所示的残差平方和检验该簇中的离群样本：

$$S_{\text{res}}^{(k)} = \sum_{x_i \in X^{(k)}} d_{\text{Euc}}(\boldsymbol{x}_i, \ v_k)^2 \quad （3\text{-}34）$$

式中，v_k 表示簇 $X^{(k)}$ 的聚类中心。当加入某个样本后 $S_{res}^{(k)}$ 显著增大，则说明该样本为离群样本。通常而言，离群样本的属性值明显偏离期望的或常见的属性值[10]。因此，如果填补后的样本检测为离群样本，则很可能该样本的填补值与真实值偏差较大。

加入离群样本检测的缺失值填补方法是基于 K 均值聚类算法填补缺失值，并采用式（3-34）检测填补后的样本是否为离群样本，去除离群样本的填补值并对其重新填补。该方法不断迭代直到填补后的样本不再被检测出离群样本。以下为加入离群样本检测的缺失值填补方法流程。

步骤 1：设定聚类数 K 和残差平方和阈值 ε（$\varepsilon > 0$），设数据集 X 中的不完整样本组成的集合为 X_{in}。

步骤 2：随机选择 K 个样本作为初始聚类中心，采用 K 均值聚类算法将数据集 X 中的样本划分为 K 个簇，对于 $x_i \in X_{in}$，基于所在簇的聚类中心填补缺失值，随后清空 X_{in}。

步骤 3：对于簇 $X^{(k)}$（$k = 1, 2, \cdots, K$），计算其残差平方和 $S_{res}^{(k)}$，随后依次删除其中的不完整样本，计算删除后簇内样本的残差平方和 $S_{res}^{(k)'}$，若 $S_{res}^{(k)} - S_{res}^{(k)'} \geqslant \varepsilon$，将该样本加入数据集 X_{in}。

步骤 4：若 X_{in} 不为空，返回步骤 2，重新进行聚类填补；否则，填补结束。

此方法在缺失值填补的同时检测填补精度，及时处理精度不高的填补值，从而获得更有效、精度更高的填补结果。

（2）基于模糊 C 均值聚类的填补方法

在使用 FCM 算法对不完整数据集 X 聚类的过程中，采用划分矩阵 U 记录样本对各簇的隶属度，并采用原型矩阵 V 记录划分结束后各簇的原型。目前，基于上述两种矩阵填补缺失值的方法主要有 3 种，包括模糊均值填补法、最近原型填补法和属性投票填补法。其中，模糊均值填补法在簇原型的基础上，根据样本对各簇的隶属度计算原型中现有值的加权平均并将其作为填补结果。优化完整策略采用此方法填补缺失值，计算方式见式（3-32）。最近原型填补法是指使用不完整样本最近原型的相应属性值进行缺失值填补。最近原型策略采用此方法填补缺失值，计算方式见式（3-33）。属性投票填补法是指采用各属性投票的方式确定样本所属的聚类簇，从而根据簇原型的属性值进行缺失值填补[11]。以下为对不完整数据集 X 采用属性投票填补法进行缺失值填补的流程。

步骤 1：设定模糊化参数 z、聚类数 K 和阈值 ε，$\varepsilon > 0$。

步骤 2：采用 FCM 算法对数据集 X 中的样本进行模糊划分，得到划分矩阵 $U = [u_{ik}] \in \mathbb{R}^{n \times K}$ 和原型矩阵 $V = [v_{kj}] \in \mathbb{R}^{K \times s}$，$n$ 为数据集 X 中的样本数量，s 为数据集 X 中的属性数量。

步骤 3：对于数据集 X 中的各样本，分别计算其中完整属性值与各簇原型属性值的距离，该距离实际上是基于单个属性所得的局部距离，如式（3-35）所示：

$$d_{Part}(x_{ij}, v_{kj}) = |x_{ij} - v_{kj}|, \quad I_{ij} \neq 0; \ i = 1, 2, \cdots, n; \quad j = 1, 2, \cdots, s \qquad (3\text{-}35)$$

步骤 4：对于样本 x_i（$i = 1, 2, \cdots, n$）的第 j（$j = 1, 2, \cdots, s$）个属性，基于式（3-35）分别计算该属性值与各簇原型相应属性值的距离，选择距离最近的簇作为该属性的投票意向。

步骤 5：统计样本中各属性的投票意向，其中得票最高的簇即该样本基于属性投票的划分结果。

步骤 6：根据上述划分结果，采用原型中的现有属性值填补簇内样本的缺失值。

大部分情况下，上述 3 种基于 FCM 聚类结果进行缺失值填补的方法所得结果相差并不明显，可结合具体数据集进行选择。

相比于均值填补法、热平台填补法和 K 最近邻填补法，基于聚类的填补方法更加擅长处理大规模数据集，已广泛应用于工业、生物、医疗等众多领域。其中，基于 K 均值聚类的填补方法易于实现，时间复杂较低。但实际应用中，很多样本或属性不存在明确的边界，不适合采用硬划分的方式进行聚类，故此类填补方法的应用范围受到一定制约。基于 FCM 聚类的填补方法虽然计算量较大，但 FCM 算法提供了样本对于各聚类簇的隶属度，使得此类方法能够应用于更多实践和研究领域。

3.2　基于属性间相关性的填补方法

基于属性间相关性的填补方法通过回归建模挖掘数据属性间的关联关系，以此进行缺失值填补。此类方法主要包括基于线性回归的填补方法，以及基于非线性回归的填补方法。基于线性回归的填补方法通过对不完整数据的线性建模进行缺失值填补，主要适用于数据属性间存在线性关系的场景。相较而言，基于非线性回归的填补方法利用非线性模型挖掘数据属性间的关联，进而借助所建模型填补缺失值。在非线性回归建模期间，人为构造拟合函数会存在一定主观因素的干扰，并且未必能构建出与真实数据集相匹配的函数结构。鉴于神经网络具备强大的非线性映射能力，该模型能够有效挖掘数据属性间复杂的非线性关系，并以此为填补性能的改善带来巨大潜力。因此，本节首先探讨基于线性回归、非线性回归的填补方法，在此基础上对基于神经网络的填补方法进一步展开分析。

3.2.1　基于线性回归的填补方法

线性回归是指对一个因变量与一个或多个自变量间的关联关系进行线性建模的分析方法。若建模期间存在一个自变量，则称为简单线性回归或一元线性回归；若存在多个自变量，则称为多重线性回归或多元线性回归。

顾名思义，简单线性回归是一种较为简单的分析方法，适用于自变量和因变量间高度相关，并且可用一条直线近似拟合其关联关系的场景。多重线性回归可看作是简单线性回归的扩展，通过多个自变量的线性组合来估计因变量的取值。鉴于在真实数据集中，某样本的属性取值往往与其他多个属性值相关，因此多重线性回归在实际分析时的应用范围更广。

标准的线性函数如式（3-36）所示：

$$y = \beta x + \beta_0 \tag{3-36}$$

式（3-36）中，y 表示因变量，x 表示自变量，β 表示斜率，β_0 表示截距。

在式（3-36）所示的线性函数中，自变量 x 与因变量 y 间的关联关系由一条直线完全拟合，但真实数据往往并不存在绝对的线性关系，待拟合的数据点无法全部位于一条直线上，而是会以一定误差分散在直线周围。因此，线性回归引入误差项，构建如式（3-37）所示的线性模型[12]：

$$y = \beta x + \beta_0 + \varepsilon \tag{3-37}$$

式（3-37）中，ε 表示随机误差项，β 和 β_0 是模型参数，需根据真实数据进行求解。

假设 $X = \{\boldsymbol{x}_i \mid \boldsymbol{x}_i \in \mathbb{R}^s, \ i = 1, 2, \cdots, n\}$，表示样本数量为 n，属性数量为 s 的数据集，其中第 i 个样本为 $\boldsymbol{x}_i = [x_{i1}, x_{i2}, \cdots, x_{is}]^{\mathrm{T}}$，$i = 1, 2, \cdots, n$。下面以前 p 个属性作为自变量，第 $p+1$ 个属性作为因变量，构建如式（3-38）所示的线性模型：

$$y_i = \sum_{j=1}^{p} x_{ij}\beta_j + \beta_0 + \varepsilon_i, \quad i = 1, 2, \cdots, n \tag{3-38}$$

式（3-38）中，y_i 表示因变量，此处 $y_i = x_{i(p+1)}$，x_{ij}（$j = 1, 2, \cdots, p$）表示自变量，β_j（$j = 0, 1, \cdots, p$）表示模型参数，ε_i 表示随机误差项。

线性模型中的参数一般由最小二乘法求解，该方法通过最小化式（3-39）所示的误差平方和来计算模型参数。

$$L = \sum_{i=1}^{n} \varepsilon_i^2 \tag{3-39}$$

为了使描述更加清晰，先介绍简单线性回归中的模型求解方法。假设线性模型仅包含一个自变量，即 $p = 1$，式（3-39）可写为式（3-40）所示的形式：

$$L = \sum_{i=1}^{n}(\beta_1 x_{ip} + \beta_0 - y_i)^2 = \sum_{i=1}^{n}\left((\beta_1 x_{ip})^2 + \beta_0^2 + y_i^2 + 2\beta_1 x_{ip}\beta_0 - 2\beta_1 x_{ip} y_i - 2\beta_0 y_i\right) \tag{3-40}$$

为了求解误差平方和的最小值，可由最小二乘法计算式（3-40）关于模型参数的偏导数，并令其等于 0，进而得到式（3-41）：

$$\begin{cases} \dfrac{\partial L}{\partial \beta_1} = \sum\limits_{i=1}^{n}(2\beta_1 x_{ip}^2 + 2x_{ip}\beta_0 - 2x_{ip} y_i) = 0 \\[3mm] \dfrac{\partial L}{\partial \beta_0} = \sum\limits_{i=1}^{n}(2\beta_0 + 2\beta_1 x_{ip} - 2y_i) = 0 \end{cases} \tag{3-41}$$

在数学理论中，函数在某点的偏导数等于 0 是该点为极值点的必要条件。根据式（3-42）可知，式（3-40）所示函数的二阶偏导数始终大于 0，这说明该函数只存在一个极值点，并且该点恰为最小值。

$$\begin{cases} \dfrac{\partial^2 L}{\partial \beta_1^2} = \sum_{i=1}^{n} 2x_{ip}^2 > 0 \\ \dfrac{\partial^2 L}{\partial \beta_0^2} = \sum_{i=1}^{n} 2 > 0 \end{cases} \tag{3-42}$$

进一步推导，即可根据式（3-43）和式（3-44）求解模型参数。

$$\beta_1 = \frac{n \sum\limits_{i=1}^{n} x_{ip} \cdot y_i - \left(\sum\limits_{i=1}^{n} x_{ip} \right) \cdot \left(\sum\limits_{i=1}^{n} y_i \right)}{n \sum\limits_{i=1}^{n} x_{ip}^2 - \left(\sum\limits_{i=1}^{n} x_{ip} \right)^2} \tag{3-43}$$

$$\beta_0 = \frac{\left(\sum\limits_{i=1}^{n} y_i - \beta_1 \cdot \sum\limits_{i=1}^{n} x_{ip} \right)}{n} \tag{3-44}$$

以上讨论的是简单线性回归中模型参数的求解方法，当线性模型中包含多个自变量，同样可根据最小二乘法计算参数。首先，可将式（3-38）写成式（3-45）所示的矩阵形式：

$$\boldsymbol{Y} = \boldsymbol{X}^* \boldsymbol{B} + \boldsymbol{E} \tag{3-45}$$

式（3-45）中，$\boldsymbol{Y} = [y_1, \ y_2, \ \cdots, \ y_n]^{\mathrm{T}}$ 是由因变量构成的向量，$\boldsymbol{B} = [\beta_0, \ \beta_1, \ \cdots, \ \beta_p]^{\mathrm{T}}$ 是由所有模型参数构成的向量，$\boldsymbol{E} = [\varepsilon_1, \ \varepsilon_2, \ \cdots, \ \varepsilon_n]^{\mathrm{T}}$ 表示由所有误差构成的向量，$\boldsymbol{X}^*$ 表示设计矩阵（Design Matrix），其定义如式（3-46）所示：

$$\boldsymbol{X}^* = \begin{bmatrix} 1 & x_{11} & \cdots & x_{1p} \\ 1 & x_{21} & \cdots & x_{2p} \\ \vdots & \vdots & \ddots & \vdots \\ 1 & x_{n1} & \cdots & x_{np} \end{bmatrix} \tag{3-46}$$

在多重回归中，式（3-39）所示的误差平方和可改写为式（3-47）的形式：

$$\begin{aligned} L &= \parallel \boldsymbol{E} \parallel^2 \\ &= \parallel \boldsymbol{X}^* \boldsymbol{B} - \boldsymbol{Y} \parallel^2 \\ &= (\boldsymbol{X}^* \boldsymbol{B} - \boldsymbol{Y})^{\mathrm{T}} (\boldsymbol{X}^* \boldsymbol{B} - \boldsymbol{Y}) \\ &= \boldsymbol{B}^{\mathrm{T}} \boldsymbol{X}^{*\mathrm{T}} \boldsymbol{X}^* \boldsymbol{B} - \boldsymbol{B}^{\mathrm{T}} \boldsymbol{X}^{*\mathrm{T}} \boldsymbol{Y} - \boldsymbol{Y}^{\mathrm{T}} \boldsymbol{X}^* \boldsymbol{B} + \boldsymbol{Y}^{\mathrm{T}} \boldsymbol{Y} \end{aligned} \tag{3-47}$$

根据最小二乘法的规则，计算式（3-47）关于模型参数 $\boldsymbol{B}$ 的导数，令其为 0，接着通过式（3-48）所示的推导过程即可求解模型参数。

$$\begin{aligned} \frac{\partial L}{\partial \boldsymbol{B}} &= 2\boldsymbol{B}^{\mathrm{T}} \boldsymbol{X}^{*\mathrm{T}} \boldsymbol{X}^* - 2\boldsymbol{Y}^{\mathrm{T}} \boldsymbol{X}^* = 0 \\ &\Rightarrow \boldsymbol{B}^{\mathrm{T}} \boldsymbol{X}^{*\mathrm{T}} \boldsymbol{X}^* = \boldsymbol{Y}^{\mathrm{T}} \boldsymbol{X}^* \\ &\Rightarrow \boldsymbol{B} = (\boldsymbol{X}^{*\mathrm{T}} \boldsymbol{X}^*)^{-1} \boldsymbol{X}^{*\mathrm{T}} \boldsymbol{Y} \end{aligned} \tag{3-48}$$

基于线性回归的填补方法一般采用线性模型拟合完整属性与不完整属性间的关联关系，并根据数据集中的完整样本展开模型参数的求解。填补期间，将不完整样本中的现有值输入模型，利用模型输出估计缺失值。

假设数据集 X 仅在第 k 维属性存在缺失值，即除第 k 维属性为不完整属性外，其他属性均为完整属性。在该情况下，可构建以完整属性为自变量，不完整属性为因变量的线性模型，如式（3-49）所示：

$$y_i = \sum_{j \in J_{\text{co}}} x_{ij} \cdot \beta_j + \beta_0 + \varepsilon_i, \quad x_i \in X_{\text{co}} \tag{3-49}$$

式（3-49）中，y_i 是因变量，表示样本 x_i 在第 k 维属性的取值 x_{ik}，$J_{\text{co}} = \{1, \cdots, k-1, k+1, \cdots, s\}$ 表示完整属性的下标集合，X_{co} 表示完整样本集合。

接着，利用最小二乘法对式（3-50）所示函数进行最小化，从而求解模型参数。待所有参数求解完毕后，即可对不完整样本实行填补。

$$L = \sum_{x_i \in X_{\text{co}}} \left(y_i - \sum_{j \in J_{\text{co}}} x_{ij} \cdot \beta_j - \beta_0 \right)^2 \tag{3-50}$$

为提高线性模型的有效性和准确性，以下就三方面内容进一步展开讨论。

1. 处理数据集中多个不完整属性

当数据集中存在多个不完整属性时，可根据若干个线性模型的组合填补所有缺失值。令 J_{co} 表示完整属性的下标集合，J_{in} 表示不完整属性的下标集合，针对每个属性序号 $j \in J_{\text{in}}$，构建以 J_{co} 对应属性为自变量，第 j 个属性为因变量的线性模型，由此得到 $|J_{\text{in}}|$ 个模型。随后利用完整样本对模型参数进行求解，并借助若干个模型填补所有不完整属性下的缺失值。

上述建模思路存在一定弊端，倘若数据集中仅包含极少数完整属性，利用少量完整属性可能无法较好拟合所有的不完整属性。以数据集 X 为例，当第 j 个属性为完整属性，其他属性为不完整属性时，所构建的线性模型属于简单线性回归。若某个不完整样本仅存在一个缺失值，该缺失值仅能根据样本中第 j 个属性值进行求解，其他现有值无法参与计算过程，则造成了已知信息的浪费。

除了以上建模思路外，也可针对每个不完整样本设计专属的线性模型。具体来说，当不完整样本中存在多个缺失值时，依次将样本中每个缺失值属性作为因变量，所有现有值属性作为自变量，构建多个线性模型。该建模方式能够确保不完整样本中的现有值被合理利用，但由于针对每个不完整样本进行建模，所需的模型数量会增加。

2. 确保自变量与因变量间的线性关系

基于线性回归的填补方法假设属性间存在线性关系，而在真实数据集中，属性间的关联关系复杂未知，往往体现出非线性特征。直接采用线性模型拟合具备非线性关联关系的数据将导致一定的建模误差，并最终影响填补的准确性。

自变量的选取对于线性函数的拟合质量至关重要，故可通过特征选择等方法寻找与不完整属性呈线性相关的部分属性，并以此作为自变量展开线性建模。该方式能够在一定程度上确保自变量与因变量间的线性关系，进而提高所建模型的准确性。

除特征选择方法外，也可考虑在误差函数中添加约束，从而在模型参数求解的同时实现输入变量的选择。套索回归（Lasso Regression）正是在该思路基础上改进线性模型，基于套索回归思路所建的误差函数如式（3-51）所示。

$$L = \sum_{x_i \in X_{co}} \left(y_i - \sum_{j \in J_{co}} x_{ij} \cdot \beta_j - \beta_0 \right)^2 + \lambda \left(\sum_{j \in J_{co}} |\beta_j| + |\beta_0| \right) \tag{3-51}$$

式（3-51）在式（3-50）的基础上，添加了对模型参数的约束项 $\sum_{j \in J_{co}} |\beta_j| + |\beta_0|$，$\lambda$ 控制约束的强度。对误差函数实施约束的操作可称为正则化，而 λ 通常称作正则化系数。研究表明，套索回归能够令部分模型参数变为 0，进而使得这些参数相应的自变量对因变量的影响为 0，以达到特征选择的效果。

3. 优化线性模型参数

基于最小二乘法的线性模型具有唯一解的前提是，式（3-48）中的矩阵 $\boldsymbol{X}^{*\mathrm{T}}\boldsymbol{X}^*$ 存在可逆性，即 $\boldsymbol{X}^*$ 为满秩矩阵。然而，当自变量间的相关性较强时，$\boldsymbol{X}^*$ 中的两行元素存在较大关联，易使 $\boldsymbol{X}^{*\mathrm{T}}\boldsymbol{X}^*$ 不可逆并导致参数求解的不稳定。例如，在家庭经济调查数据集中，以"家庭人均收入""家庭人均支出"属性作为自变量，以"家庭经济状况"属性作为因变量进行线性建模，由于两个自变量间往往存在较大的相关性，二者对因变量的影响具有相互抵消的效应[13]。该效应是指按一定比率增大"家庭人均收入"相应的模型参数，或减小"家庭人均支出"相应的模型参数，最终对因变量将产生类似的影响，并由此导致模型参数求解的不稳定。

针对上述问题，可基于岭回归（Ridge Regression）的思路建立如式（3-52）所示的函数，并对其进行最小化。

$$L = \sum_{x_i \in X_{co}} \left(y_i - \sum_{j \in J_{co}} x_{ij} \cdot \beta_j - \beta_0 \right)^2 + \lambda \left(\sum_{j \in J_{co}} \beta_j^2 + \beta_0^2 \right) \tag{3-52}$$

式（3-52）在式（3-50）的基础上，添加了对模型参数的约束 $\sum_{j \in J_{co}} \beta_j^2 + \beta_0^2$，$\lambda$ 控制约束强度。为使得式（3-52）中的函数取值尽可能小，约束项 $\sum_{j \in J_{co}} \beta_j^2 + \beta_0^2$ 需尽可能小，因此模型参数将尽量接近于 0，这在一定程度上避免了具有较高相关性的自变量对因变量的影响相互抵消。

线性模型的形式简单，求解方便，但其假设属性间存在线性关系，真实数据集往往难以满足该假设，因此基于线性回归的填补方法有时并不能有效拟合属性间复杂的关联关系。

为了提高线性模型的填补性能，可通过特征选择、岭回归等方式对其实行优化。此外，当不完整数据集内的缺失情况过于复杂时，需构建若干个线性模型，依次对模型内的参数展开求解，并通过多个模型的协作共同填补缺失值，但会降低建模效率。因此，基于线性回归的填补方法主要适用于属性间存在线性关系，并且不完整属性缺失情况相对简单的场景。

3.2.2　基于非线性回归的填补方法

若不完整数据属性间为线性关系，则线性回归模型具有良好的建模精度，并能够获得理想的填补效果。但在现实世界中，数据属性间可能存在复杂的非线性关系，若仍对此类型数据展开线性建模，会导致填补准确性降低。因此，更为有效的做法是建立非线性模型，通过设计合理的拟合函数构造与真实数据相匹配的模型结构，进而挖掘属性间的非线性关系，并以此进行填补。

基于非线性回归的填补方法是采用非线性回归手段建模不完整数据。令 X 表示样本数量为 n，属性个数为 s 的不完整数据集，$\boldsymbol{x}_i = [x_{i1}, \ x_{i2}, \ \cdots, \ x_{is}]^{\mathrm{T}} \ (i=1, \ 2, \ \cdots, \ n)$ 表示第 i 个样本。假设数据集 X 仅在第 k 维属性存在缺失值，即完整属性集合 $J_{\mathrm{co}} = \{1, \ \cdots, \ k-1, \ k+1, \ \cdots, \ s\}$，不完整属性集合为 $J_{\mathrm{in}} = \{k\}$。针对数据集 X，构建以完整属性为自变量，不完整属性为因变量的非线性模型，如式（3-53）所示：

$$y_i = f(\boldsymbol{x}_i^*, \ \boldsymbol{\beta}) + \varepsilon_i, \ \boldsymbol{x}_i \in X_{\mathrm{co}} \tag{3-53}$$

式（3-53）中，y_i 表示因变量，由于因变量是不完整属性，即数据集的第 k 个属性，此处 $y_i = x_{ik}$；$f(\cdot)$ 表示非线性函数，$\boldsymbol{x}_i^*$ 表示自变量，即样本中除第 k 个属性外的其他属性值构成的向量；$\boldsymbol{\beta}$ 表示由模型参数组成的向量；ε_i 表示误差；X_{co} 表示完整样本集合。

与线性模型类似，可通过最小化式（3-54）所示的误差平方和，求解非线性模型的参数[14]。

$$L = \sum_{x_i \in X_{\mathrm{co}}} (y_i - f(\boldsymbol{x}_i^*, \ \boldsymbol{\beta}))^2 \tag{3-54}$$

根据拟合函数 $f(\cdot)$ 的形式不同，非线性模型的类型也有所不同，下面介绍几种用于非线性回归建模的常见函数。

多项式函数是一类典型的非线性函数，其将自变量的各种组合视为函数构建的基本元素，通过不同的模型参数衡量各组合对拟合结果的贡献度，由此利用自变量组合的线性加权和建立拟合函数。多项式函数的通用形式如式（3-55）所示：

$$f_{\mathrm{Poly}}(\boldsymbol{x}_i^*, \ \boldsymbol{\beta}) = \sum_{k_1, \ k_2, \ \cdots, \ k_p \geq 0} \beta_{\mathrm{Concat}(k_1, \ k_2, \ \cdots, \ k_p)} x_{iJ_{\mathrm{co}}(1)}^{k_1} x_{iJ_{\mathrm{co}}(2)}^{k_2} \cdots x_{iJ_{\mathrm{co}}(p)}^{k_p} \tag{3-55}$$

其中，p 表示自变量的数量，即 $|J_{\mathrm{co}}|$；$k_l \ (l=1, \ 2, \ \cdots, \ p)$ 为常数值，表示对自变量进行幂运算时的指数，$J_{\mathrm{co}}(l) \ (l=1, \ 2, \ \cdots, \ p)$ 表示集合 J_{co} 中第 l 个元素。$\beta_{\mathrm{Concat}(k_1, \ k_2, \ \cdots, \ k_p)}$ 表示模型参数，$\mathrm{Concat}(k_1, \ k_2, \ \cdots, \ k_p)$ 的作用是将 $k_1, \ k_2, \ \cdots, \ k_p$ 按由高位到低位的顺序拼接成十进

制数值，其定义为式（3-56）：

$$\mathrm{Concat}(k_1, k_2, \cdots, k_p) = k_1 \times 10^{p-1} + k_2 \times 10^{p-2} + \cdots + k_p \qquad (3\text{-}56)$$

当 $p = 1$ 时，不完整数据集仅有一个完整属性，即 $|J_{\mathrm{co}}| = 1$。在此条件下，多项式函数的形式可表示为式（3-57）：

$$f_{\mathrm{Poly}}(\boldsymbol{x}_i^*, \boldsymbol{\beta}) = \sum_{k_1=0}^{d} \beta_{\mathrm{Concat}(k_1)} x_{iJ_{\mathrm{co}}(1)}^{k_1} = \beta_0 + \beta_1 x_{iJ_{\mathrm{co}}(1)} + \beta_2 x_{iJ_{\mathrm{co}}(1)}^2 + \cdots + \beta_d x_{iJ_{\mathrm{co}}(1)}^d \qquad (3\text{-}57)$$

式（3-57）中，d 表示函数的阶数，此函数通常称为一元 d 阶多项式。

当 $p = 2$ 时，一种典型的多项式函数如式（3-58）所示：

$$\begin{aligned} f_{\mathrm{Poly}}(\boldsymbol{x}_i^*, \boldsymbol{\beta}) &= \sum_{k_1+k_2 \leqslant 2} \beta_{\mathrm{Concat}(k_1, k_2)} x_{iJ_{\mathrm{co}}(1)}^{k_1} x_{iJ_{\mathrm{co}}(2)}^{k_2} \\ &= \beta_0 + \beta_{10} x_{iJ_{\mathrm{co}}(1)} + \beta_{20} x_{iJ_{\mathrm{co}}(1)}^2 + \beta_{11} x_{iJ_{\mathrm{co}}(1)} x_{iJ_{\mathrm{co}}(2)} + \beta_1 x_{iJ_{\mathrm{co}}(2)} + \beta_2 x_{iJ_{\mathrm{co}}(2)}^2 \end{aligned} \qquad (3\text{-}58)$$

式（3-58）中，函数的阶数是 2，常称为二元二阶多项式函数。

多项式函数可以借助函数阶数的设计对因变量展开不同精度的逼近，从而实现复杂非线性关系的有效建模，因此其在回归分析中具有重要的地位。此类函数连续光滑，并且内部结构对称，易于编程求解，然而随着自变量数量和函数阶数的增加，计算量将急剧增大，因此需根据实际问题选取对因变量拟合最重要的自变量，并合理控制函数阶数[15]。

除多项式函数外，也可在合理考虑自变量与因变量关系的基础上，针对部分自变量设计非线性函数，最后将其组合为全局的非线性函数[16]。以第 $J_{\mathrm{co}}(l)$ 个属性为例，令 $j = J_{\mathrm{co}}(l)$，关于该自变量的非线性函数可设计为式（3-59）、式（3-60）和式（3-61）所示的形式。

（1）指数函数：

$$f_{\mathrm{Exp}}(x_{ij}, \boldsymbol{\beta}) = \beta_1 \mathrm{e}^{\beta_2 x_{ij}} \qquad (3\text{-}59)$$

式（3-59）中，β_1 和 β_2 表示函数参数。

（2）对数函数：

$$f_{\mathrm{Log}}(x_{ij}, \boldsymbol{\beta}) = \beta_1 + \beta_2 \ln(x_{ij}) \qquad (3\text{-}60)$$

（3）幂函数：

$$f_{\mathrm{Pow}}(x_{ij}, \boldsymbol{\beta}) = \beta_1 x_{ij}^{\beta_2} \qquad (3\text{-}61)$$

拟合函数的形式多样，既可是上述多项式函数、指数函数、对数函数、幂函数等各类函数，也可以是由多种函数组成的复合型函数。在实际建模过程中，需针对具体问题展开分析，以确定与属性间关联相匹配的拟合函数，并构建相应的非线性模型。

由于单个回归模型仅能拟合一个因变量，当数据集包含多个不完整属性时，需针对每个不完整属性分别构建以该属性为因变量、以完整属性为自变量的回归模型，进而填补所有的缺失值。但是，正如 3.2.1 节所述，若不完整属性的数量远远大于完整属性的数量，上述建模方式易造成已知信息的极大浪费。为了合理利用数据集内的所有现有值，下面以图 3-4a）中的不完整数据集为例，介绍一种基于回归模型集群的缺失值填补方法[17]。

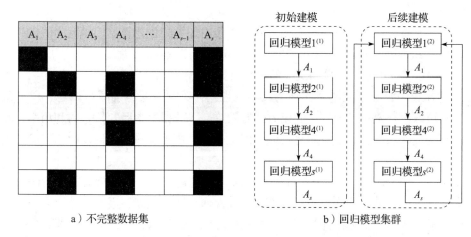

图 3-4　基于回归模型集群的缺失值填补方法

如图 3-4a）所示，数据集中的不完整属性序号集合为 $J_{in} = \{1, 2, 4, s\}$，完整属性序号集合为 $J_{co} = \{3, 5, 6, \cdots, s-1\}$。针对该数据集，可建立如图 3-4b）所示的回归模型集群。该方法的建模过程包括初始建模和后续建模两部分，以下为初始建模的流程。

步骤 1：按照属性中缺失值个数由小到大的顺序，对不完整属性序号进行排列。针对图 3-4a）所示数据集，排列后的不完整属性序号集为 $J_{in} = \{1, 2, 4, s\}$。

步骤 2：令 $J_{co}^* = J_{co}$，$X_0 = X$，设置访问标记 $l = 1$。

步骤 3：建立以第 $J_{in}(l)$ 个属性为因变量，J_{co}^* 对应属性为自变量的回归模型；

步骤 4：根据数据集 X_0 求解步骤 3 中模型的参数，计算填补值并以此替换 X_0 在第 $J_{in}(l)$ 个属性中的缺失值。

步骤 5：若所有的不完整属性访问完毕，即 $l = |J_{in}|$，则进入步骤 6；否则更新 $J_{co}^* \leftarrow J_{co}^* \bigcup \{J_{in}(l)\}$，$l \leftarrow l+1$，返回步骤 3。

步骤 6：初始建模过程完毕，并得到填补后的数据集 X_0。

以上过程的主要思路是，根据每个回归模型计算相应不完整属性中的填补值，并利用这些填补值替换属性中的缺失值，随后将包含填补值的属性用于后续建模。填补值和现有值共同参与建模的方式使不完整数据集内的现有数据得以充分利用。

在得到填补数据集 X_0 后，可基于 X_0 展开后续建模过程，以下为具体步骤。

步骤 1：设置访问标记 $l = 1$。

步骤 2：建立以第 $J_{in}(l)$ 个属性为因变量，其他属性为自变量的回归模型。

步骤 3：根据 X_0 求解步骤 2 中模型的参数，接着计算本轮的填补值，并以此更新 X_0 在第 $J_{in}(l)$ 个属性内的填补值。

步骤 4：若不完整属性访问完毕，即 $l = |J_{in}|$，则进入步骤 5，否则更新 $l \leftarrow l+1$，返回步骤 2。

步骤 5：若本轮填补数据集与上轮填补数据集中的填补值差异低于指定阈值，则暂停迭代并进入步骤 6；否则返回步骤 1。

步骤 6：建模过程完毕，得到最终的填补数据集。

在上述流程中，除不完整属性外的其他属性均作为自变量参与模型构建，填补值在建模期间反复更新直至最终稳定。该建模方式有效提高了数据集中已知信息的利用率，然而迭代式的模型构建和求解增加了时间复杂度，因此主要适用于一些模型构建简单、参数求解高效的场景。

结合 3.2.1 节和本节内容，可知线性回归模型的构建简单高效，相关的理论研究也趋于完善，而非线性回归模型的构建相对复杂。非线性回归建模期间，人为构造拟合函数具有较多主观因素的干扰，包括为设计与真实数据相匹配的函数结构，开发人员需要具备一定专业领域知识，同时需要针对具体问题进行细致充分的探讨，故建模期间的人力耗费较大，最终模型的拟合质量也因人而异。

为了使所建模型能够合理挖掘不完整数据属性间的非线性关系，可考虑在线性回归模型的基础上构造非线性模型。一种可行的处理思路是利用模糊聚类将具有相近回归关系的数据划分为一个子集，并用线性回归模型逼近每一个子集[18-19]。TS 模型正是由该思路发展而来的非线性建模工具，该模型将整个输入空间分解为若干个模糊空间，并利用不同的线性函数对模糊空间内的属性间关系依次建模，最终根据一定规则将各个局部线性函数相连，从而得到一个光滑的非线性函数。TS 模型能够以少量的模糊规则逼近任意光滑的非线性函数[20]，这样既满足了非线性模型对拟合性能的要求，又保留了线性模型计算量小的优点。鉴于该模型所具备的诸多优点，第 6 章和第 7 章将深入介绍基于 TS 模型的填补方法。

3.2.3 基于神经网络的填补方法

人工神经网络（Artificial Neural Network，ANN），简称神经网络，是指由大量简单的处理单元按一定规则相互连接而构成的网络模型。它是在现代神经生物学基础上提出的数学模型，通过对人脑神经系统的抽象、简化和模拟，实现复杂信息的处理。

神经网络中的基础结构为神经元，也可称作处理单元或者节点。图 3-5 以网络模型中第 k 个神经元为例，介绍其典型结构。图 3-5 中所有指向神经元的线

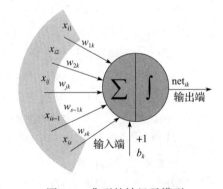

图 3-5 典型的神经元模型

以及从神经元射出的线表示该神经元与其他神经元间的连接，与输入端相连的神经元借助连接向图中神经元传递输入值，与输出端相连的神经元借助连接获取图中神经元的输出值。假设某一时刻神经元的输入为 $\boldsymbol{x}_i=[x_{i1},\ x_{i2},\ \cdots,\ x_{is}]^{\mathrm{T}}$ $(i=1,\ 2,\ \cdots,\ n)$，s 表示在输入端的神经元数目，x_{ij} $(j=1,\ 2,\ \cdots,\ s)$ 表示来自输入端第 j 个神经元的输入，则神经元的数学描述如式（3-62）所示：

$$\mathrm{net}_{ik} = \varphi\left(\sum_{j=1}^{s} w_{jk} x_{ij} + b_k\right) \tag{3-62}$$

式（3-62）中，$\varphi(\cdot)$ 表示神经元的激活函数；w_{jk} $(j=1,\ 2,\ \cdots,\ s)$ 表示输入端第 j 个神经元与图中神经元的连接权重，简称权重，用于模拟不同神经元的连接强度；b_k 表示神经元的阈值；net_{ik} 表示神经元输出。

激活函数的作用是对输入、权重和阈值计算而来的数值进行缩放，从而为模型引入非线性因素，并提高其拟合能力。神经网络理论发展至今，已存在诸多类型的激活函数，例如修正线性单元（Rectified Linear Unit，ReLU）、S 型函数（Sigmoid Function）、双曲正切函数（Hyperbolic Tangent Function，Tanh Function）、Softplus 函数（Softplus Function）、线性函数（Linear Function）以及阶跃函数（Step Function）。这些函数的形式和数学描述如图 3-6 所示。

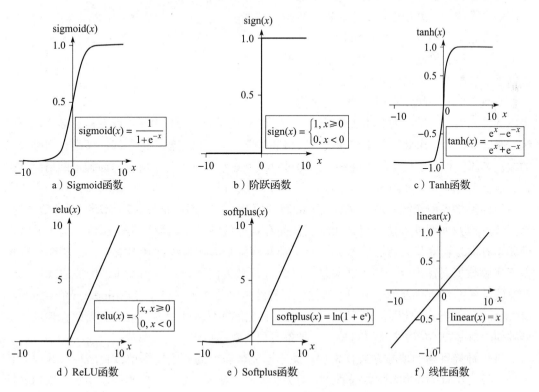

图 3-6　典型的激活函数示意图

各类激活函数具备不同的特点，例如，Sigmoid 函数、Tanh 函数曲线平滑，能够对取值范围较大的自变量 x 实施"挤压"，并将其分别映射到指定范围 [0, 1]、[–1, 1]。阶跃函数能够将自变量 x 映射到集合 {0, 1} 中，适用于二分类问题。ReLU 函数将小于 0 的自变量映射为 0，将大于 0 的自变量映射为自身取值，函数的运算简单高效，但在零点不可导。Softplus 函数和 ReLU 函数的曲线形式十分相似，并且曲线平滑，处处可导。线性函数不对自变量 x 进行任何变换，故因变量和自变量的取值完全相同。

针对不同场景和具体问题，需选取适合的激活函数以提高建模精度和效率。通常情况下，隐藏层神经元的激活函数可选用 ReLU 函数、Sigmoid 函数、Tanh 函数，而输出层神经元的激活函数一般为线性函数。

前馈神经网络是一类典型的神经网络模型，在此类网络中，信息传递与处理的方向从输入层到各隐藏层再到输出层逐层展开，故取名为前馈。前馈神经网络的结构如图 3-7 所示。图 3-7 中若干个神经元依次排列成层次型结构，上层中的神经元与下层中的神经元之间存在连接。根据功能的不同，可将各层分为输入层、隐藏层和输出层。输入层负责接收外界输入并传递至隐藏层；隐藏层是神经网络内部的信息处理层，负责对输入数据进行整合处理，根据实际需要可设置一个或者多个隐藏层；输出层负责对隐藏层传入的数据进一步处理，并向外界输出运算结果。

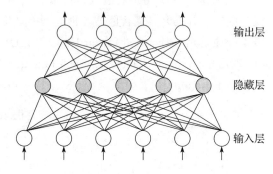

图 3-7　前馈神经网络

在前馈神经网络中，每个神经元均代表以其输入为自变量的局部非线性函数，若干个神经元的并行与串联可看作是对多个局部非线性函数的组合。由此，基于前馈神经网络能够建立关于网络输入的非线性模型，而神经元的权重和阈值构成了模型的未知参数。通过对模型参数的学习与求解，前馈神经网络能够拟合任意复杂度的非线性函数。

神经网络模型能够实现不完整数据的有效填补。一方面，正如 3.2.1 节和 3.2.2 节所述，基于线性回归的填补方法难以适用于属性间存在非线性关系的数据集，而传统基于非线性回归填补方法的建模过程相对复杂。鉴于神经网络强大的非线性映射能力，其能够合理挖掘不完整数据属性内复杂的关联关系，以此进行缺失值填补。另一方面，传统的线性模型和非线性模型仅能拟合单个不完整属性，而神经网络是多入多出（Multi-input-multi-output，MIMO）型的结构，即网络既可接收多个输入，也能向外界传出多个输出。因此，神经网络能够同时对多个不完整属性进行拟合，具备更加高效的结构。

基于神经网络的填补方法首先建立关于不完整属性的非线性模型，利用现有数据求解模型参数，从而挖掘不完整数据属性间的关联关系。接着，根据不完整样本中的已知信息计算网络输出，并以该网络输出来填补缺失值。

多层感知机是前馈神经网络的一类经典模型，其结构和图 3-7 所示的网络结构完全相同。下面以多层感知机模型为例，介绍一种基于神经网络的填补方法。

令 X 表示样本数量为 n，属性个数为 s 的不完整数据集，$x_i=[x_{i1},\ x_{i2},\ \cdots,\ x_{is}]^{\mathrm{T}}$（$i = 1$, $2,\ \cdots,\ n$）表示第 i 个样本，J_{co} 表示完整属性的下标集合，J_{in} 表示不完整属性的下标集合。针对数据集 X，构建以完整属性为输入属性、不完整属性为目标属性，并且各层神经元数量分别为 $|J_{\mathrm{co}}|$、$n^{(1)}$、$|J_{\mathrm{in}}|$ 的 3 层网络模型。将完整样本集合 X_{co} 作为训练集，样本中与完整属性集合 J_{co} 对应的数值作为网络输入，与不完整属性集合 J_{in} 对应的数值作为期望输出。

首先，将样本 $x_i \in X_{\mathrm{co}}$ 中与完整属性集合 J_{co} 对应的属性值输入网络，根据式（3-63）求解隐藏层神经元的输出 $\mathrm{net}_{ik}^{(1)}$：

$$\mathrm{net}_{ik}^{(1)} = \varphi\left(\sum_{l=1}^{|J_{\mathrm{co}}|} w_{lk}^{(1)} \cdot x_{iJ_{\mathrm{co}}(l)} + b_k^{(1)}\right), \quad k = 1,\ 2,\ \cdots,\ n^{(1)} \tag{3-63}$$

式（3-63）中，$\varphi(\cdot)$ 表示隐藏层神经元的激活函数；$w_{lk}^{(1)}$ 表示第 l 个输入层神经元与第 k 个隐藏层神经元的连接权重；$J_{\mathrm{co}}(l)$ 表示集合 J_{co} 中第 l 个元素，用于提取样本中与完整属性集合 J_{co} 对应的属性值；$b_k^{(1)}$ 表示第 k 个隐藏层神经元的阈值。

接着，利用式（3-64）计算输出层神经元的输出，即最终的网络输出：

$$y_{ij} = \vartheta\left(\sum_{k=1}^{n^{(1)}} w_{kj}^{(2)} \cdot \mathrm{net}_{ik}^{(1)} + b_j^{(2)}\right), \quad j = 1,\ 2,\ \cdots,\ |J_{\mathrm{in}}| \tag{3-64}$$

式（3-64）中，$\vartheta(\cdot)$ 表示输出层的激活函数，$w_{kj}^{(2)}$ 表示第 k 个隐藏层神经元与第 j 个输出层神经元的连接权重，$b_j^{(2)}$ 表示第 j 个输出层神经元的阈值。

以上是针对不完整数据集 X 所构建的多层感知机填补模型，模型中的权重与阈值是未知参数，需进一步展开求解。模型参数的计算过程一般称为训练过程或学习过程。

代价函数通常是指由网络输出与期望输出间的误差构成的函数。由于网络输出随着模型参数的调整而变化，因此代价函数也可看作是以模型参数为自变量的函数。在基于神经网络的填补方法中，一般可根据所有完整样本在目标属性的拟合误差平方和建立代价函数，如式（3-65）所示：

$$L = \frac{1}{2|X_{\mathrm{co}}|} \sum_{x_i \in X_{\mathrm{co}}} \sum_{j=1}^{|J_{\mathrm{in}}|} (x_{iJ_{\mathrm{in}}(j)} - y_{ij})^2 \tag{3-65}$$

式（3-65）中，$J_{\mathrm{in}}(l)$ 表示集合 J_{in} 中的第 l 个元素，用于提取样本中不完整属性集合 J_{in} 所对应的属性值并将其作为期望输出。

网络训练实际上是对代价函数进行优化的过程，即寻找到一组模型参数，使代价函数在该参数下的取值最小。而代价函数取值最小，就意味着网络输出与期望输出间的误差达到最小值，由此网络模型能够实现对期望输出的高精度建模。由最小化代价函数求解最佳模型参数的方法可称为优化算法（Optimization Algorithm）。梯度下降（Gradient Descent，GD）

算法是十分经典的优化算法，其基本思路是将模型参数的求解视为一个迭代式的计算过程，在此过程中模型参数沿着梯度的负方向不断调整，从而使代价函数的取值逐渐减小并最终稳定。

下面介绍梯度下降算法的原理，由于该算法需反复求解并更新模型参数，不妨令 W_t 表示第 t 次迭代所得模型参数构成的向量，W_{t+1} 表示第 $t+1$ 迭代中待求解模型参数构成的向量，$L(W)$ 表示以模型参数为自变量的代价函数。对 $L(W_{t+1})$ 在 W_t 处做一阶泰勒公式展开，可得式（3-66）：

$$L(W_{t+1}) \approx L(W_t) + (W_{t+1} - W_t) \cdot \nabla L(W_t) \qquad （3-66）$$

式（3-66）中，$\nabla L(W_t)$ 表示代价函数在 W_t 处的梯度，W_{t+1} 可进一步表示为 $W_t + \eta p$，η 为较小的常数值，p 为单位向量。$W_{t+1} = W_t + \eta p$ 表明本次迭代中待求解的 W_{t+1} 将在 W_t 的基础上进行细微调整。由此，式（3-66）可进一步推导出式（3-67）。

$$
\begin{aligned}
L(W_t + \eta p) &\approx L(W_t) + \eta p \cdot \nabla L(W_t) \\
&= L(W_t) + \eta |p| \cdot |\nabla L(W_t)| \cdot \cos(p, \nabla L(W_t))
\end{aligned}
\qquad （3-67）
$$

式（3-67）中，$L(W_t)$、η、$|p|$ 和 $|\nabla L(W_t)|$ 均为常量，$\cos(p, \nabla L(W_t)) \in [-1, 1]$，该值可根据单位向量 p 的方向确定。为了使本次迭代中的代价函数 $L(W_t + \eta p)$ 取值最小，$\cos(p, \nabla L(W_t))$ 需取最小值。根据余弦函数的性质，当向量 p 与 $\nabla L(W_t)$ 的方向完全相反时，$\cos(p, \nabla L(W_t))$ 取最小值 -1。因此，在每次更新参数时梯度下降算法令模型参数沿梯度的负方向不断调整，直至最终收敛。

目前，在梯度下降算法的基础上演变出各种版本的改进算法，例如，传统的梯度下降算法在参数更新时需利用所有训练样本计算代价函数，而样本数量一旦过大，参数更新将变得缓慢，进而使训练过程耗时。针对该问题，随机梯度下降（Stochastic Gradient Descent，SGD）算法根据任意样本在目标属性的拟合误差更新参数，即每向网络中输入一个样本就进行一次参数调整。SGD 算法能够使模型训练变得高效，但由于每次仅根据一个样本调整参数，在迭代中模型参数往往不会始终向着整体最优方向调整，而是会以一定的波动大体上朝最优方向移动。小批量梯度下降（Mini Batch Gradient Descent，MBGD）算法是 GD 和 SGD 算法的折中，每次利用数据集中一小批样本进行参数更新，既能加快网络模型的训练过程，又能够保证训练平稳进行以及最终所得参数的准确性。此外，诸如自适应梯度下降（Adaptive Gradient Descent，AdaGrad）算法在训练期间自适应调整学习率，以此实现对梯度下降算法的改进。

反向传播（Back Propagation，BP）算法是应用于网络训练的重要方法，基于 BP 算法的学习过程，包含前向传播和反向传播两部分。前向传播是指数据输入网络后，经隐藏层和输出层的计算处理后得到网络输出的过程。反向传播是指将网络输出与期望输出间的误差按照由输出层到输入层的方向逐层传播，以此指导模型参数调整的过程。BP 算法通过迭代式开展前向传播与反向传播，不断地调整模型参数，使所建模型的误差逐渐降低并最终稳定。

在基于 BP 算法的训练过程中，首先根据式（3-64）计算网络输出 y_{ij}（$j = 1, 2, \cdots, |J_{\text{in}}|$），接着求解代价函数，并采用梯度下降等优化算法调整模型参数。模型参数的调整规则如式（3-68）所示：

$$\theta(t+1) = \theta(t) - \eta \frac{\partial L}{\partial \theta}, \ \theta \in \{w_{lk}^{(1)}, b_k^{(1)}, w_{kj}^{(2)}, b_j^{(2)} \mid l = 1, \cdots, |J_{\text{co}}|, \ k = 1, \cdots, n^{(1)}, \ j = 1, \cdots, |J_{\text{in}}|\}$$

$$（3\text{-}68）$$

式（3-68）中，t 表示迭代次数；η 表示学习率；$\dfrac{\partial L}{\partial \theta}$ 表示代价函数关于每个模型参数的偏导数，取值如式（3-69）至式（3-73）所示。

$$\frac{\partial L}{\partial w_{kj}^{(2)}} = \sum_{x_i \in X_{\text{co}}} \frac{\partial L}{\partial y_{ij}} \frac{\partial y_{ij}}{\partial w_{kj}^{(2)}} = \frac{-1}{|X_{\text{co}}|} \sum_{x_i \in X_{\text{co}}} (x_{iJ_{\text{in}}(j)} - y_{ij}) \cdot \vartheta' \cdot \text{net}_{ik}^{(1)} \qquad （3\text{-}69）$$

式（3-69）中，ϑ' 表示激活函数 $\vartheta(\cdot)$ 关于函数输入的导数，若 $\vartheta(\cdot)$ 为线性函数，则 $\vartheta' = 1$。

$$\frac{\partial L}{\partial b_j^{(2)}} = \sum_{x_i \in X_{\text{co}}} \frac{\partial L}{\partial y_{ij}} \frac{\partial y_{ij}}{\partial b_j^{(2)}} = \frac{-1}{|X_{\text{co}}|} \sum_{x_i \in X_{\text{co}}} (x_{iJ_{\text{in}}(j)} - y_{ij}) \cdot \vartheta' \qquad （3\text{-}70）$$

$$\frac{\partial L}{\partial w_{lk}^{(1)}} = \sum_{x_i \in X_{\text{co}}} \sum_{j=1}^{|J_{\text{in}}|} \frac{\partial L}{\partial y_{ij}} \frac{\partial y_{ij}}{\partial \text{net}_{ik}^{(1)}} \frac{\partial \text{net}_{ik}^{(1)}}{\partial w_{lk}^{(1)}} = \frac{-1}{|X_{\text{co}}|} \sum_{x_i \in X_{\text{co}}} \sum_{j=1}^{|J_{\text{in}}|} (x_{iJ_{\text{in}}(j)} - y_{ij}) \cdot \vartheta' \cdot \varphi' \cdot w_{kj}^{(2)} \cdot x_{iJ_{\text{co}}(l)} \qquad （3\text{-}71）$$

式（3-71）中，φ' 表示激活函数 $\varphi(\cdot)$ 关于函数输入的导数，若 $\varphi(\cdot)$ 为 Sigmoid 函数，则 φ' 的计算规则如式（3-72）所示。

$$\varphi' = \varphi\left(\sum_{l=1}^{|J_{\text{co}}|} w_{lk}^{(1)} \cdot x_{iJ_{\text{co}}(l)} + b_k^{(1)}\right)\left(1 - \varphi\left(\sum_{l=1}^{|J_{\text{co}}|} w_{lk}^{(1)} \cdot x_{iJ_{\text{co}}(l)} + b_k^{(1)}\right)\right) \qquad （3\text{-}72）$$

$$\frac{\partial L}{\partial b_k^{(1)}} = \sum_{x_i \in X_{\text{co}}} \sum_{j=1}^{|J_{\text{in}}|} \frac{\partial L}{\partial y_{ij}} \frac{\partial y_{ij}}{\partial \text{net}_{ik}^{(1)}} \frac{\partial \text{net}_{ik}^{(1)}}{\partial b_k^{(1)}} = \frac{-1}{|X_{\text{co}}|} \sum_{x_i \in X_{\text{co}}} \sum_{j=1}^{|J_{\text{in}}|} (x_{iJ_{\text{in}}(j)} - y_{ij}) \cdot \vartheta' \cdot \varphi' \cdot w_{kj}^{(2)} \qquad （3\text{-}73）$$

填补模型训练完毕后，可应用所得模型填补缺失值。针对不完整样本 x_i，根据式（3-64）计算网络输出，与样本缺失值相应的网络输出将作为填补值。

上述神经网络填补方法仅借助一个多层感知机即可填补数据集中所有的缺失值，尽管建模高效，但对现有数据的利用可能并不充分。考虑以下场景，当数据集中存在众多不完整属性样本，完整属性样本相对较少时，利用少数完整属性拟合多数不完整属性的过程可能存在较大误差。若不完整属性样本仅存在一个缺失值，那么将数据集中完整属性样本相应部分的现有值作为输入，并参与缺失值求解，而那些未能输入网络的现有值无法被有效利用，则会导致已知信息的浪费。

为了合理利用不完整数据集中的现有值，可考虑构建多个网络模型，并采用模型集群的方式实行缺失值填补。基于模型集群的神经网络填补方法将在 4.3 节展开详细讨论。除此之外，第 4 章探讨了多种面向不完整数据的神经网络填补法，包括基于自组织映射网络的填补方法、基于单层感知机的填补方法、基于多层感知机的填补方法、基于自编码器及其变体的填补方法，以及面向不完整数据的属性关联性神经元建模及填补方法。在这些填补方法中，除自组织映射网络与单层感知机外，其他网络模型均采用属性间相关性填补缺失值。

　　总体而言，神经网络模型构造简单灵活，并且具备强大的非线性映射能力。基于神经网络的填补方法通过不完整数据的回归建模合理挖掘数据属性间的非线性关系，从而提高填补精度。

3.3　基于参数估计的期望最大化填补方法

　　基于参数估计的期望最大化填补方法利用现有数据对缺失数据进行参数估计，从而得到相应的填补值。其中，参数估计法是该填补方法的理论基础，期望最大化算法是参数估计过程中优化求解缺失值的方法。本节首先介绍参数估计法的理论，随后对采用期望最大化算法进行缺失值填补的过程进行说明。

3.3.1　参数估计法

　　参数估计法根据从总体中抽取的样本估计总体分布中所含的未知参数，下面结合贝叶斯分类算法进行说明。假设 $X=\{x_i \mid x_i \in \mathbb{R}^s,\ i=1,\ 2,\ \cdots,\ n\}$ 表示样本数量为 n，属性数量为 s，类别数量为 c 的数据集。其中，第 i 个样本为 $\boldsymbol{x}_i=[x_{i1},\ x_{i2},\ \cdots,\ x_{is}]^T$。式（3-74）为通过贝叶斯分类算法计算得到的第 i 个样本 $\boldsymbol{x}_i$ 属于第 c 类的概率：

$$P(c \mid x_i)=\frac{P(c)P(\boldsymbol{x}_i \mid c)}{P(\boldsymbol{x}_i)},\quad i=1,\ 2,\ \cdots,\ n;\quad c=1,\ 2,\ \cdots,\ C \tag{3-74}$$

　　式（3-74）中，$P(c)$ 表示第 c 类的先验概率，即类内样本占数据集全体样本的比例。$P(\boldsymbol{x}_i)$ 表示证据（Evidence）因子，用于对所得概率进行归一化，取值与分类无关。$P(\boldsymbol{x}_i \mid c)$ 是样本 $\boldsymbol{x}_i$ 相对于第 c 类的类条件概率（Class Conditional Probability）。此概率往往难以直接计算，根据样本出现的频率计算类条件概率通常是不可取的，因为此概率是样本 $\boldsymbol{x}_i$ 所有属性的联合概率。假设每个属性有 d 种取值，则根据排列组合原理，数据集所在样本空间将有 d^s 种属性值组合。此数值通常远大于数据集中的样本数量，意味着"未被观测到"与"出现概率为零"是不等价的。参数估计法为此类问题提供了解决方案，即在样本空间中样本均为独立同分布的前提下，将类条件概率 $P(\boldsymbol{x}_i \mid c)$ 估计问题转化为参数估计问题。具体来说，假设 $P(\boldsymbol{x}_i \mid c)$ 具有确定的分布形式并且被一组参数组成的向量唯一确定，将该参数向量记为 $\boldsymbol{\beta}^{(c)}$，参数估计法将数据集中的样本视为样本空间中全体样本的抽样，并由此估计参数 $\boldsymbol{\beta}^{(c)}$，

此时，将类条件概率 $P(x_i|c)$ 记为 $P(x_i|\boldsymbol{\beta}^{(c)})$ ，其中 $i=1, 2, \cdots, n$ ；$c=1, 2, \cdots, C$ 。

参数估计法一般可分为点估计法（Point Estimation）和区间估计法（Interval Estimation）。点估计法是指依据抽取的样本估计总体分布中所含的未知参数；区间估计法是指在一定的正确度与精确度要求下，依据抽取的样本构造适当的区间，作为总体分布中未知参数真值所在范围。本节结合缺失值填补，对点估计法中的极大似然估计法进行介绍。

极大似然估计法是一种基于极大似然原理的参数估计方法。极大似然估计原理的直观理解是，一个随机实验中如果有若干个可能的结果 A 、B 、$C\cdots$ ，若某次实验的结果为 A ，则认为该实验条件对结果 A 的出现有利。举一个简单的例子，假设有两个外形完全相同的箱子，甲箱中装有 99 个白球和 1 个黑球，乙箱中装有 99 个黑球和 1 个白球。若某次实验随机选择一个箱子并从中随机抽取一个球，该球的颜色为黑色，这一黑球从乙箱抽取的概率比从甲箱抽取的概率大得多，自然更多地相信这个黑球是取自乙箱的。在极大似然原理的基础上，由"结果为黑球"估计出"该球取自乙箱"的过程就是极大似然估计的过程。由此可见，极大似然估计法的目的是：利用已知的样本结果，反推最大概率导致这样结果的参数值。

将数据集 X 中第 c 类样本的集合记为 $X^{(c)}$ ，通过该子集中的样本反推参数向量 $\boldsymbol{\beta}^{(c)}$ 的方法如式（3-75）所示：

$$P(X^{(c)}|\boldsymbol{\beta}^{(c)}) = \prod_{x_i \in X^{(c)}} P(x_i|\boldsymbol{\beta}^{(c)}) \tag{3-75}$$

式（3-75）为参数 $\boldsymbol{\beta}^{(c)}$ 对于子集 $X^{(c)}$ 的似然函数（Likelihood Function），记为 $L(\boldsymbol{\beta}^{(c)}) = P(X^{(c)}|\boldsymbol{\beta}^{(c)})$ 。为了便于求导，并避免计算机运算过程中出现下溢，则采用式（3-76）所示的对数似然函数（Log-Likelihood Function）代替原似然函数：

$$H(\boldsymbol{\beta}^{(c)}) = \ln L(\boldsymbol{\beta}^{(c)}) \tag{3-76}$$

假设 $\hat{\boldsymbol{\beta}}^{(c)}$ 是 $H(\boldsymbol{\beta}^{(c)})$ 取最大值时对应的 $\boldsymbol{\beta}^{(c)}$ 取值，则对 $\boldsymbol{\beta}^{(c)}$ 进行极大似然估计的过程等价于寻找 $\hat{\boldsymbol{\beta}}^{(c)}$ 的过程。因此，极大似然估计的目标函数如式（3-77）所示：

$$\hat{\boldsymbol{\beta}}^{(c)} = \arg\max_{\boldsymbol{\beta}^{(c)}} H(\boldsymbol{\beta}^{(c)}) \tag{3-77}$$

假设参数向量 $\boldsymbol{\beta}^{(c)}$ 中包含 M 个元素，若似然函数连续可导，则可通过对参数求导，并令导数值为 0，以求其极大值，如式（3-78）所示：

$$\nabla H(\boldsymbol{\beta}^{(c)}) = \nabla \ln L(\boldsymbol{\beta}^{(c)}) = 0 \tag{3-78}$$

式中，$\nabla H(\boldsymbol{\beta}^{(c)})$ 表示对数似然函数在 $\boldsymbol{\beta}^{(c)}$ 处的梯度。将式（3-75）代入式（3-78），结果如式（3-79）所示：

$$\nabla H(\boldsymbol{\beta}^{(c)}) = \nabla \ln \prod_{x_i \in X^{(c)}} P(x_i|\boldsymbol{\beta}^{(c)}) = \sum_{x_i \in X^{(c)}} \nabla \ln P(x_i|\boldsymbol{\beta}^{(c)}) = 0 \tag{3-79}$$

一种极简的情况是 $M=1$ ，此时参数向量 $\boldsymbol{\beta}^{(c)}$ 中仅包含一个元素，该元素记为 $\beta_1^{(c)}$ ，可通过式（3-80）进行参数估计：

$$\frac{\mathrm{d}\,H(\beta_1^{(c)})}{\mathrm{d}\,\beta_1^{(c)}}=0 \tag{3-80}$$

下面举例说明基于极大似然估计法的参数估计过程，假设类概率密度 $P(x_i\,|\,c)$ 对应的样本 $x_i\in X^{(c)}$ 服从正态分布 $N(\mu,\sigma^2)$ ，μ 为该正态分布的均值，σ 为其标准差。为简便起见，在本例中假设各样本仅包含单维属性，式（3-81）至式（3-84）为通过极大似然估计求解 $\hat{\mu}$ 、$\hat{\sigma}^2$ 的过程。

步骤 1 ：将式（3-75）与正态分布的假设结合，参数 μ 、σ 对于子集 $X^{(c)}$ 的似然函数如式（3-81）所示：

$$L(\mu,\ \sigma^2)=\prod_{x_i\in X^{(c)}}\frac{1}{\sqrt{2\pi}\sigma}\mathrm{e}^{\frac{-(x_i-\mu)^2}{2\sigma^2}} \tag{3-81}$$

式（3-81）中，μ 、σ 为待估计参数。

步骤 2 ：令 $n^{(c)}$ 表示子集 $X^{(c)}$ 中的样本数量，则式（3-81）对应的对数似然函数如式（3-82）所示：

$$H(\mu,\sigma^2)=-\frac{n^{(c)}}{2}\ln(2\pi)-\frac{n^{(c)}}{2}\ln(\sigma^2)-\frac{1}{2\sigma^2}\sum_{x_i\in X^{(c)}}(x_i-\mu)^2 \tag{3-82}$$

步骤 3 ：对 μ 和 σ^2 分别求导，所得方程组如式（3-83）所示：

$$\begin{cases}\dfrac{\partial H(\mu,\sigma^2)}{\partial\mu}=\dfrac{1}{\sigma^2}\sum_{x_i\in X^{(c)}}(x_i-\mu)=0 \\[3mm] \dfrac{\partial H(\mu,\sigma^2)}{\partial\sigma^2}=-\dfrac{n^{(c)}}{2\sigma^2}+\dfrac{1}{2\sigma^4}\sum_{x_i\in X^{(c)}}(x_i-\mu)^2=0\end{cases} \tag{3-83}$$

步骤 4 ：求解该方程组，所得结果如式（3-84）所示：

$$\begin{cases}\hat{\mu}=\dfrac{1}{n^{(c)}}\sum_{x_i\in X^{(c)}}x_i \\[3mm] \hat{\sigma}^2=\dfrac{1}{n^{(c)}}\sum_{x_i\in X^{(c)}}\left(x_i-\dfrac{1}{n^{(c)}}\sum_{x_i\in X^{(c)}}x_i\right)^2\end{cases} \tag{3-84}$$

由式（3-84）可见，通过极大似然估计得到的正态分布均值等于类内样本均值，方差等于类内样本的方差，此结果与正态分布中关于均值和方差的定义相吻合。

极大似然估计法提供了一种简便的类条件概率估计方式，但其精度受所假设概率分布形式的影响较大，在应用时，需根据实际数据集尽可能合理地分布假设。此外，若参与估计的样本数量不足，也会对所得参数的准确性产生影响。

3.3.2　期望最大化填补法

3.3.1 节详细介绍了极大似然估计法，期望最大化填补法是基于极大似然估计法的缺失值填补方法。在该方法中，缺失值作为变量参与到参数估计过程中，以迭代的方式交替更新缺失值与待估计参数，以此达到缺失值填补的目标。

针对数据集 X 中第 c 类样本构成的子集 $X^{(c)}$，假设其中的所有现有值构成集合 $X_p^{(c)}$，而所有的缺失值构成集合 $X_m^{(c)}$。对参数向量 $\boldsymbol{\beta}^{(c)}$ 进行估计时，需最大化式（3-85）所示的对数似然函数：

$$H(\boldsymbol{\beta}^{(c)}) = \ln P(X_p^{(c)}, X_m^{(c)} \mid \boldsymbol{\beta}^{(c)}) \qquad (3\text{-}85)$$

由于 $X_m^{(c)}$ 为缺失值，故无法参照 3.3.1 节中的描述估计参数向量 $\boldsymbol{\beta}^{(c)}$。此时，可采用期望最大化算法以迭代的方式在估计参数的同时进行缺失值填补。该算法每轮迭代包括两个步骤，即期望步和最大化步，以下简称 E 步和 M 步。在 E 步中，根据参数向量 $\boldsymbol{\beta}^{(c)}$ 和现有值计算缺失值；在 M 步中，根据填补结果对参数向量 $\boldsymbol{\beta}^{(c)}$ 进行极大似然估计。为了更加具体地说明填补过程，下面给出一个例子。

现在有 3 个编号分别为 A、B、C 的箱子，每个箱子中都有黑白两种球，各箱子中黑球所占的比例分别为 p_A、p_B、p_C。实验步骤如下：从箱子 A 中取出一个球，若为黑球，则从箱子 B 中取出一个球；若为白球，则从箱子 C 中取出一个球。箱子 B 或箱子 C 所抽取球的颜色即为实验结果。对于抽取球的颜色，如果是黑色则记为 1，如果是白色则记为 0。独立重复实验 N 次，假设每次实验只能观测到最终实验结果，不能观测抽取过程，则对于此实验而言，箱子 A 的抽取结果可视作缺失值，待估计参数 p_A、p_B、p_C 组成参数向量 $\boldsymbol{\beta} = [p_A, p_B, p_C]$。下面通过 EM 算法对参数向量 $\boldsymbol{\beta}$ 进行极大似然估计，并同时填补箱子 A 的抽取结果。

如 3.3.1 节所述，极大似然估计法的目的是：利用已知的样本结果，反推最大概率导致这种结果的参数值。本节加入 EM 算法的目的则是在估计参数值的同时进行缺失值填补。在上述黑白球问题中，每次独立重复实验的结果是完整的，N 次实验的结果被记为 $Y = [y_1, y_2, \cdots, y_N]$；箱子 A 的抽取结果是缺失的，该抽取结果记为 $Z = [z_1, z_2, \cdots, z_N]$，其仅有两种可能的取值，即 1 或 0。

根据式（3-75），参数向量 $\boldsymbol{\beta} = [p_A, p_B, p_C]$ 对于 $Y = [y_1, y_2, \cdots, y_N]$ 和 $Z = [z_1, z_2, \cdots, z_N]$ 的似然函数如式（3-86）所示：

$$P(Y, Z \mid \boldsymbol{\beta}) = \prod_{i=1}^{N} P(y_i, z_i \mid \boldsymbol{\beta}) \qquad (3\text{-}86)$$

式中，$P(y_i, z_i \mid \boldsymbol{\beta})$ 为在参数向量 $\boldsymbol{\beta}$ 条件下 y_i、z_i 的概率分布。基于式（3-86）所得的对数似然函数如式（3-87）所示：

$$H(\boldsymbol{\beta}) = \ln P(Y, Z \mid \boldsymbol{\beta}) = \sum_{i=1}^{N} \ln P(y_i, z_i \mid \boldsymbol{\beta}) \qquad (3\text{-}87)$$

　　极大似然估计的目标为寻找使得该对数似然函数取最大值的参数向量 $\hat{\boldsymbol{\beta}}$，其目标函数如式（3-88）所示：

$$\hat{\boldsymbol{\beta}} = \arg\max_{\beta} H(\boldsymbol{\beta}) \tag{3-88}$$

　　由于 $Z = [z_1, z_2, \cdots, z_N]$ 为缺失数据，故采用 EM 算法在填补缺失值的基础上进行参数估计。在 EM 算法开始之前，需随机初始化参数向量 $\boldsymbol{\beta} = [p_A, p_B, p_C]$，记该初始参数向量为 $\boldsymbol{\beta}^{(0)}$。EM 算法采用迭代的方式交替更新填补值和待估计参数，每轮迭代分为 E 步和 M 步。假设迭代次数的上限为 L，则第 l 次迭代中，E 步可分为两个阶段，第一阶段基于现有数据 $Y = [y_1, y_2, \cdots, y_N]$ 和当前参数向量 $\boldsymbol{\beta}^{(l-1)} = [p_A^{(l-1)}, p_B^{(l-1)}, p_C^{(l-1)}]$ 填补缺失值，第二阶段基于填补结果求对数似然函数 $H(\boldsymbol{\beta})$ 的期望。在第一阶段中，由于 Z 为离散变量，故在缺失值填补时将该变量取各离散值的概率作为填补结果。对于 $z_i \in Z$，其取值范围为 $\{0, 1\}$，根据概率学的相关知识求得其取值为 1 的概率，如式（3-89）所示：

$$\begin{aligned} P(z_i = 1 \mid y_i, \boldsymbol{\beta}^{(l-1)}) &= \frac{P(y_i \mid z_i = 1, \boldsymbol{\beta}^{(l-1)}) P(z_i = 1 \mid \boldsymbol{\beta}^{(l-1)})}{P(y_i \mid \boldsymbol{\beta}^{(l-1)})} \\ &= \frac{P(y_i \mid z_i = 1, \boldsymbol{\beta}^{(l-1)}) P(z_i = 1 \mid \boldsymbol{\beta}^{(l-1)})}{\sum_{z_i} P(y_i, z_i \mid \boldsymbol{\beta}^{(l-1)})} \\ &= \frac{P(y_i \mid z_i = 1, \boldsymbol{\beta}^{(l-1)}) P(z_i = 1 \mid \boldsymbol{\beta}^{(l-1)})}{P(y_i, z_i = 1 \mid \boldsymbol{\beta}^{(l-1)}) + P(y_i, z_i = 0 \mid \boldsymbol{\beta}^{(l-1)})} \end{aligned} \tag{3-89}$$

　　式（3-89）中，$P(y_i, z_i = 1 \mid \boldsymbol{\beta}^{(l-1)})$ 的计算过程如式（3-90）所示：

$$\begin{aligned} P(y_i, z_i = 1 \mid \boldsymbol{\beta}^{(l-1)}) &= P(z_i = 1 \mid \boldsymbol{\beta}^{(l-1)}) \cdot P(y_i \mid z_i = 1, \boldsymbol{\beta}^{(l-1)}) \\ &= \begin{cases} p_A^{(l-1)} \cdot p_B^{(l-1)}, & y_i = 1 \\ p_A^{(l-1)} \cdot (1 - p_B^{(l-1)}), & y_i = 0 \end{cases} \\ &= p_A^{(l-1)} \cdot p_B^{(l-1)y_i} \cdot (1 - p_B^{(l-1)})^{1-y_i} \end{aligned} \tag{3-90}$$

　　同理可得，$P(y_i, z_i = 0 \mid \boldsymbol{\beta}^{(l-1)})$ 如式（3-91）所示：

$$P(y_i, z_i = 0 \mid \boldsymbol{\beta}^{(l-1)}) = (1 - p_A^{(l-1)}) \cdot p_C^{(l-1)y_i} \cdot (1 - p_C^{(l-1)})^{1-y_i} \tag{3-91}$$

　　将式（3-90）和式（3-91）带入式（3-89），所得结果如式（3-92）所示：

$$P(z_i = 1 \mid y_i, \boldsymbol{\beta}^{(l-1)}) = \frac{p_A^{(l-1)} \cdot p_B^{(l-1)y_i} \cdot (1 - p_B^{(l-1)})^{1-y_i}}{p_A^{(l-1)} \cdot p_B^{(l-1)y_i} \cdot (1 - p_B^{(l-1)})^{1-y_i} + (1 - p_A^{(l-1)}) \cdot p_C^{(l-1)y_i} \cdot (1 - p_C^{(l-1)})^{1-y_i}} \tag{3-92}$$

　　由式（3-92）可见，$z_i = 1$ 的概率完全可由 y_i 和 $\boldsymbol{\beta}^{(l-1)}$ 表示，即根据现有值 y_i 和参数向量 $\boldsymbol{\beta}^{(l-1)}$ 计算出离散变量 z_i 的填补值。为方便描述，记 $\mu_i^{(l)} = P(z_i = 1 \mid y_i, \boldsymbol{\beta}^{(l-1)})$ 为第 l 次迭代中 z_i 取值为 1 的概率，则 $z_i = 0$ 的概率如式（3-93）所示：

$$P(z_i = 0 \mid y_i, \boldsymbol{\beta}^{(l-1)}) = 1 - \mu_i^{(l)} = 1 - P(z_i = 1 \mid y_i, \boldsymbol{\beta}^{(l-1)}) \tag{3-93}$$

在第二阶段中，基于填补结果组成的向量 Z 求对数似然函数 $H(\boldsymbol{\beta})$ 的期望，计算方法如式（3-94）所示：

$$
\begin{aligned}
E_Z[H(\boldsymbol{\beta})] &= E_Z\left[\sum_{i=1}^{N} \ln P(y_i, \ z_i \mid \boldsymbol{\beta}^{(l-1)})\right] \\
&= \sum_{i=1}^{N} \sum_{z_i} P(z_i \mid y_i, \ \boldsymbol{\beta}^{(l-1)}) \cdot \ln P(y_i, \ z_i \mid \boldsymbol{\beta}^{(l-1)}) \\
&= \sum_{i=1}^{N} P(z_i = 1 \mid y_i, \ \boldsymbol{\beta}^{(l-1)}) \cdot \ln P(y_i, \ z_i - 1 \mid \boldsymbol{\beta}^{(l-1)}) \\
&\quad + \sum_{i=1}^{N} P(z_i = 0 \mid y_i, \ \boldsymbol{\beta}^{(l-1)}) \cdot \ln P(y_i, \ z_i = 0 \mid \boldsymbol{\beta}^{(l-1)})
\end{aligned}
\tag{3-94}
$$

式（3-94）中，$P(y_i, \ z_i = 1 \mid \boldsymbol{\beta}^{(l-1)})$ 和 $P(y_i, \ z_i = 0 \mid \boldsymbol{\beta}^{(l-1)})$ 分别如式（3-90）和式（3-91）所示，$P(z_i = 1 \mid y_i, \ \boldsymbol{\beta}^{(l-1)})$ 和 $P(z_i = 0 \mid y_i, \ \boldsymbol{\beta}^{(l-1)})$ 分别如式（3-92）和式（3-93）所示。因此，第二阶段基于填补结果所得对数似然函数 $H(\boldsymbol{\beta})$ 的期望如式（3-95）所示：

$$
\begin{aligned}
E_Z[H(\boldsymbol{\beta})] &= \sum_{i=1}^{N} \mu_i^{(l)} \ln[p_{\mathrm{A}}^{(l-1)} \cdot p_{\mathrm{B}}^{(l-1)y_i} \cdot (1 - p_{\mathrm{B}}^{(l-1)})^{1-y_i}] \\
&\quad + \sum_{i=1}^{N} (1 - \mu_i^{(l)}) \ln[(1 - p_{\mathrm{A}}^{(l-1)}) \cdot p_{\mathrm{C}}^{(l-1)y_i} \cdot (1 - p_{\mathrm{C}}^{(l-1)})^{1-y_i}]
\end{aligned}
\tag{3-95}
$$

在 M 步中，对各参数求偏导得到使式（3-95）期望最大化的参数值。对于第 l 轮迭代（$l = 1, \ 2, \ \cdots, \ \delta$），M 步所求参数组成的参数向量为 $\boldsymbol{\beta}^{(l)} = [p_{\mathrm{A}}^{(l)}, \ p_{\mathrm{B}}^{(l)}, \ p_{\mathrm{C}}^{(l)}]$。

该期望对参数 p_{A} 的偏导如式（3-96）所示：

$$
\frac{\partial E_Z[H(\boldsymbol{\beta})]}{\partial p_{\mathrm{A}}} = \sum_{i=1}^{N}\left[\mu_i^{(l)} \cdot \frac{1}{p_{\mathrm{A}}} - (1 - \mu_i^{(l)}) \cdot \frac{1}{1 - p_{\mathrm{A}}}\right] = 0
\tag{3-96}
$$

对式（3-96）简化得式（3-97）：

$$
p_{\mathrm{A}}^{(l)} = \frac{1}{N} \sum_{i=1}^{N} \mu_i^{(l)}
\tag{3-97}
$$

同理，可求得参数 p_{B} 和 p_{C} 的更新规则，分别如式（3-98）和式（3-99）所示：

$$
p_{\mathrm{B}}^{(l)} = \frac{\displaystyle\sum_{i=1}^{N} \mu_i^{(l)} \cdot y_i}{\displaystyle\sum_{i=1}^{N} \mu_i^{(l)}}
\tag{3-98}
$$

$$
p_{\mathrm{C}}^{(l)} = \frac{\displaystyle\sum_{i=1}^{N} (1 - \mu_i^{(l)}) \cdot y_i}{\displaystyle\sum_{i=1}^{N} (1 - \mu_i^{(l)})}
\tag{3-99}
$$

每一轮迭代分 E 步和 M 步进行，在 E 步，首先根据式（3-89）和式（3-93）更新填补值，随后基于填补结果根据式（3-95）计算对数似然函数的期望；在 M 步，根据式（3-97）、式（3-98）和式（3-99）进行参数估计。重复上述迭代直到两次迭代之间的参数更新幅度小于设定的阈值，或迭代次数达到上限。最后一轮迭代的填补值为最终填补结果，该轮迭代中 M 步估计的参数为极大似然估计结果。

基于上述黑白球实例对期望最大化填补法进行提炼总结。假设数据集 X 中第 c 类样本构成子集 $X^{(c)}$，其中现有值的集合为 $\boldsymbol{X}_p^{(c)}$，缺失值的集合为 $\boldsymbol{X}_m^{(c)}$，其中样本分布由参数向量 $\boldsymbol{\beta}^{(c)}$ 唯一确定。以下为期望最大化算法填补缺失值的流程。

步骤 1：初始化参数向量 $\boldsymbol{\beta}^{(c)}$，EM 算法的阈值为 ε，迭代次数上限为 L；

步骤 2：构建参数向量 $\boldsymbol{\beta}^{(c)}$ 对于子集 $X^{(c)}$ 的对数似然函数，如式（3-100）所示：

$$H(\boldsymbol{\beta}^{(c)}) = \ln P(X_p^{(c)},\ X_m^{(c)} \mid \boldsymbol{\beta}^{(c)}) \tag{3-100}$$

在式（3-100）的基础上设定如式（3-101）所示的优化目标：

$$\hat{\boldsymbol{\beta}}^{(c)} = \arg\max_{\beta^{(c)}} H(\boldsymbol{\beta}^{(c)}) \tag{3-101}$$

式中，$\hat{\boldsymbol{\beta}}^{(c)}$ 表示使 $H(\boldsymbol{\beta}^{(c)})$ 达到最大值的参数向量 $\boldsymbol{\beta}^{(c)}$ 取值；

步骤 3：根据当前参数和现有值进行缺失值填补，即 E 步的第一阶段。第 l 轮迭代 $(l=1,\ 2,\ \cdots,\ L)$ 获得的填补值可表示为 $\hat{X}_m^{(c)(l)}$；

步骤 4：基于填补结果 $\hat{X}_m^{(c)(l)}$ 计算极大似然函数的期望，即 E 步的第二阶段，记为 $E_{\hat{X}_m^{(c)(l)}}[H(\boldsymbol{\beta})]$；

步骤 5：对各参数求偏导计算使该期望取最大值的参数值，即 M 步。第 l 轮迭代 $(l=1,\ 2,\ \cdots,\ \delta)$ 获得的参数向量记为 $\boldsymbol{\beta}^{(c)(l)}$；

步骤 6：如果两轮迭代参数的变化幅度小于阈值 ε，或迭代次数达到上限 L，则迭代结束。将最后一轮的填补值作为最终填补结果，记为 $\hat{X}_m^{(c)}$，最后一轮求得的参数向量为极大似然估计结果，记为 $\hat{\boldsymbol{\beta}}^{(c)}$；否则，返回步骤 3。

期望最大化填补法以极大似然估计法作为理论基础，采用迭代的方式填补缺失值，对数据集中完整数据的利用较为充分，通常能够获得较为精确的填补结果。但该方法的精度与缺失率相关，当缺失率太大时，上述迭代优化过程容易陷入局部最优解，在影响填补精度的同时还会导致方法的收敛速度显著降低。

3.4 针对缺失数据不确定性的填补方法

缺失值是数据集中的未知因素，在一定程度上导致分析结果不确定。针对缺失数据的不确定性问题，多重填补法和基于证据理论的填补方法将不完整数据分析过程分为填补、分析与合并 3 个阶段，通过执行多次填补得到若干组填补值，在此基础上求解多个分析结果并对这些结果实行有效合并。相比于单一填补法，此类方法合理考虑缺失值不确定性对分析结果造成的影响，从而获得更为合理的推断。

3.4.1　多重填补法

多重填补法是指，利用不完整数据集中的现有数据对缺失值进行多次填补，由此生成多个完整数据集的填补方法。基于多重填补法的不完整数据分析过程如图 3-8 所示。其中，S 表示数据集的属性数量，A_j（j=1, 2, …, s) 表示第 j 个属性的名称，黑色方框表示缺失值，白色方框表示现有值，m 表示填补次数。图 3-8 中所示过程可分为 3 个步骤，即填补、分析与合并。在填补阶段，对不完整数据集展开 m 次填补，得到 m 组填补值，由此产生 m 个完整数据集。在分析阶段，采用同样的分析算法对所有完整数据集进行独立的分析，并求解出 m 个分析结果。例如针对分类问题，在得到 m 个完整数据集后，基于每个数据集搭建分类模型并获得 m 组模型参数。在合并阶段，综合上一阶段的所有结果获得最终分析结果。仍以分类问题为例，在获得 m 组模型参数后，可通过取均值的思路将所有模型参数合并为一组参数，以此进行推断。

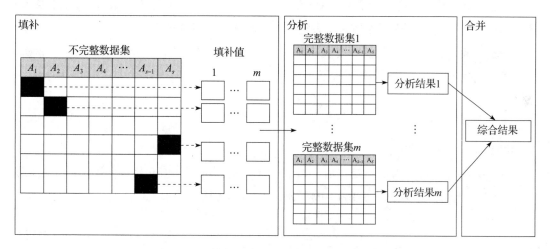

图 3-8　基于多重填补法的不完整数据分析过程

相比于求解填补值，多重填补法更关注于不完整数据的分析结果。其采用多组填补值表征缺失值的不确定性，对不同填补值下的完整数据集进行多次分析，并综合若干个分析结果以获得最终的推断。该方法合理考虑了缺失值的不确定性对分析过程的影响，有助于提高分析质量。下面介绍几种常见的多重填补方法。

多重填补法的简单实现思路是，利用单一填补法重复展开若干轮填补，并得到多个不同的完整数据集。然而，大多数单一填补法针对相同的不完整数据集仅能得到一组填补结果。例如，均值填补法利用不完整属性中所有现有值的平均值进行缺失值填补，线性回归填补法采用完整样本计算模型参数并根据所建模型求解填补值。不管重复多少次填补过程，此类方法所得的完整数据集完全相同。为了在单一填补法的基础上获得若干组不同的填补结果，可以考虑为填补模型求解的填补值、填补模型自身的参数，或者填补模型的输入数据集引入随机性。本节将按照上述 3 种思路分别介绍 3 种不同的多重填补法。

1. 基于随机干扰项的多重填补法

基于随机干扰项的多重填补法在单一填补法所求填补值的基础上引入随机干扰项，进而获得多组不同的填补结果[21]。下面以线性回归填补法为例，对此方法展开介绍。

沿用 3.2.1 节的假设，$X=\{x_i \mid x_i \in \mathbb{R}^s, \ i=1, \ 2, \ \cdots, \ n\}$ 表示样本数量为 n，属性数量为 s 的数据集。其中，第 i 个样本为 $x_i=[x_{i1}, \ x_{i2}, \ \cdots, \ x_{is}]^T \ (i=1, \ 2, \ \cdots, \ n)$。以数据集中前 p 个属性作为自变量，第 $p+1$ 个属性作为因变量，建立如式（3-102）所示的线性回归模型：

$$y_i = \sum_{j=1}^{p} x_{ij}\beta_j + \beta_0 + \varepsilon_i, x_i \in X_{co} \qquad (3\text{-}102)$$

式（3-102）中，y_i 表示因变量，由于此模型的因变量对应第 $p+1$ 个属性，此处 $y_i = x_{i(p+1)}$；X_{co} 表示完整样本集合；$x_i = [x_{i1}, \ x_{i2}, \ \cdots, \ x_{is}]^T$ 表示完整样本集合 X_{co} 中的样本；$\beta_j \ (j=0, \ 1, \ \cdots, \ p)$ 表示模型参数；ε_i 表示误差，服从于正态分布。

在基于完整样本得到模型参数估计值 $\hat{\beta}_j$ 后，即可采用该线性模型估计缺失值。例如，针对某不完整样本 x_i，其填补值可表示为式（3-103）：

$$\hat{y}_i = \sum_{j=1}^{p} x_{ij}\hat{\beta}_j + \hat{\beta}_0, \ x_i \in X_{in} \qquad (3\text{-}103)$$

式（3-103）中，X_{in} 表示不完整样本集合。

由于参数估计值 $\hat{\beta}_j$ 固定不变，基于式（3-103）得到的填补值 $\hat{y}_i$ 始终是固定值。在此基础上引入随机干扰项，将式（3-103）改写为式（3-104）所示的形式：

$$\hat{y}_i = \sum_{j=1}^{p} x_{ij}\beta_j + \beta_0 + s_{xy}u \qquad (3\text{-}104)$$

式（3-104）中，s_{xy} 表示针对所有完整样本，因变量的估计值与真实值间误差的标准差；u 表示服从于标准正态分布的随机值。在线性函数中加入随机干扰项 $s_{xy}u$ 后，模型所得的填补值将随着干扰项取值的不同而变化，因此，利用该模型重复进行多次填补会得到多个不同的完整数据集。

上述方式将 $\hat{\beta}_j \ (j=0, \ 1, \cdots, \ p)$ 视为固定值，每次的填补值 $\hat{y}_i$ 均可看作是在初始填补值的基础上引入了一个随机值。在此方式下，所得填补值受初始填补值的影响较大，若初始填补值不准确，则求得的一系列填补值都会存在相应的估计误差。

2. 贝叶斯多重填补法

相比于引入随机干扰项，一种更有效的处理思路是在填补模型的求解过程中引入随机性，通过构建随机的线性模型展开多次填补。贝叶斯多重填补法正是基于此思路实现的填补方法，其利用贝叶斯理论求解填补模型的参数，使模型参数来自后验分布的随机抽取，从而为模型引入随机性[22]。

下面以式（3-102）所示的线性回归模型为例，介绍贝叶斯多重填补法。首先该方法存在如下假设。

①自变量服从于 p 元正态分布，因变量服从于一元正态分布。

②因变量的缺失机制为随机缺失，即样本中缺失值的产生仅与现有值的取值有关，与缺失值的取值无关。

③自变量与因变量之间存在线性关系，并且满足式（3-105）：

$$Y \sim N(X^* B, \ \sigma^2) \qquad (3\text{-}105)$$

式（3-105）中，B 表示全部模型参数构成的向量，Y 表示完整样本集合中所有因变量构成的向量，X^* 表示完整样本集合中所有自变量构成的矩阵，也称设计矩阵，其定义见 3.2.1 节中的式（3-46）。

以下为贝叶斯多重填补法的主要步骤[23]。

步骤 1：根据最小二乘法和完整样本集合求解模型参数估计值 $\hat{B}$，以及关于误差 ε_i 的方差估计值 $\hat{\sigma}^2$，如式（3-106）和（3-107）所示：

$$\hat{B} = (X^{*\mathrm{T}} X^*)^{-1} X^{*\mathrm{T}} Y \qquad (3\text{-}106)$$

$$\hat{\sigma}^2 = (Y - X^* \hat{B})^{\mathrm{T}} \frac{(Y - X^* \hat{B})}{(n_{\mathrm{co}} - p)} \qquad (3\text{-}107)$$

式（3-107）中，n_{co} 表示完整样本的数量，p 表示自变量的数量，$|n_{\mathrm{co}}| - p$ 表示统计学中的自由度，即独立或能够自由变化的数据个数。

步骤 2：利用 $\hat{B}$ 和 $\hat{\sigma}^2$ 构建 B 和 σ^2 的后验分布，根据统计学定理，由于随机误差 ε_i 服从正态分布，其方差估计值 σ^2 的后验分布满足式（3-108）：

$$\frac{\hat{\sigma}^2}{\sigma^2} (n_{\mathrm{co}} - p) \sim \chi^2 (n_{\mathrm{co}} - p) \qquad (3\text{-}108)$$

式（3-108）中，n_{co} 表示完整样本的数量，$\chi^2 (n_{\mathrm{co}} - p)$ 表示自由度为 $n_{\mathrm{co}} - p$ 的卡方分布（Chi-squared Distribution）。卡方分布的定义为：若随机变量 $Z_1, Z_2, \cdots Z_k$ 彼此相互独立，并且均服从标准正态分布，则这 k 个变量的求和结果 $Q = \sum_{i=1}^{k} Z_i$ 将服从自由度为 k 的卡方分布，通常可写作式（3-109）：

$$Q \sim \chi^2 (k) \qquad (3\text{-}109)$$

鉴于 $Y \sim N(X^*B, \sigma^2)$，并且 $Y = X^*B + \sigma$，在给定 σ^2 的前提下，B 的后验分布可表示为如式（3-110）所示的正态分布：

$$B \mid \sigma^2 \sim N(\hat{B}, \sigma^2(X^{*\mathrm{T}}X^*)^{-1}) \tag{3-110}$$

步骤 3：根据所得后验分布，调整模型参数的估计值。首先根据式（3-108）将估计值 $\hat{\sigma}^2$ 更新为 σ_*^2，如式（3-111）所示。

$$\sigma_*^2 = \hat{\sigma}^2 \frac{(n_{\mathrm{co}} - p)}{g} \tag{3-111}$$

式（3-111）中，g 表示服从于 $\chi^2(n_{\mathrm{co}} - p)$ 分布的一个随机值。

接着，结合式（3-110）和式（3-111）将模型参数的估计值 $\hat{B}$ 更新为 B_*，如式（3-112）所示。

$$B_* = \hat{B} + \sigma_*[(X^{*\mathrm{T}}X^*)^{-1}]^{1/2}z_1 \tag{3-112}$$

式（3-112）中，z_1 表示 p 维随机向量，并且服从于 p 元标准正态分布；$[(X^{*\mathrm{T}}X^*)^{-1}]^{1/2}$ 表示矩阵 $(X^{*\mathrm{T}}X^*)^{-1}$ 的方根，可由 Cholesky 分解求得。Cholesky 分解是一种经典的数学方法，目的是将一个对称正定矩阵分解为一个下三角矩阵和该下三角矩阵转置相乘的形式。

步骤 4：在得到 σ_*^2 和 B_* 后，根据式（3-113）计算填补值 $\hat{y}_i$，并利用所有填补值替换缺失值以得到一个完整数据集。

$$\hat{y}_i = x_i^{*\mathrm{T}}B_* + z_2\sigma_*, \; x_i \in X_{\mathrm{in}} \tag{3-113}$$

式（3-113）中，$x_i^* = [1, x_{i1}, x_{i2}, \cdots, x_{ip}]^{\mathrm{T}}$，$z_2$ 表示服从于 p 元标准正态分布的 p 维随机向量，X_{in} 表示不完整属性集合。

步骤 5：若填补次数达到上限值 m，则进入步骤 6。否则，返回步骤 3，继续下一轮填补过程。

步骤 6：填补结束，得到 m 个完整数据集。

3. 基于重采样的多重填补法

重采样（Resampling）是指从样本总体中提取部分样本，在此基础上进行统计量估计或其他推断的一类方法。每次重采样得到的样本集合可视为对样本总体的局部描述，不同局部描述下求得的填补模型往往不同，由其求解的填补值也存在差异，因此，可利用重采样获得多组不同的填补结果，进而实现多重填补。重采样法主要包括刀切（Jackknife）法和自助（Bootstrap）法，下面依次对其介绍[24]。

Jackknife 法从原始数据集中去除某个样本，并将其他样本构成数据集以供分析。由于每次去除的样本不同，基于 Jackknife 法得到的样本集合也不相同。假设 $X = \{x_1, x_2, \cdots, x_n\}$ 表示原始数据集，θ 表示待估计参数，以下为基于 Jackknife 法的分析过程。

步骤 1：设置访问标记 $i = 0$，在数据集 X 的基础上，利用分析方法求解参数估计值 $\hat{\theta}_0$；

步骤 2：去除第 i 个样本 x_i，将其他样本构成数据集 $X_{-i} = \{x_1, \cdots, x_{i-1}, x_{i+1} \cdots, x_n\}$；

步骤 3：在数据集 X_{-i} 的基础上，利用分析方法计算参数估计值 $\hat{\theta}_{-i}$；

步骤 4：根据式（3-114）求解 $\hat{\theta}_i$，该值通常被称为虚拟值（Pseudovalue）；

$$\hat{\theta}_i = n\hat{\theta}_0 - (n-1)\hat{\theta}_{-i} \tag{3-114}$$

步骤 5：若 $i = n$，则进入步骤 6；否则，令 $i \leftarrow i+1$，并返回步骤 2；

步骤 6：根据式（3-115）计算最终的参数估计值。

$$\hat{\theta} = \frac{1}{n}\sum_{i=1}^{n}\hat{\theta}_i \tag{3-115}$$

Bootstrap 法包括非参数 Bootstrap 和参数化 Bootstrap 两种形式，其中，非参数 Bootstrap 是将原始数据集视为总体，并进行多次有放回采样，从而得到一个样本集合。参数化 Bootstrap 是假设数据分布的函数形式是已知的，首先基于原始数据集对函数中的参数进行估计，由此得到数据分布，并根据此分布对数据集进行多次有放回采样。这两种方式的唯一区别在于随机采样时每个样本被抽取的概率不同，前者是等概率采样，而后者是基于原始数据的分布采样。

令 $X = \{x_1, x_2, \cdots, x_n\}$ 表示原始数据集，θ 表示待估计参数，m 表示采样次数，n_b 表示每次采样时抽取的样本数量。以下为基于 Bootstrap 法的分析过程。

步骤 1：设置访问标记 $t = 0$。

步骤 2：对原始数据集 X 进行有放回采样，由此得到样本集合 $X_t = \{x_{t_1}, x_{t_2}, \cdots, x_{t_{n_b}}\}$，其中，$1 \leq t_k \leq n, k = 1, 2, \cdots, n_b$，表示样本下标。

步骤 3：在数据集 X_t 的基础上，采用分析方法计算参数估计值 $\hat{\theta}_i$。

步骤 4：若 $t = m$，进入步骤 5；否则，令 $t \leftarrow t+1$，并返回步骤 2。

步骤 5：根据式（3-116）计算最终的参数估计值 $\hat{\theta}$。

$$\hat{\theta} = \frac{1}{m}\sum_{t=1}^{m}\hat{\theta}_i \tag{3-116}$$

在上述两种重采样方法中，Jackknife 法的采样方式可视为无放回采样，即每次随机抽取的样本不再放回数据集。而 Bootstrap 法使用有放回采样，在随机抽取某样本后，将该样本重新放回数据集，再进行随机抽取。在无放回采样中，每次采样时的数据分布和未进行任何采样时的原始数据分布并不一致。相较而言，有放回采样能够在维持原始数据分布的前提下，对样本展开无限次数的抽取。鉴于 Bootstrap 法比 Jackknife 法具有更优良的性质，所以该方法已被广泛使用。

下面仍以线性回归模型为例，阐述基于重采样的多重填补法。假设 X_{co} 表示不完整数据集内的完整样本集合，X_t 表示第 t 次填补期间基于重采样得到的样本集合，集合内的样本均来自于 X_{co}。针对如式（3-102）所示的线性回归模型，基于 X_t 求得的模型参数可表示为式（3-117）。

$$\hat{\boldsymbol{B}}_t = (\boldsymbol{X}_t^{*\mathrm{T}} \boldsymbol{X}_t^*)^{-1} \boldsymbol{X}_t^{*\mathrm{T}} \boldsymbol{Y}_t \qquad (3\text{-}117)$$

式（3-117）中，$\hat{\boldsymbol{B}}_t = [\hat{\beta}_0^{(t)}, \hat{\beta}_1^{(t)}, \cdots, \hat{\beta}_p^{(t)}]^{\mathrm{T}}$ 表示模型参数估计值，$\boldsymbol{Y}_t$ 表示集合 $\boldsymbol{X}_t$ 中的所有因变量构成的向量，$\boldsymbol{X}_t^*$ 是由集合 $\boldsymbol{X}_t$ 中的所有自变量构成的矩阵，也称设计矩阵，其定义见 3.2.1 节中的式（3-46）。第 t 次填补期间，随机误差 ε_i 的方差估计值 $\hat{\sigma}_t^2$ 可表示为式（3-118）：

$$\hat{\sigma}_t^2 = \frac{(\boldsymbol{Y}_t - \boldsymbol{X}_t^* \hat{\boldsymbol{B}}_t)^{\mathrm{T}} (\boldsymbol{Y}_t - \boldsymbol{X}_t^* \hat{\boldsymbol{B}}_t)}{n_t - p} \qquad (3\text{-}118)$$

式（3-118）中，n_t 表示集合 $\boldsymbol{X}_t$ 内的样本数量，即 $|X_t|$；p 表示自变量的数目。

在由集合 $\boldsymbol{X}_t$ 得到模型参数估计值 $\hat{\beta}_j^{(t)}$（$j = 0, 1, \cdots, p$）和 $\hat{\sigma}_t^2$ 后，根据式（3-119）估计缺失值：

$$\hat{y}_i^{(t)} = \sum_{j=1}^p x_{ij} \hat{\beta}_j^{(t)} + \hat{\beta}_0^{(t)} + \hat{\sigma}_t u_i, \; x_i \in X_{\mathrm{in}} \qquad (3\text{-}119)$$

式（3-119）中，$\hat{y}_i^{(t)}$ 表示第 t 次填补期间，模型针对不完整样本 x_i 的填补值，u_i 表示基于标准正态分布所抽取的随机值，X_{in} 表示不完整样本集合。

基于重采样的多重填补法在完整样本集合的基础上进行有放回采样，并且每次采样所得的样本集合间存在差异。该差异性使得填补值更加多样，从而弥补均值填补等单一填补法对数据总体方差的低估。此外，与贝叶斯多重填补法相比，基于重采样的多重填补法无须Cholesky 分解，也无须从卡方分布中随机抽取参数估计，故更加高效。

除了以上几种典型的多重填补法外，目前存在诸多改进版本。例如，上述贝叶斯多重填补法假设数据服从正态分布，当真实数据不符合该假设时，该方法的分析精度会受到一定影响。因此，研究人员将多元 t 分布理论引入填补过程，以扩展多重填补法的应用范围[25]。鉴于多重填补法合理考虑缺失值对建模产生的不确定性，已成为目前应用最广泛的填补方法之一，在医疗、金融等领域均取得了广泛的研究成果。

3.4.2　基于证据理论的填补方法

证据理论是一种处理不确定性信息的方法，由 Dempster 首先提出，并经 Shafer 改进，故常被称为 Dempster-Shafer（D-S）理论。D-S 理论具备直接表达不确定性的能力，与缺失值的特性相符，因此可将其应用于缺失值填补等不完整数据的分析过程。

与多重填补法相似，基于证据理论的填补方法对每个缺失值进行多次填补，得到多组填补值，接着根据若干填补值求解多个分析结果并对其进行融合。不同于多重填补法的合并方式，该方法基于 D-S 理论合并分析结果，进而处理缺失值对分析产生的不确定性。

首先介绍 D-S 理论的基本概念。在证据理论的研究中，识别框架是一个互斥且非空的有限集合，可记为 Θ，该集合代表某一问题所有可能的分析结果。幂集 2^Θ 包含 Θ 的所有子集，能够体现出分析结果的不确定性，即有时无法得到某一问题的确切结果，而是会求出多个可能的分析结果。若 $\Theta = \{a, b\}$，则其幂集可表示为式（3-120）：

$$2^{\Theta} = \{\varnothing, \{a\}, \{b\}, \Theta\} \tag{3-120}$$

幂集 2^{Θ} 内的集合也称为"假设"（Hypothesis），每个"假设"都会被赋予一个信念值（Belief Mass），用于衡量其可信度。将幂集 2^{Θ} 映射为信念值的过程称为基本概率分配（Basic Probability Assignment，BPA）或者基本信度分配（Basic Belief Assignment，BBA），与其对应的映射函数称为 mass 函数，记作 $m(\cdot)$，定义见式（3-121）[26]：

$$m : 2^{\Theta} \rightarrow [0, 1] \tag{3-121}$$

由式（3-121）可知，mass 函数能够将幂集 2^{Θ} 内的每个元素映射为 [0, 1] 范围内的数值，并且 mass 函数需满足式（3-122）中的两个约束：

$$\begin{cases} m(\varnothing) = 0 \\ \sum_{B \subset 2^{\Theta}} m(B) = 1 \end{cases} \tag{3-122}$$

式（3-122）中，$m(\varnothing)$ 表示空集的信念值，B 表示幂集 2^{Θ} 内的元素，即"假设"，$m(B)$ 表示 B 的信念值。由式（3-122）可知，空集的信念值为 0，并且幂集内所有元素的信念值总和为 1。

信任函数（Belief Function），或者信度函数，可定义为式（3-123）：

$$\mathrm{Bel}(B) = \sum_{B_1 \subset B} m(B_1) \tag{3-123}$$

式（3-123）中，B 表示 2^{Θ} 内的集合，B_1 是集合 B 中的元素，B 的信任函数值等于该集合内所有元素的信念值总和。

似然度函数（Plausibility Function）的定义如式（3-124）所示，多数研究也将该函数译为似然函数，但此处的似然函数和 3.3.1 节的似然函数，即 Likelihood Function，是完全不同的概念。为了对二者做出明确区分，下面将该函数统称为似然度函数。

$$P_1(B) = \sum_{B_2 \subset 2^{\Theta}, \, B_2 \cap B \neq \varnothing} m(B_2) \tag{3-124}$$

式（3-124）中，B 和 B_2 均表示 2^{Θ} 内的集合，B 的似然度函数值等于幂集内与 B 交集不为空的所有集合的信念值总和。

信任区间用于表示某假设的信任度范围，根据信任函数和似然度函数的取值情况，信任区间可表示为式（3-125）：

$$\mathrm{Bel}(B) \leqslant P(B) \leqslant P_1(B) \tag{3-125}$$

式（3-125）中，B 表示幂集 2^{Θ} 内的集合，$P(B)$ 表示 B 的可信程度。

Dempster 合成规则是指对两个 mass 函数进行融合的方法，定义为式（3-126）：

$$\begin{cases} m_{1,2}(\varnothing) = 0 \\ m_{1,2}(B) = (m_1 \oplus m_2)(B) = \dfrac{1}{1-K'} \displaystyle\sum_{B_1 \cap B_2 = B \neq \varnothing} m_1(B_1)m_2(B_2),\ B \subset 2^\Theta \end{cases} \quad (3\text{-}126)$$

式（3-126）中，B、B_1 和 B_2 均表示 2^Θ 内的集合，$m_{1,2}(\cdot)$ 表示合成后的 mass 函数，$\oplus$ 表示合成算子，$m_1(\cdot)$ 和 $m_2(\cdot)$ 表示待合成的两个 mass 函数，K' 表示归一化因子，定义如式（3-127）所示：

$$K' = \sum_{B_1 \cap B_2 = \varnothing} m_1(B_1)m_2(B_2) \quad (3\text{-}127)$$

D-S 理论可对多个 mass 函数进行合成，从而获得 2^Θ 内每个集合的信念值。为实现最终的决策支持，可根据式（3-128）将这些信念值转化为识别框架 Θ 中每个元素的概率：

$$\mathrm{BetP}(S) = \sum_{B \subset 2^\Theta,\, S \in B} \frac{1}{|B|} m(B),\ S \in \Theta \quad (3\text{-}128)$$

式（3-127）中，S 表示识别框架 Θ 内的元素，B 表示幂集 2^Θ 内的集合。

下面以一个具体实例阐述 D-S 理论的计算过程。假设在家庭经济情况数据集中，某家庭为贫困户，则标记为 a，否则标记为 b。由此，某家庭是否为贫困户的判定结果可构成识别框架 $\Theta = \{a,\ b\}$，其幂集 $2^\Theta = \{\varnothing,\ \{a\},\ \{b\},\ \Theta\}$。两位专家在对某家庭的各类指标数据分析后，得出两组分析结果，分别为 $m_1 = \{0,\ 0.3,\ 0.5,\ 0.2\}$，以及 $m_2 = \{0,\ 0.4,\ 0.3,\ 0.3\}$，$m_1$ 和 m_2 是基于 mass 函数 $m_1(\cdot)$ 和 $m_2(\cdot)$ 所得信念值构成的集合，其中每个位置上的数值表示 2^Θ 中相应位置上元素的信念值。例如，专家 1 认为该家庭是贫困户这一假设为真的可信度是 0.3，专家 2 认为是此可信度是 0.4。综合两位专家的分析结果，根据式（3-126）所示的 Dempster 合成规则对结果进行融合。

首先计算归一化因子，结果如式（3-129）所示：

$$\begin{aligned} K' &= \sum_{B_1 \cap B_2 = \varnothing} m_1(B_1)m_2(B_2) = m_1(\{a\})m_2(\{b\}) + m_1(\{b\})m_2(\{a\}) \\ &= 0.3 \times 0.3 + 0.5 \times 0.4 = 0.29 \end{aligned} \quad (3\text{-}129)$$

接着合成两组分析结果，根据 mass 函数的性质，$m_{1,2}(\varnothing) = 0$，而合成之后 $\{a\}$、$\{b\}$ 和 Θ 的信念值分别如式（3-130）、式（3-131）和式（3-132）所示。

$$\begin{aligned} m_{1,2}(\{a\}) &= \frac{1}{1-K'}(m_1(\{a\})m_2(\{a\}) + m_1(\Theta)m_2(\{a\}) + m_1(\{a\})m_2(\Theta)) \\ &= \frac{1}{0.71} \times (0.12 + 0.08 + 0.09) = 0.41 \end{aligned} \quad (3\text{-}130)$$

$$\begin{aligned} m_{1,2}(\{b\}) &= \frac{1}{1-K'}(m_1(\{b\})m_2(\{b\}) + m_1(\Theta)m_2(\{b\}) + m_1(\{b\})m_2(\Theta)) \\ &= \frac{1}{0.71} \times (0.15 + 0.15 + 0.06) = 0.51 \end{aligned} \quad (3\text{-}131)$$

$$m_{1,2}(\Theta) = \frac{1}{1-K'} m_1(\Theta) m_2(\Theta) = \frac{1}{0.71} \times 0.06 = 0.08 \qquad (3\text{-}132)$$

根据合成后的 mass 函数 $m_{1,2}(\cdot)$ 计算信念值，并将得到的信念值构成集合 $m_{1,2} = \{0, 0.41, 0.51, 0.08\}$。为了实现最终的决策支持，采用式（3-128）将这些信念值转化为如式（3-133）所示的概率：

$$\begin{cases} \mathrm{BetP}(a) = 0.41 + \dfrac{0.08}{2} = 0.45 \\[2mm] \mathrm{BetP}(b) = 0.51 + \dfrac{0.08}{2} = 0.55 \end{cases} \qquad (3\text{-}133)$$

根据概率值可知，所研究家庭为贫困户和非贫困户的概率分别是 0.45 和 0.55，因此可把该家庭纳为非贫困户。

鉴于 D-S 理论能够合成多个 mass 函数，利用该理论可有效合并由多组填补值得到的分析结果。与多重填补法类似，基于证据理论的缺失值填补方法同样包括 3 个步骤：填补、分析和合并。填补阶段，对缺失值进行多次填补并得到多个完整数据集；分析阶段，基于填补后的若干完整数据集展开分析并求解多个分析结果；合并阶段，利用 D-S 理论对多个分析结果进行融合，以获得最终的分析结果。接下来详细介绍基于证据理论的缺失值填补方法[27-29]。

首先在填补阶段，根据 3.4.1 节所述的基于随机干扰项的多重填补法、贝叶斯多重填补法等为每个缺失值计算多个填补结果。此处采用 KNN 的思路计算多个填补值，即首先为每个不完整样本寻找 K 个近邻样本，接着以每个近邻样本中的相应属性值填补缺失值。例如，针对不完整样本 x_i，在填补后可得到 K 个填补样本 $x_i^{(k)}$（$k = 1, 2, \cdots, K$），其中，$x_i^{(k)}$ 表示以第 k 个近邻样本的属性值填补缺失值后得到的完整样本。

为了使描述更加清晰，此处假设不完整数据集具体分析过程是分类，以此介绍基于多组填补结果的分析与合并过程。令 Θ 表示识别框架，即类标签所有可能取值构成的集合，$\Theta = \{l_1, l_2, \cdots, l_C\}$，$C$ 表示类标签可取值的数量。在分析阶段，利用分类算法对填补后的多个完整数据集展开分析，从而为不完整样本 x_i 计算 K 个分类结果，$P_i^{(k)} = \{P_i^{(k)}(l_1), P_i^{(k)}(l_2), \cdots, P_i^{(k)}(l_C)\}$，其中 $P_i^{(k)}(l_c)$（$k = 1, 2, \cdots, K$；$c = 1, 2, \cdots, C$）表示基于第 k 个填补样本 $x_i^{(k)}$ 将样本 x_i 划入第 c 类的概率。

令 $\Omega = \{\Theta, \{l_1\}, \{l_2\}, \cdots, \{l_C\}\}$，元素 Θ 的加入是为了使后续求解的 mass 函数满足式（3-122）的约束，即所有信念值的总和为 1。合并过程可分为 3 步：针对 K 个分类结果计算 K 个 mass 函数，分别记为 $m_i^{(k)}(\cdot)$（$k = 1, 2, \cdots, K$）；在考虑缺失值的基础上，进一步处理 K 个 mass 函数，即将其转化为针对每个类标签的 mass 函数，记为 $\tilde{m}_i^{(l_c)}(\cdot)$（$c = 1, 2, \cdots, C$）；融合 C 个 mass 函数 $\tilde{m}_i^{(l_c)}(\cdot)$（$c = 1, 2, \cdots, C$），得到最终的 mass 函数 $m_i'(\cdot)$，对该函数所得的信念值进行归一化以计算最终的类标签。下面介绍具体实施

过程。

步骤 1：由于填补精度的不同，基于样本 $x_i^{(k)}$ 得到的分类结果具有不同的可信度。若 $x_i^{(k)}$ 中填补值与真实值间存在较大误差，则相应的分类结果 $P_i^{(k)}$ 可能并不准确。因此，可在考量填补算法性质的前提下，为每个分析结果计算一个权重，以此衡量结果的可信度。鉴于 KNN 方法的性质，可根据不完整样本与近邻样本间的距离求解权重，若距离较远，则认为填补值的精度相对较低，分类结果的可靠性也相对较低。

令 d_{ik} 表示不完整样本与其近邻样本间的距离，则权重可以由式（3-134）求得：

$$w_i^{(k)} = \mathrm{e}^{-d_{ik}}, \quad k = 1, 2, \cdots, K \qquad (3\text{-}134)$$

式（3-134）中，$w_i^{(k)}$ 表示第 k 个近邻样本对应的权重。

为使 $w_i^{(k)}$ 位于区间 [0, 1] 内，根据式（3-135）对上述权重进行归一化，由此得到相对可信度 $a_i^{(k)}$：

$$a_i^{(k)} = \frac{w_i^{(k)}}{w_i^{\max}}, \quad k = 1, 2, \cdots, K \qquad (3\text{-}135)$$

式中，$w_i^{\max} = \max(w_i^{(1)}, w_i^{(2)}, \cdots, w_i^{(K)})$。

基于 D-S 理论，为 Ω 内每个集合分配信念值，相应的 mass 函数 $m_i^{(k)}(\cdot)$ 可表示为式（3-136）：

$$\begin{cases} m_i^{(k)}(B_c) = a_i^{(k)} P_i^{(k)}(l_c), B_c = \{l_c\} \subset \Omega - \Theta, c = 1, 2, \cdots, C; k = 1, 2, \cdots, K \\ m_i^{(k)}(\Theta) = 1 - a_i^{(k)} \end{cases}$$

$$(3\text{-}136)$$

式（3-136）中，B_c 表示 Ω 内除 Θ 以外的集合，所有集合的信念值总和为 1，其推导过程如式（3-137）所示。

$$\begin{aligned} \sum_{B_c \subset \Omega-\Theta} m_i^{(k)}(B_c) + m_i^{(k)}(\Theta) &= \sum_{c=1}^{C} a_i^k P_i^k(l_c) + 1 - a_i^k \\ &= a_i^k \left(\sum_{c=1}^{C} P_i^k(l_c) \right) + 1 - a_i^k \\ &= a_i^k + 1 - a_i^k = 1 \end{aligned} \qquad (3\text{-}137)$$

由此可得到 K 个 mass 函数 $m_i^{(k)}(\cdot)$，$k = 1, 2, \cdots, K$。

步骤 2：根据式（3-138）对 mass 函数进行分组：

$$G_c = \{m_i^{(k)}(\cdot) \mid \mathrm{BetP}_{m_i^{(k)}}(l_c) = \max_{j=1,2,\cdots C}(\mathrm{BetP}_{m_i^{(k)}}(l_j)), k = 1, 2, \cdots, K\}; c = 1, \cdots, C \quad (3\text{-}138)$$

式（3-138）中，G_c 表示由 mass 函数构成的集合，$\mathrm{BetP}_{m_i^{(k)}}(\cdot)$ 在 mass 函数 $m_i^{(k)}(\cdot)$ 的基础上，计算识别框架 Θ 中每个元素为真实结果的概率。该函数已在式（3-128）进行说明，本例中该函数可进一步表示为式（3-139）：

$$\text{BetP}_{m_i^{(k)}}(l_c) = \frac{1}{|B|} \sum_{B \subset \Omega, \, l_c \in B} m_i^{(k)}(B), \quad c = 1, \ 2, \ \cdots, \ C \tag{3-139}$$

接着，对分组 G_c 内的多个 mass 函数进行合成，合成后得到的 mass 函数可记为 $m_i^{(l_c)}(\cdot)$，计算方法如式（3-140）所示：

$$m_i^{(l_c)}(B) = \frac{1}{|G_c|} \sum_{m_i^{(k)}(\cdot) \in G_c} m_i^{(k)}(B), \ B \subset \Omega \tag{3-140}$$

式（3-140）所求 mass 函数 $m_i^{(l_c)}(\cdot)$ 具有不同的可信度。分组 G_c 可视为基于投票机制产生的集合，K 个 mass 函数 $m_i^{(k)}(\cdot)$ 各拥有 1 票，并且只能为一个分组投票，而投票的表现形式是将自身加入分组。拥有票数越高的分组，即元素个数越多的分组，其可信度也越高。

令 $\beta_i^{(c)}$ 表示分组 G_c 的可信度，其定义为式（3-141）：

$$\beta_i^{(c)} = \log_{a_1}\left(a_2 \frac{n_c}{n_{\max}} + a_3 \right), \quad c = 1, \ 2, \ \cdots, \ C \tag{3-141}$$

式（3-141）中，a_1、a_2 和 a_3 是对数函数的参数，n_c 表示分组 G_c 内元素的个数，$n_{\max} = \max(n_1, \cdots, n_C)$。利用分组的可信度对 $m_i^{(l_c)}(\cdot)$ 进行修正，修正后的 mass 函数 $\tilde{m}_i^{(l_c)}(\cdot)$ 见式（3-142）：

$$\begin{cases} \tilde{m}_i^{(l_c)}(B) = \beta_i^{(c)} m_i^{(l_c)}(B), \ B \subset \Omega - \Theta \\ \tilde{m}_i^{(l_c)}(\Theta) = 1 - \beta_i^{(c)} + \beta_i^{(c)} m_i^{(l_c)}(\Theta) \end{cases} \tag{3-142}$$

步骤 3：针对集合 $\Omega = \{\Theta, \{l_1\}, \{l_2\}, \cdots, \{l_C\}\}$ 中的每个元素，$\tilde{m}_i^{(l_c)}(\cdot)$ 为其分配取值在 [0, 1] 区间的信念值。采用合成规则将 $\tilde{m}_i^{(l_c)}(\cdot)$ 合为一个 mass 函数 $m'(\cdot)$ 后，即可借鉴式（3-139）设计 $\text{BetP}_{m_i'}(\cdot)$ 函数，并得到最终的分析结果。然而，基于上述方式所得的最终分析结果仅能从集合 $\Theta = \{l_1, l_2, \cdots, l_C\}$ 中产生，即每个样本会被明确地指定为某一具体类。鉴于部分不完整样本的质量较低，分类结果存在不确定性，故无法将其明确指定为一个具体类。与其将样本误判为某一具体类，不如将其指定为多个隶属概率极大的类，由此避免误判。

基于上述思路，mass 函数 $\tilde{m}_i^{(l_c)}(\cdot)$ 合成前，对集合 $\Omega = \{\Theta, \{l_1\}, \{l_2\}, \cdots, \{l_C\}\}$ 进行扩充。首先采用式（3-143）求解每个 mass 函数 $\tilde{m}_i^{(l_c)}(\cdot)$ 最倾向的分类标签。

$$l_c^* = \arg\max_{B \subset \Omega} \tilde{m}_i^{(l_c)}(B), \quad c = 1, \ 2, \ \cdots, \ C \tag{3-143}$$

随后，将可能性较大的多个类标签构成集合 Φ_i，该集合的定义见式（3-144）：

$$\Phi_i = \left\{ l_c^* \mid \frac{n_c}{n_{\max}} \geqslant \varepsilon \right\} \tag{3-144}$$

式（3-144）中，n_c 表示 $\tilde{m}_i^{(l_c)}(\cdot)$ 对应分组 G^c 的元素个数，$n_{\max}$ 表示分组 G^c 所含元素个数的最大值，ε 表示阈值。由式（3-144）可知，仅当分组 G^c 的元素个数足够大并满足阈值限制时，才能将 $\tilde{m}_i^{(l_c)}(\cdot)$ 最倾向的分类标签 l_c^* 置入集合 Φ_i 内。

接着，根据集合 Φ_i 对 Ω 进行扩充，令扩充后的集合记为 Ω'，其定义如式（3-145）所示：

$$\Omega' = \Omega \bigcup \Phi_i' \tag{3-145}$$

式（3-145）中，$\Phi_i' = 2^{\Phi_i} - \{\{l_c\} \mid c = 1, 2, \cdots, C\} - \varnothing$，是幂集 2^{Φ_i} 内元素数量大于 1 的集合。在集合 Ω' 的基础上，对 mass 函数 $\tilde{m}_i^{(l_c)}(\cdot)$ 进行合成，合成规则见式（3-146）。

$$m_i'(B) = \begin{cases} \sum\limits_{\cap_{c=1}^{C} B_c = B} \tilde{m}_i^{l_1}(B_1) \cdots \tilde{m}_i^{l_c}(B_c), B \subset \Omega \\ \sum\limits_{\substack{\cap_{c=1}^{|B|} B_c = \varnothing \\ \cup_{c=1}^{|B|} B_c = B}} \left[\tilde{m}_i^{l_{B(1)}}(B_1) \cdots \tilde{m}_i^{l_{B(|B|)}}(B_{|B|}) \prod\limits_{g=1}^{|B_-|} \tilde{m}_i^{l_{B_-(g)}}(\Theta) \right], B \subset \Phi_i' \end{cases} \tag{3-146}$$

式（3-146）中，B 表示 Ω' 内的元素，$m_i'(B)$ 表示合成后 B 的信念值，需分两种情况计算 $m_i'(B)$。若 $B \subset \Omega$，令 B_c 表示 Ω 内的任意元素，仅当这些元素的交集等于 B 时，才可提取 mass 函数 $\tilde{m}_i^{(l_c)}(\cdot)$ 关于相应元素的信念值 $\tilde{m}_i^{(l_c)}(B_c)$（$c = 1, 2, \cdots, C$），并采用连乘操作求解运算值，由此得到 $m_i'(B)$。若 $B \subset \Phi_i'$，利用 $B(c)$（$c = 1, 2, \cdots, |B|$）提取 B 内第 c 个元素，从而得到可能性较大的分类标签 $l_{B(c)}, c = 1, 2, \cdots, |B|$，并得到相应信念值 $\tilde{m}_i^{l_{B(c)}}(B_c)$。令 $B_- = \Theta - B$，利用 $B_-(g)$（$g = 1, 2, \cdots, |B_-|$）提取集合 B_- 内第 g 个元素，进而得到可能性较小的分类结果 $l_{B_-(g)}$，并获得相应的信念值 $\tilde{m}_i^{l_{B_-(g)}}(\Theta)$，接着将所得信念值进行连乘操作以求解运算值，由此获得信念值 $m_i'(B)$。

最后，采用式（3-147）得到归一化后的 mass 函数 $m_i(\cdot)$。

$$m_i(B) = \frac{m_i'(B)}{\sum\limits_{B_1 \subset \Omega'} m_i'(B_1)}, B \subset \Omega' \tag{3-147}$$

至此，合并过程结束，$m_i(\cdot)$ 为集合 Ω' 内的每个元素分配了取值范围在 $[0,1]$ 内的信念值，最大信念值对应的元素将作为最终的分类标签。

基于证据理论的缺失值填补方法通过定义一系列合并规则对由多组填补值得到的分析结果进行有效融合，以此得到最终的推断。其与多重填补法存在诸多相似之处，均包括填补、分析与合并过程。多重填补法更加注重填补期间多组填补值的获取，而本节所述方法则更加注重多组填补值所得分析结果的合并。因此，可在两种方法的基础上设计缺失值填补方法，使得填补与合并过程更加合理，从而有效应对缺失值所导致的不确定性。

3.5　本章小结

本章介绍了 4 类常见的缺失值填补方法，包括基于样本间相似度的填补方法、基于属性间相关性的填补方法、基于参数估计的期望最大化填补方法以及针对缺失数据不确定性的填补方法，各类方法可总结如下。

　　基于样本间相似度的填补方法采用与不完整样本相似度较高样本的现有值填补缺失值。基于该思路的常见方法包括均值填补法、热平台填补法、K 最近邻填补法、基于聚类的填补方法等。基于属性间相关性的填补方法利用属性间的关联建立回归模型，并基于完整样本求解模型参数，进而估计缺失值。基于神经网络的填补方法是此类方法的代表，其能够有效挖掘数据属性间的非线性关系，从而获得精度较高的填补结果，在后续章节中将对该方法进一步展开研究。基于参数估计的期望最大化填补方法将参数估计法作为理论基础，并采用期望最大化算法填补缺失值。此类方法交替更新缺失值与极大似然估计的目标参数，能够充分利用数据集中的完整数据。针对缺失数据不确定性的填补方法基于多种可能的填补值对填补结果进行合理推断，从而有效应对缺失值的不确定性，其中，较为常见的包括多重填补法和基于证据理论的填补方法。

　　上述缺失值填补方法采用的理论和模型各具特点，适用场景也存在差异，在现实应用中，可根据实际情况合理选择。

参考文献

［1］　于本成，丁世飞. 缺失数据的混合式重建方法［J］. 智能系统学报，2019, 14(05): 947-952.

［2］　金勇进，邵军. 缺失数据的统计处理［M］. 北京：中国统计出版社，2009.

［3］　毕永朋. 均值填补算法的改进和研究［D］. 赣州：江西理工大学，2018.

［4］　Shichao Zhang. Nearest Neighbor Selection for Iteratively KNN Imputation［J］. Journal of Systems and Software, 2012, 85(11), 2541-2552.

［5］　郝胜轩，宋宏，周晓锋. 基于近邻噪声处理的 KNN 缺失数据填补算法［J］. 计算机仿真，2014, 31(07): 264-268.

［6］　Gerhard Tutz, Shahla Ramzan. Improved Methods for the Imputation of Missing Data by Nearest Neighbor Methods［J］. Computational Statistics & Data Analysis, 2015, 90: 84-99.

［7］　Bezdeck J C. Pattern Recognition with Fuzzy Objective Function Algorithms［M］. New York: Plenum Press, 1981.

［8］　Hathaway R J, Bezdek J C. Fuzzy C-means Clustering of Incomplete Data［J］. IEEE Transactions on Systems, Man, and Cybernetics, Part B: Cybernetics, 2001, 31(5): 735-744.

［9］　张立勇. 基于信息粒的模糊聚类方法研究［D］. 大连：大连理工大学，2018.

［10］　马永军，汪睿，李亚军，陈海山. 利用聚类分析和离群点检测的数据填补方法［J］. 计算机工程与设计，2019, 40(03): 744-747+761.

［11］　Shamini Raja Kumaran, Mohd Shahizan Othman, Lizawati Mi Yusuf, Arda Yunianta. Estimation of Missing Values Using Hybrid Fuzzy Clustering Mean and Majority Vote for Microarray Data,

Procedia Computer Science, 2019, 163 : 145-153.

［12］ Kloke J, McKean J W. Nonparametric Statistical Methods Using R［M］. Boca Raton: CRC Press, 2014.

［13］ Hastie T, Tibshirani R, Friedman J. the Elements of Statistical Learning: Data Mining, Inference, and Prediction［M］. Berlin: Springer Science & Business Media, 2009.

［14］ 徐群. 非线性回归分析的方法研究［D］. 合肥：合肥工业大学，2009.

［15］ 赵岩. 微细铣削工艺基础与实验研究［D］. 哈尔滨：哈尔滨工业大学，2009.

［16］ 冯敬海. 房价的非线性回归模型及期权定价［D］. 大连：大连理工大学，2017.

［17］ Raghunathan T E, Lepkowski J M, Van Hoewyk J, Solenberger P. a Multivariate Technique for Multiply Imputing Missing Values Using a Sequence of Regression Models［J］. Survey Methodology, 2001, 27(1): 85-96.

［18］ Babuška R. Fuzzy modeling for Control［M］. Berlin: Springer Science & Business Media, 2012.

［19］ Costa S J M, Uzay K. Fuzzy Decision Making in Modeling and Control［M］. Singapore: World Scientific, 2002.

［20］ Al-Hadithi B M, Jiménez A, Matía F. a New Approach to Fuzzy Estimation of Takagi-Sugeno Model and its Applications to Optimal Control for Nonlinear Systems［J］. Applied Soft Computing, 2012, 12(1): 280-290.

［21］ Allison P D. Missing Data［M］. New York: Sage publications, 2001.

［22］ 潘传快. 农业经济调查数据的缺失值处理：模型、方法及应用［D］. 武汉：华中农业大学，2017.

［23］ Rubin D B. Multiple Imputation for Nonresponse in Surveys［M］. Hoboken: John Wiley & Sons, 2004.

［24］ 侯艳，李康，宇传华，周晓华. 诊断医学中的统计学方法［M］. 北京：高等教育出版社，2016.

［25］ 梁霞. 缺失数据的多重插补及其改进［D］. 长沙：中南大学，2007.

［26］ 孙锐. 基于 D-S 证据理论的信息融合及在可靠性数据处理中的应用研究［D］. 成都：电子科技大学，2011.

［27］ Liu Z G, Pan Q, Dezert J, Mercier G. Credal Classification Rule for Uncertain Data Based on Belief Functions［J］. Pattern Recognition, 2014, 47(7): 2532-2541.

［28］ Liu Z G, Pan Q , Dezert J, Martin A. Adaptive Imputation of Missing Values for Incomplete Pattern Classification［J］. Pattern Recognition, 2016, 52: 85-95.

［29］ Liu Z G, Liu Y, Dezert J, Pan Q. Classification of Incomplete Data Based on Belief Functions and K-nearest Neighbors［J］. Knowledge-Based Systems, 2015, 89: 113-125.

第4章

面向不完整数据的神经网络填补方法

神经网络作为机器学习的热门分支，已被广泛应用于缺失值填补工作中。研究者们基于自组织映射网络、多层感知机、自编码器等结构设计出众多缺失值填补方法。本章将介绍几种典型的神经网络模型及填补方法，其中，自组织映射网络基于样本间的相似度实现缺失值填补，单层感知机（Single Layer Perceptron，SLP）根据不完整样本的类别信息对缺失值展开反向求解。除上述两类模型外，本章所涉及的神经网络主要根据回归建模挖掘属性间的关联关系，进而填补缺失值。例如，多层感知机、自编码器、去跟踪自编码器（Tracking-Removed AutoEncoder，TRAE）等模型通过对属性间关联合理建模，实现缺失值的有效估计。

神经网络构造简单、设计灵活，能够挖掘与提炼数据集所蕴含的潜在信息，从而较好地估计缺失数据。因此，基于神经网络的填补方法在缺失值填补领域具有重要的研究与应用价值。

4.1 基于自组织映射网络的填补方法

4.1.1 自组织映射网络理论

自组织映射（SOM）又称为自组织特征映射（Self-Organizing Feature Map，SOFM）网络，是由输入层、输出层构成的两层神经网络。该网络由 T. Kohonen 教授提出，故也被称作 Kohonen 网络[1]。图 4-1 展示了一种典型的 SOM 网络结构，输入层神经元在一维直线上依次排列，输出层神经元在二维平面中按照由左到右、由上到下的顺序排成棋盘状结构。输出层中每个神经元都与周围神经元之间存在侧向连接，且每个输入层神经元都通过一条直线与输出层神经元相连。图 4-1 中输出层的组织方式称为二维平面阵，此外还有一维阵列、三维栅格阵等多种组织方式。

在 SOM 网络中，输入层与输出层神经元的每条连接都对应一个权重，而输出层神经元与所有输入层神经元的连接权重构成了该神经元的权重向量。SOM 网络通过对权重向量的学习提炼输入数据的有效信息，从而适应后续的各种应用。

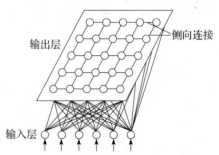

图 4-1　基于二维平面阵的 SOM 网络

SOM 网络根据 Kohonen 规则进行权重的学习，该规则由胜者为王（Winner Take ALL，WTL）方法改进而来[2]。WTL 是指当样本输入网络后，输出层有且仅有一个神经元被激活并调整权重，其他神经元被抑制而无法实现权重调整。被激活节点称为最佳匹配单元（Best Matching Unit，BMU），通常也称作获胜神经元。与 WTL 不同，Kohonen 规则在确定了获胜神经元后，以该神经元为中心划出一定范围作为优胜邻域，并允许优胜邻域内所有神经元调整权重向量。

具体来说，网络输入层在接收到外界输入后，通过自身与输出层的连接将输入数据传至输出层，接着所有的输出层神经元通过彼此竞争的方式，确定谁能被激活。最终，竞争获胜的神经元被成功激活并输出 1。训练期间，该神经元与邻近的神经元将得到权重向量调整的机会，并且距离获胜神经元越近，神经元的权重调整量越大。竞争失败的神经元被抑制并输出 0。训练期间，若这些竞争失败的神经元未分布在获胜神经元附近，则无法进行权重向量的调整。由于输出层神经元通过竞争对输入作出响应，输出层也称为竞争层。

下面对 Kohonen 规则进行详细描述。假设 $X=\{x_i \mid x_i \in \mathbb{R}^s,\ i=1,\ 2,\ \cdots,\ n\}$ 表示样本数量为 n，属性个数为 s 的数据集，$\boldsymbol{x}_i=[x_{i1},\ x_{i2},\ \cdots,\ x_{is}]^T$ 是数据集中的第 i 个样本。针对 X 构建输入层、输出层神经元数量分别为 s、N_{som} 的 SOM 网络，其中，N_{som} 是输出层按二维平面阵的方式排列的神经元数量。为了方便描述，本节按照由左到右、由上到下的顺序对输出层神经元进行编号，例如，二维平面阵中左上角神经元的编号为 1，右下角神经元的编号为 N_{som}。SOM 网络的权重集合表示为 $W=\{\boldsymbol{w}_j \mid \boldsymbol{w}_j \in \mathbb{R}^s,\ j=1,\ 2,\ \cdots,\ N_{\text{som}}\}$，$\boldsymbol{w}_j=[w_{1j},\ w_{2j},\ \cdots,\ w_{sj}]^T$ 是第 j 个输出层神经元的权重向量，$w_{kj}\ (k=1,\ 2,\ \cdots,\ s)$ 表示第 k 个输入层神经元与第 j 输出层神经元间的连接权重。

当样本 x_i 输入 SOM 网络后，网络首先计算输入样本与所有权重向量的距离，通常采用式（4-1）所示的欧式距离进行求解。

$$d_{\text{Euc}}(x_i,\ w_j)=\sqrt{\sum_{k=1}^{s}(x_{ik}-w_{kj})^2},\quad j=1,\ 2,\ \cdots,\ N_{\text{som}} \tag{4-1}$$

最小距离对应的输出层神经元被确定为获胜神经元，假设获胜神经元的编号为 j^*，该值根据式（4-2）计算。

$$j^* = \arg\min_{j}\{d_{\text{Euc}}(x_i,\ w_j),\quad j = 1,\ 2,\ \cdots,\ N_{\text{som}}\} \tag{4-2}$$

接着，SOM 网络利用获胜神经元确定优胜邻域。该过程中，邻域半径 r 用于计算优胜邻域的覆盖范围。图 4-2 是优胜邻域示意图，N_{som} 取值为 81，所有输出层神经元排列成 9×9 的二维平面阵。假设子图中的黑色点为获胜神经元，即 $j^* = 41$，该点位于阵列最中心，坐标为 $(5, 5)$，编号为 41。$N_{41}(r)\,(r = 0,\ 1,\ 2)$ 表示以第 41 个神经元为中心，r 为邻域半径所确定的优胜邻域。若第 j 个神经元位于优胜邻域内，则记为 $j \in N_{41}(r)$。

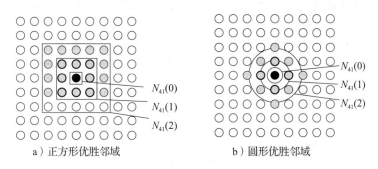

a）正方形优胜邻域　　　　　　　b）圆形优胜邻域

图 4-2　基于 9×9 二维平面阵的优胜邻域

图 4-2a）所示的优胜邻域为正方形结构，当 $r = 0$ 时，$N_{41}(0)$ 内仅包含获胜神经元，当 r 取 1 和 2 时，优胜邻域内的神经元数量分别为 9、25。图 4-2b）所示的优胜邻域为圆形结构，当 r 取值为 0、1、2 时，优胜邻域内的神经元数量分别为 1、5、13。由图 4-2 可知，邻域半径的取值直接影响优胜邻域的范围大小，邻域半径越大，范围越大。在网络训练过程中，邻域半径一般基于迭代次数动态变化，其初始值较大，随着迭代次数增加，该值逐渐缩小，最终变为 0。

在确定优胜邻域 $N_j(r)$ 后，邻域内的神经元按照式（4-3）更新权重向量。

$$w_j(t+1) = w_j(t) + \eta(t) \cdot a(r_{jj^*}) \cdot [x_i - w_j(t)],\quad j \in N_j(r) \tag{4-3}$$

式（4-3）中，t 表示训练时的迭代次数；$\eta(t)$ 表示第 t 次迭代时的学习率，随着 t 的增大而逐渐减小；$a(r_{jj^*})$ 表示权重调整量；r_{jj^*} 是第 j 个输出层神经元与获胜神经元的距离，该距离可根据二者在二维平面阵内的坐标位置求解，如式（4-4）所示。

$$r_{jj^*} = \sqrt{(p_{j1} - p_{j^*1})^2 + (p_{j2} - p_{j^*2})^2},\quad j \in N_j(r) \tag{4-4}$$

式（4-4）中，$[p_{j1},\ p_{j2}]$ 表示第 j 个输出层神经元在二维平面阵内的坐标。权重调整量 $a(r_{jj^*})$ 的取值范围为 $[0,\ 1]$，并且 r_{jj^*} 越大，$a(r_{jj^*})$ 越小，表明优胜邻域内的神经元与获胜神经元距离越远，权重调整量越小。

　　根据上述分析可知，权重的整体调整幅度受迭代次数 t 和距离 $r_{jj'}$ 的共同影响，并表现为以下特征：t 越大，$r_{jj'}$ 越大，整体权重调整幅度越小。

　　学习率 $\eta(t)$ 没有标准的形式，研究者可根据实际问题自行设计。图 4-3 是几种学习率函数示意图，对应的数学公式分别为式（4-5）～式（4-8）。

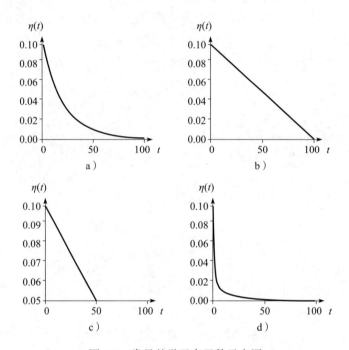

图 4-3　常见的学习率函数示意图

$$\eta(t) = \eta_0 \, e^{-C_1 t/T} \tag{4-5}$$

　　式（4-5）中，η_0 表示初始学习率，T 表示最大迭代次数，参数 C_1 是大于 0 的常数。在图 4-3a）中，3 个参数的取值依次为 0.1、100、5。如图 4-3a）所示，$\eta(t)$ 在训练初期缓慢地减小，并逐渐趋于 0，该变化方式称为指数衰减。

$$\eta(t) = \eta_0 \left(1 - \frac{t}{T}\right) \tag{4-6}$$

　　如图 4-3b）所示，基于式（4-6）的学习率 $\eta(t)$ 随迭代次数的增大而线性减小，最终降为 0。

$$\eta(t) = \begin{cases} \left(1 - \dfrac{t}{t_1}\right)\eta_0 + \dfrac{t}{t_1}\eta_1, & 0 \leqslant t \leqslant t_1 \\ \eta_1, \ t > t_1 \end{cases} \tag{4-7}$$

式（4-7）中，η_0 和 η_1 分别为学习率的上限和下限，t_1 表示切换为常数学习率 η_1 时的迭代次数。图 4-3c）中，η_1 和 t_1 分为取 0.05 和 50。当迭代次数 t 未达到 t_1 时，学习率 $\eta(t)$ 线性减小；当 t 大于 t_1 时，学习率是较小的常数值，并且固定不变。

$$\eta(t) = \frac{1}{1 + C_2 \times t} \eta_0 \tag{4-8}$$

式（4-8）中，C_2 可称作衰减率。图 4-3d）中，C_2 取 1。基于式（4-8）的学习率在训练初期迅速下降，随后逐渐减小并趋于 0。

权重调整量 $a(r_{jj*})$、邻域半径分别随距离 r_{jj*}、迭代次数 t 单调下降，与 $\eta(t)$ 的变化趋势类似，故可参照式（4-5）～式（4-8）展开设计。

权重学习期间，优胜邻域内神经元的权重向量将朝着输入样本方向进行调整，从而增加自身与输入样本间的相似程度。SOM 网络通过不断迭代式学习，能够识别输入中相似度较高的样本子集，并使输出层中彼此位置较近的一组神经元对相似样本产生相同的响应，从而利用这些神经元的权重向量归纳样本间相似度。

4.1.2　自组织映射网络的缺失值处理

SOM 网络在完整数据的基础上，利用 Kohonen 规则训练模型。当数据集中包含缺失值时，SOM 无法实现权重的学习。原因包括以下两点：首先，SOM 网络需要计算输入样本与权重向量间的距离以确定获胜节点，如何利用不完整样本进行距离的度量是该网络未考虑的问题；其次，在确定获胜神经元与优胜邻域后，优胜邻域内神经元的权重向量需朝着输入样本的方向调整，而输入样本中缺失值的存在使得这些权重向量无法完成正常的学习过程。但是，鉴于 SOM 网络能够利用权重向量有效挖掘输入数据集内的样本相似度，因此基于权重向量的缺失值填补方法具备一定的可行性[3-5]。

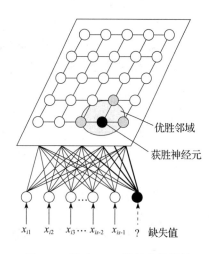

图 4-4　基于 SOM 的缺失值填补

假设 X 是不完整数据集，其缺失值用符号"？"标记，$I = [I_{ij}] \in \mathbb{R}^{n \times s}$ 用于描述数据缺失情况，如式（4-9）所示。

$$I_{ij} = \begin{cases} 0, & x_{ij} = ? \\ 1, & 其他 \end{cases} \tag{4-9}$$

图 4-4 展示了基于 SOM 网络的缺失值填补思路，x_i 的第 s 个属性值 x_{is} 为缺失值，该缺失值将根据优胜邻域内的所有权重向量进行估算。

当不完整样本 x_i 输入 SOM 网络后，网络可根据式（4-10）进行距离的度量。

$$d_{\text{Part}}(x_i, \ w_j) = \frac{\sqrt{\sum\limits_{k=1}^{s} I_{ik}(x_{ik} - w_{kj})^2}}{\sum\limits_{k=1}^{s} I_{ik}}, \quad j = 1, \ 2, \ \cdots, \ N_{\text{som}} \tag{4-10}$$

接着，SOM 网络将最小距离对应的神经元作为获胜神经元，并基于邻域半径 r 确定优胜邻域 $N_{j^*}(r)$。最终，优胜邻域内权重向量的加权平均将用于缺失值填补。由此，图 4-4 中填补值 $\hat{x}_{is}$ 的计算规则如式（4-11）所示。

$$\hat{x}_{is} = \frac{\sum\limits_{j \in N_{j^*}(r)} [w_{sj} \cdot d_{\text{Part}}(x_i, \ w_j)]}{\sum\limits_{j \in N_{j^*}(r)} d_{\text{Part}}(x_i, \ w_j)} \tag{4-11}$$

基于 SOM 的缺失值填补方法包括训练和填补两阶段。假设 X 中的完整样本集合为 X_{co}，不完整样本集合为 X_{in}。在训练阶段，SOM 网络基于 X_{co} 实现权重学习，步骤如下。

步骤 1：初始化权重向量集合 W、学习率 $\eta(1)$、邻域半径 $r(1)$，最大迭代次数为 T，迭代次数 $t = 1$。

步骤 2：设置样本访问编号为 $i = 1$。

步骤 3：从 X_{co} 中依次选择样本 x_i 并输入网络，根据式（4-1）所示的欧式距离计算样本 x_i 和所有权重向量间的距离，并将最小距离对应的神经元作为获胜神经元。

步骤 4：将获胜神经元的编号设为 $j^*(1 \leqslant j^* \leqslant N_{\text{som}})$，根据邻域半径 $r(t)$ 确定优胜邻域 $N_{j^*}(r(t))$。

步骤 5：根据式（4-3）更新优胜邻域 $N_{j^*}(r(t))$ 内神经元的权重向量，使其朝输入样本的方向调整。

步骤 6：若 $i < |X_{\text{co}}|$，设置样本访问编号 $i \leftarrow i+1$，并返回步骤 3；否则，进入步骤 7。

步骤 7：根据式（4-12）和式（4-13）更新超参数学习率和邻域半径。

$$\eta(t+1) = \eta(1) \cdot \left(1 - \frac{t}{T}\right) \tag{4-12}$$

$$r(t+1) = r(1) \cdot \left(1 - \frac{t}{T}\right) \tag{4-13}$$

步骤 8：若 $t < T$，令 $t \leftarrow t+1$，并返回步骤 2；否则，达到最大迭代次数，网络训练终止。

在填补阶段，SOM 网络根据学到的权重向量对不完整样本集 X_{in} 进行缺失值填补，步骤如下。

步骤 1：设置样本访问编号为 $i = 1$，定义邻域半径 r。

步骤 2：从 X_{in} 中依次选择样本 x_i 并输入网络，根据式（4-10）的局部距离公式计算样本 x_i 和权重向量的距离，并将最近权重向量对应的神经元作为获胜神经元。

步骤 3：令获胜神经元的编号为 $j^*(1 \leqslant j^* \leqslant N_{som})$，根据邻域半径 r 确定获胜神经元的激活邻域 $N_{j^*}(r)$。

步骤 4：根据式（4-11）计算优胜邻域内神经元的权重向量在不完整属性上的加权平均，以此得到填补值。

基于 SOM 网络的缺失值填补法与基于聚类的缺失值填补法在实现原理上存在一定相似性。SOM 网络的权重向量可类比于聚类方法中的原型，其通过归纳数据集中相似样本的特点，实现了对数据集信息的有效提炼。每个输出层神经元的权重向量是对能激活该神经元的若干相似样本的高度概括，因此基于权重向量填补缺失值，相当于利用数据集中与不完整样本最相似的那部分样本进行缺失值填补。此外，与大多数基于神经网络的填补方法相比，由于 SOM 网络无须进行误差反向传播等操作，因此基于 SOM 网络的填补方法相对简单高效。但是，此方法主要通过样本间的关联填补缺失值，忽视了属性间的相关性，因此无法合理地利用属性间关联来提高缺失值的填补精度。

4.2　基于单层感知机的填补方法

4.2.1　单层感知机理论

单层感知机是一类最基础的神经网络模型，如图 4-5 所示。该网络由输入层和输出层构成，输入层存在若干个神经元，输出层仅包含一个神经元，每个输入层神经元都通过一条连线与输出层神经元相连。

单层感知机仅具有单层计算单元，输入层负责将外界输入传至输出层，并不对输入进行任何计算处理。输出层神经元汇总各项输入值，并根据模型所学的有效信息做出合理判断。单层感知机的数学模型如式（4-14）所示。

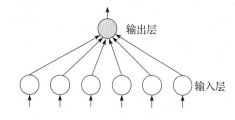

图 4-5　单层感知机模型

$$y_i = \text{sign}(\boldsymbol{w}^T x_i + b) = \begin{cases} 1, & \boldsymbol{w}^T x_i + b \geqslant 0 \\ 0, & \boldsymbol{w}^T x_i + b < 0 \end{cases} \tag{4-14}$$

式（4-14）中，y_i 表示模型的预测输出，x_i 表示一维输入样本，$\boldsymbol{w}$ 表示由所有输入层到输出层的连接权重构成的一维向量，b 表示输出层神经元的阈值。$\text{sign}(\cdot)$ 表示阶跃函数，此处为输出神经元的激活函数。模型输出值取 $\{0, 1\}$，根据输出结果不同，该模型能够对输入样本进行二分类。

单层感知机根据误差反向传播算法求解权重和阈值[6]。令 $\{(x_i,\ d_i)|,\ i=1,\ 2,\ \cdots\ n\}$ 表示输入数据集，其中，n 表示样本总量，$\boldsymbol{x}_i=[x_{i1},\ x_{i2},\ \cdots,\ x_{is}]^{\mathrm{T}}$ 表示属性个数为 s 的样本，d_i 是样本 x_i 在目标属性上的期望输出。网络的权重向量为 $\boldsymbol{w}=[w_1,\ w_2,\ \cdots,\ w_s]^{\mathrm{T}}$，$w_k$ $(k=1,$ $2,\ \cdots,\ s)$ 表示第 k 个输入层神经元与输出层神经元的连接权重。训练期间，模型参数的更新规则如式（4-15）、式（4-16）所示。

$$w_k(t+1)=w_k(t)-\eta\sum_{i=1}^{n}(y_i-d_i)\cdot x_{ik},\quad k=1,\ 2,\ \cdots,\ s \qquad (4\text{-}15)$$

$$b(t+1)=b(t)-\eta\sum_{i=1}^{n}(y_i-d_i) \qquad (4\text{-}16)$$

式（4-16）中，t 表示迭代次数，η 表示学习率。在训练期间，模型基于输入样本不断更新参数，进而学习数据集内的有效信息。当新样本输入时，模型根据式（4-14）计算输出，以确定样本所属类别。

4.2.2　传统单层感知机的改进

在输出层中，传统单层感知机将阶跃函数 $\mathrm{sign}(x)$ 作为神经元的激活函数。图 4-6 所示为两种典型的激活函数示意图，其中图 4-6a）所示的阶跃函数的曲线不平滑，并且在零点不可导，为梯度下降等优化算法的应用带来一定困难。阶跃函数是神经网络发展初期常用的一类激活函数。目前，诸如 $\mathrm{sigmoid}(x)$、$\mathrm{relu}(x)$、$\tan(x)$ 等众多激活函数已经得到广泛的研究与应用，阶跃函数逐渐被取代。

图 4-6b）所示的 $\mathrm{sigmoid}(x)$ 函数单调递增，能够将输入变量 x 映射到（0，1）内。与 $\mathrm{sign}(x)$ 阶跃函数相比，$\mathrm{sigmoid}(x)$ 函数曲线平滑，且处处可导，具备良好的数学性质，是目前常见的一类激活函数。

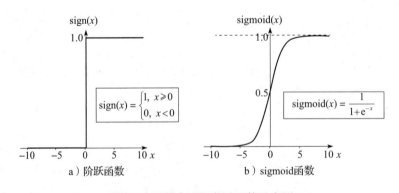

图 4-6　两种典型的激活函数示意图

输入数据集一般在归一化处理后再传至单层感知机。通过对每个属性变量执行如式（4-17）所示的归一化操作，能够将所有属性值映射到（0, 1）内，从而消除属性量纲。

$$\text{norm}(x) = \frac{x - \min(x)}{\max(x) - \min(x)} \tag{4-17}$$

式（4-17）中，$\min(x)$、$\max(x)$ 分别表示变量 x 的最小值和最大值。

然而，将每个输入属性线性映射到指定范围的处理方法未考虑到部分属性的数值分布对模型输出的重要性。例如，在判定某家庭是否为贫困户时，输入中的家庭收入属性对判定结果有较大影响，即家庭收入越低越可能是贫困户，越高则越可能是非贫困户，因此通过预处理函数放大重要属性对识别结果有正向作用，能够提高模型的性能。特别是对于像单层感知机这类简单网络而言，由于模型自身的表达能力有限，合理的数据预处理能够在一定程度上提高分析结果的准确率。

因此，可在模型的输入层前加入一个预处理层，用于识别并处理对模型输出贡献度高的部分属性[7]。基于预处理层的单层感知机结构如图 4-7 所示。其与传统单层感知机的差别在于：当归一化后的外界信息传入后，先由预处理层对输入数据进行不同程度的缩放，接着将处理后的数据传至输入层，并进一步汇总到输出层神经元。

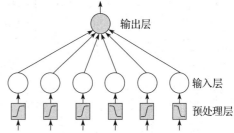

图 4-7　具备预处理层的单层感知机模型

针对第 j 个输入属性，预处理层节点所采用的预处理函数如式（4-18）所示。

$$g_j(x) = \frac{1}{1 + e^{-\beta_j(x - \alpha_j)}}, \quad j = 1, 2, \cdots, s \tag{4-18}$$

式（4-18）中，α_j、β_j $(j = 1, 2, \cdots, s)$ 是模型参数，训练期间将与权重、阈值共同学习与更新。最终，模型输出可表示为式（4-19）。

$$y_i = \text{sigmoid}\left(\sum_{j=1}^{s} w_j \cdot g_j(x_{ij}) + b\right) \tag{4-19}$$

4.2.3　单层感知机填补模型

单层感知机通过训练可得到一个以输入属性为自变量、以类别为因变量的拟合函数，用于描述输入属性与所属类别之间的关联。当类标签未知时，可直接将样本的属性值输入模型，进而得到类标签的预测结果[7]。倘若上述拟合函数存在可逆性，在类标签已知而样本属性值未知的情况下，可利用已知的类标签反向估算不完整样本集的缺失值。因此，基于单层感知机的填补方法需确保不完整样本的类别信息可用，否则无法实现填补。

为提高填补模型的精度，可将sigmoid(x)作为激活函数，并在输入层前添加预处理层，从而构建如图4-8所示的单层感知机填补模型。图4-8中，黑色方框代表数据集中的缺失值，A_i ($i=1, 2, \cdots, s$)表示数据集第i个属性的名称，D表示类标签，不完整数据集包括完整样本集合和不完整样本集合两部分，每个不完整样本内包含一个缺失值。

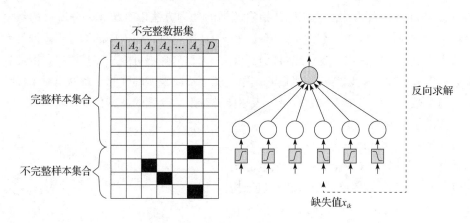

图4-8　单层感知机填补模型

首先，根据完整样本集合训练填补模型中的参数，从而得到如式（4-19）所示的拟合函数。假设不完整样本$\boldsymbol{x}_i$的第k个属性x_{ik}为缺失值，式（4-19）可改写为式（4-20）。

$$y_i=\text{sigmoid}\left(\sum_{j\in A-\{k\}} w_j \cdot g_j(x_{ij})+w_k \cdot g_k(\hat{x}_{ik})\right) \tag{4-20}$$

式（4-20）中，$A=\{1, 2, \cdots, s\}$，$\hat{x}_{ik}$表示待求解的填补值。根据式（4-20），填补值的计算规则如式（4-21）所示。

$$\hat{x}_{ik}=g_k^{-1}\left(\text{sigmoid}^{-1}(y_i)-\frac{\sum\limits_{j\in A-\{k\}}^{s} w_j \cdot g_j(x_{ij})}{w_k}\right) \tag{4-21}$$

式（4-21）中，$\text{sigmoid}^{-1}(\cdot)$、$g_k^{-1}(\cdot)$分别表示$\text{sigmoid}(\cdot)$和$g_k(\cdot)$的逆函数。

基于单层感知机的填补过程存在如下限制：首先，不完整样本需存在可用的类标签，模型学到的拟合函数需具备可逆性，由于本例中的激活函数、预处理函数均存在逆函数，因此能够应用于填补值的反向求解；其次，由于填补模型仅有一个拟合函数，填补值是否有确切解，取决于所在样本中缺失值的数量。本例中输入样本仅存在一维缺失，因此模型能够估计缺失值。若样本中包含多维缺失，则无法基于上述模型求解。

总体而言，单层感知机模型结构简单，拟合函数的形式也相对简单，因此，基于拟合函数反向求解缺失值的填补思路具备一定可行性。随着网络结构、数据集缺失情况越来越复杂，上述填补方法很可能难以直接应用，因此需在此基础上进行更为合理的设计。

4.3　基于多层感知机的填补方法

4.3.1　多层感知机理论

多层感知机是由输入层、单个或多个隐藏层，以及输出层构成的网络模型，是目前应用最广泛的神经网络之一。图 4-9 所示为多层感知机的典型结构，仅包含单个隐藏层，其中网络各层存在若干个神经元，层与层间为全连接结构，即上层的每个神经元与下层的每个神经元之间都存在一条连接。输入层负责接收外界输入，输出层负责向外界传出网络模型的运算结果。

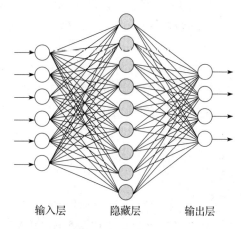

与单层感知机相同，输入层神经元在接收外界输入后直接将输入信息传至下一层，并不进行任何计算处理。隐藏层与输出层的神经元是计算单元，首先对加权输入与阈值进行求和，接着将求和值传入激活函数并得到输出，最终，输出层神经元向外界输出模型对真实值的预测。

输入层　　　隐藏层　　　输出层

图 4-9　具备单个隐藏层的多层感知机

假设某多层感知机为单隐藏层结构，模型中输入层、隐藏层及输出层的神经元数量分别为 s、$n^{(1)}$、m，$\boldsymbol{x}_i = [x_{i1}, x_{i2}, \cdots, x_{is}]^{\mathrm{T}}$ 表示属性个数为 s 的输入样本，x_{ij} $(j=1, 2, \cdots, s)$ 是第 j 个输入层神经元的输入值，$\mathrm{net}_{ik}^{(1)}$ $(k=1, 2, \cdots, n^{(1)})$ 表示第 k 个隐藏层神经元的输出，$\boldsymbol{y}_i = [y_{i1}, y_{i2}, \cdots, y_{im}]^{\mathrm{T}}$ 是相应的网络输出，y_{ij} $(j=1, 2, \cdots, m)$ 是第 j 个输出层神经元的输出值。当样本 x_i 被输入模型后，输入层神经元将 x_i 直接传至隐藏层，隐藏层神经元根据式（4-22）计算输出值 $\mathrm{net}_{ik}^{(1)}$。

$$\mathrm{net}_{ik}^{(1)} = \varphi\left(\sum_{l=1}^{s} w_{lk}^{(1)} \cdot x_{il} + b_k^{(1)}\right), \quad k=1, 2, \cdots, n^{(1)} \tag{4-22}$$

式（4-22）中，$w_{lk}^{(1)}$ 表示第 l 个输入层神经元与第 k 个隐藏层神经元的连接权重，$b_k^{(1)}$ 表示第 k 个隐藏层神经元的阈值，$\varphi(\cdot)$ 表示隐藏层的激活函数，一般为 $\tan(x)$、$\mathrm{sigmoid}(x)$ 等函数形式。

接着，隐藏层输出 $\mathrm{net}_{ik}^{(1)}$ 被传至输出层，从而得到如式（4-23）所示的网络输出：

$$y_{ij} = \vartheta\left(\sum_{k=1}^{n^{(1)}} \mathrm{net}_{ik}^{(1)} \cdot w_{kj}^{(2)} + b_j^{(2)}\right), \quad j=1, 2, \cdots, m \tag{4-23}$$

式（4-23）中，$w_{kj}^{(2)}$ 表示第 k 个隐藏层神经元与第 j 个输出层神经元的连接权重，$b_j^{(2)}$ 表示第 j 个输出层神经元的阈值，$\vartheta(\cdot)$ 表示输出层的激活函数，一般为线性激活函数。结合式（4-22）和式（4-23）可知，多层感知机通过对输入不断进行加权求和以及激活函数运算，得到一组以输入属性为自变量，以网络输出所对应目标属性为因变量的非线性拟合函数。

万能逼近定理（Universal Approximation Theorem）表明，在包含单个隐藏层的多层感知机中，若隐藏层的激活函数具备"挤压"性质，则只需设定足够数量的隐藏层神经元就能以任意精度无限地逼近任何连续函数。此处的"挤压"是指，函数能够把在较大范围内取值的输入挤压为在较小范围内取值，例如，sigmoid(x) 函数能够将输入 x 挤压为在 (0, 1) 范围内变化的值。随着神经网络理论的发展，万能逼近定理已被证明对包含 relu(x) 在内的各类激活函数均具有适用性。尽管多层感知机具备强大的拟合能力，但模型求解是拟合精度高低的关键。

多层感知机基于完整数据集展开训练，进而求解模型参数。每次迭代式训练包括前向传播和反向传播两部分，前向传播是指将样本输入网络并得到输出 y_i 的过程，反向传播是指将输出 y_i 与期望输出间的误差由输出层反向传播至各层，以指导网络参数更新的过程。令 $\boldsymbol{d}_i = [d_{i1}, d_{i2}, \cdots, d_{im}]^{\mathrm{T}}$ 表示样本 x_i 的期望输出，式（4-24）表示由 y_i 与 d_i 的误差平方和构成的代价函数：

$$L = \sum_{i=1}^{n} \sum_{j=1}^{m} (d_{ij} - y_{ij})^2 \tag{4-24}$$

反向传播期间，需计算网络参数关于代价函数的偏导数，并根据式（4-25）完成参数更新。

$$\theta(t+1) = \theta(t) - \eta \frac{\partial L}{\partial \theta}, \ \theta \in \{w_{lk}^{(1)}, b_k^{(1)}, w_{kj}^{(2)}, b_j^{(2)} \mid l = 1, \cdots, s; \ k = 1, \cdots, n^{(1)}; \ j = 1, \cdots, m\} \tag{4-25}$$

式（4-25）中，t 表示迭代次数，η 表示学习率。训练完毕，将新样本输入网络即可得到与该样本对应的预测值。

多层感知机构造灵活、功能强大，是目前较受欢迎的一类神经网络，并且已经被应用于很多现实场景。在实际应用中，隐藏层数量及隐藏层神经元数量的确定、激活函数的选取等是多层感知机的设计关键。过于简单的网络结构难以挖掘数据属性间复杂的非线性关系，进而出现欠拟合问题，但是一味增加神经元数量与网络层数，将导致训练的时空开销过大、以及过拟合等问题。图 4-10 为过拟合与欠拟合现象的简单示意。

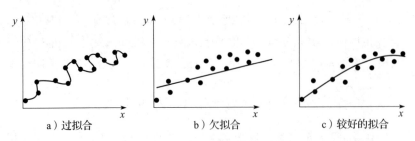

a）过拟合　　　　　　　b）欠拟合　　　　　　　c）较好的拟合

图 4-10　过拟合与欠拟合现象

图 4-10a）为过拟合现象，即当模型的表达能力过强、训练样本数量不充足时，导致所建模型过度拟合训练样本集所体现的特征，而在新样本输入后难以获得理想的预测效果。

图 4-10b）为欠拟合现象，即当模型的表达能力有限、训练样本数量过多或数据复杂时，所建模型无法很好地挖掘数据的特点，导致对训练集的拟合结果较差，无法对新样本做出合理预测。图 4-10c）是介于欠拟合与过拟合之间的一种较理想的拟合结果，该结果对于训练样本和新样本都具有较好的拟合能力。综合以上分析，模型的设计需合理考虑实际应用场景及真实数据集的特点，进而找到与真实情况相匹配的网络结构。一般而言，可凭个人经验设计网络结构，或通过不断尝试多种结构进而找到最为合理的一种网络结构。

4.3.2　基于多层感知机集群的填补方法

正如 3.2 节所介绍的，目前众多的缺失值填补方法根据属性间关联估计缺失值。此类方法首先对完整属性与不完整属性间的关联关系进行回归建模，接着将不完整样本中的已知属性值输入模型，并将模型输出作为填补值。在真实数据集中，属性间通常存在复杂的非线性关联，因此，为不完整属性建立合理准确的非线性回归模型，是填补精度的重要保证。

在非线性建模过程中，人为设计拟合函数具有主观性，并且函数设计不当会对模型的拟合性能产生影响。作为一种强大的非线性建模工具，多层感知机能够有效挖掘不完整数据间复杂的关联关系，进而指导缺失值的合理估算。

以输入样本 $x_i = [x_{i2}, x_{i3}, \cdots, x_{is}]^T$ 为例，若样本 x_i 中的第 1 个属性值缺失，即 $x_{i1} = ?$，建立以 $\{x_{i2}, x_{i3}, \cdots, x_{is}\}$ 为输入属性，$\{x_{i1}\}$ 为目标属性的多层感知机，该网络对应的数学模型如式（4-26）所示。

$$y_{i1} = f(x_{i2}, x_{i3}, \cdots, x_{is}) \tag{4-26}$$

式（4-26）中，$f(\cdot)$ 表示由多层感知机得到的非线性拟合函数。训练期间，不完整数据集中的完整样本集合用于模型参数求解。填补期间，将样本 x_i 中的已知属性值输入模型，输出 y_{i1} 即为填补值。

然而，由于数据缺失的随机性，不完整数据集中通常存在多种缺失形式。图 4-11 为某数据集中的不完整样本集合，$A_i (i=1, 2, \cdots, s)$ 表示数据集第 i 个属性的名称，代表缺失值的方框已用黑色标记。由图 4-11 可知，样本中的缺失值位置不完全相同，例如，第一个样本中缺失值对应的位置为 $\{1\}$，第二个样本和第三个样本中缺失值对应的位置分别为 $\{2, 4\}$、$\{s\}$。该图共存在 6 种缺失形式。

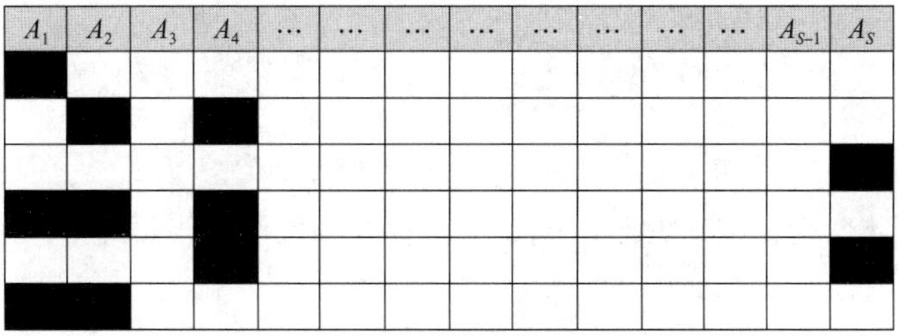

图 4-11　不完整样本集合

为了挖掘每种缺失形式下完整属性与不完整属性间的关系，需对各个缺失形式分别构造多层感知机，进而建立由若干个多层感知机组成的模型集群[8-9]。对于图 4-11 中的不完整数据集，所建模型集群如图 4-12 所示，每种缺失形式分别对应一个具有单个隐藏层的多层感知机模型。

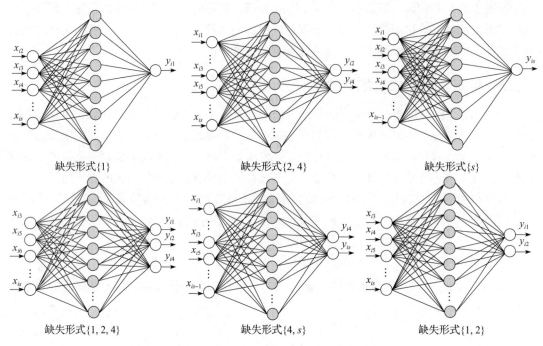

图 4-12　基于多层感知机的填补模型集群

图 4-12 中，对于缺失形式 $\text{type}_1 = \{1\}$，模型输入为 $\{x_{i2}, x_{i3}, x_{i4}, \cdots, x_{is}\}$，输出为 $\{y_{i1}\}$；对于缺失形式 $\text{type}_2 = \{2, 4\}$，输入为 $\{x_{i1}, x_{i3}, x_{i5}, \cdots, x_{is}\}$，输出为 $\{y_{i2}, y_{i4}\}$；对于缺失形式 $\text{type}_3 = \{s\}$，输入为 $\{x_{i1}, x_{i2}, x_{i3}, x_{i4}, \cdots, x_{is-1}\}$，输出为 $\{y_{is}\}$。每个多层感知机均以对应缺失形式下的完整属性为输入、不完整属性为输出，进而建立以完整属性为自变量，不完整属性为因变量的拟合函数。

令 $A = \{1, 2, \cdots, s\}$ 表示所有属性的序号集合，type_k 对应模型的拟合函数如式（4-27）所示。

$$y_{ij} = \vartheta\left(\sum_{k=1}^{n^{(1)}} w_{kj}^{(2)} \cdot \varphi\left(\sum_{l \in A-\text{type}_k} w_{lk}^{(1)} \cdot x_{il} + b_k^{(1)}\right) + b_j^{(2)}\right), \quad j \in \text{type}_k \qquad (4\text{-}27)$$

集群内，每个多层感知机根据完整样本进行模型训练。假设 X_{co} 表示完整样本集合，X_{in} 表示不完整样本集合，在缺失形式 type_k 下，模型的代价函数如式（4-28）所示。

$$L_k = \frac{1}{2} \sum_{x_i \in X_{co}} \sum_{j \in \text{type}_k} (y_{ij} - x_{ij})^2, \quad k = 1, 2, \cdots, 6 \qquad (4\text{-}28)$$

模型集群训练结束后，网络参数得以固定。在填补阶段，首先寻找与不完整样本缺失形式对应的模型，接着将样本中的已知属性值输入模型，并将模型输出作为填补值。

由于多层感知机能够拟合数据属性间复杂的关联关系，上述填补方法可基于属性间关联的挖掘达到理想的填补效果。但是，随着缺失形式的增多，需构建的填补模型数量增多，因此，训练的时空开销逐渐增大。此外，若不完整样本中的缺失值过多，基于少量已知属性值求解的填补值可能不够准确，进而产生一定的估计误差。

4.3.3　基于多层感知机简化集群的填补方法

4.3.2 节中，基于多层感知机的填补方法为每种缺失形式建立专属的多层感知机，进而采用模型集群填补缺失值。为减小集群内的模型数量并由此降低时间复杂度，本节将介绍一种简化集群思路。假设 A_{co} 为完整属性的序号集合，A_{in} 为不完整属性的序号集合，以每个不完整属性作为输出，其他属性作为输入，构造单预测目标的回归模型[10-11]。由此，集群内的模型数量始终等于不完整属性个数，即 $|A_{in}|$。图 4-11 所示的数据集中，不完整属性的序号集合为 $A_{in} = \{1, 2, 4, s\}$，故相应的简化模型集群如图 4-13 所示。

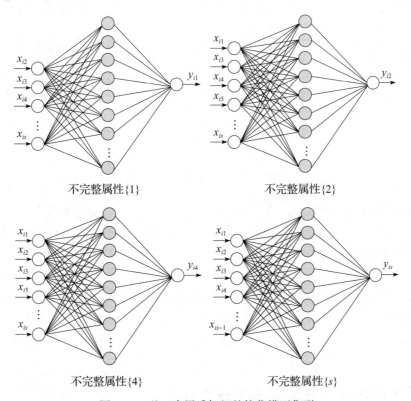

图 4-13　基于多层感知机的简化模型集群

每个不完整属性的拟合函数如式（4-29）所示。

$$y_{ij} = \vartheta \left(\sum_{k=1}^{n^{(1)}} w_{kj}^{(2)} \cdot \varphi \left(\sum_{l=\text{type}-\{j\}} w_{lk}^{(1)} \cdot x_{il} + b_k^{(1)} \right) + b_j^{(2)} \right), \quad j \in A_{\text{in}} \qquad (4\text{-}29)$$

简化模型集群的应用过程包括训练和填补两个阶段。训练期间，数据集内的完整样本用于模型参数的求解；填补期间，不完整样本可能包含不止一个缺失值，因此，在对缺失值进行预处理后方可将其输入填补模型，进而求解填补值。缺失值预处理时，可选用一些基本填补手段，例如均值填补、热平台填补等，也可利用固定常数或者随机数替代缺失值。以图 4-11 中第 4 个样本为例，样本 x_4 在序号为 {1, 2, 4} 的属性上存在缺失值，故首先基于均值填补手段将其中 3 个缺失值替换为常数值，接着分别将填补后的样本带入每个缺失值所对应的填补模型，并将模型输出作为最终的填补值。虽然上述简化集群方法能够降低填补模型的数量，但是额外引入了预填补过程，导致初始预填补值的质量在一定程度上影响了最终的填补精度。

图 4-14 展示了模型集群填补法和简化模型集群填补法的区别。假设在不完整样本 x_i 中，序号为 {1, 2, 3} 的属性值已知，序号为 {4, 5, ⋯, s} 的属性值缺失。针对该样本，模型集群法构建图 4-14a) 所示的填补模型，而简化模型集群法构建图 4-14b) 所示的 $s-3$ 个填补模型来估计缺失值。图 4-14 中，输入层的黑色节点表示 x_i 中已知属性值对应的神经元。

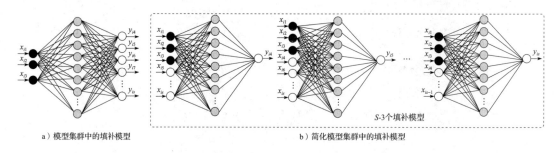

a) 模型集群中的填补模型　　　　　　　　　　　　b) 简化模型集群中的填补模型

图 4-14　模型集群填补法与简化模型集群填补法的区别

网络训练完毕后，图 4-14a) 所示的填补模型仅利用 3 个已知属性值估计不完整样本的所有缺失值，图 4-14b) 所示的简化填补模型将已知属性值及若干预填补值共同作为模型输入，进而估计缺失值。

由上述分析可知，当样本中的已知属性值较少时，模型集群方法仅根据少量已知信息求解填补值，而简化模型集群方法会借助部分预填补值求解最终的填补值。若预填补值能够较好地体现数据集的有效信息，则采用该有效信息辅助填补将为缺失值估计精度的提高带来更大的潜力。

4.4　基于自编码器及其变体的填补方法

多层感知机是一种强大的非线性函数拟合工具，能够挖掘数据属性间复杂的关联关系。

正如 4.3 节所述，基于多层感知机的填补方法采用模型集群实现了缺失值的有效填补。随着数据集的缺失情况愈发复杂，该填补方法所建立的模型集群规模会增大，建模效率也将因此受到影响。相比之下，本节将介绍的自编码器仅借助一个网络结构即可实现各类缺失形式下的缺失值填补任务，能够有效降低不完整数据建模的复杂性，它也因此在缺失值填补领域取得了显著的效果。研究人员基于径向基函数神经网络、广义回归神经网络（Generalized Regression Neural Network，GRNN）、对偶传播网络（Couterpropagation Network，CPN）等设计了各类自编码器变体，均获得了理想的填补效果。

4.4.1　基于自编码器的填补法

自编码器是一类利用输出重构输入的神经网络，多数文献将其称为自相关神经网络（Autoassociative Neural Networks，AANN）[12-13]。该模型通过构建一个输入层、输出层神经元数量等于输入样本属性个数的网络结构，来挖掘数据属性间的关联关系。

自编码器是多层感知机的一类特殊结构，其输入层与输出层具备相同数量的神经元。图 4-15 是一种最简单的自编码器模型，包含输入层、单个隐藏层及输出层，层与层之间为全连接结构。在自编码器中，输入层负责接收并传送外界输入，隐藏层和输出层负责计算处理，并在输出端复现输入。此处的复现是指网络输出值需尽可能与输入值相同。

由于自编码器能够在输出端复现输入，若样本存在缺失值，则可通过输出端的缺失值复现来估算填补值。根据此思路，基于自编码器的填补法利用网络输出对不完整输入的重构实现缺失值填补。

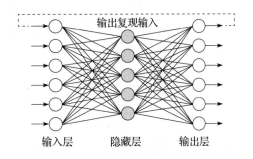

图 4-15　具备单隐藏层的自编码器模型

令 $\boldsymbol{x}_i = [x_{i1},\ x_{i2},\ \cdots,\ x_{is}]^{\mathrm{T}}$ 表示输入样本，$\boldsymbol{y}_i = [y_{i1},\ y_{i2},\ \cdots,\ y_{is}]^{\mathrm{T}}$ 表示网络输出，自编码器的数学模型可表示为式（4-30）。

$$y_{ij} = \vartheta\left(\sum_{k=1}^{n^{(1)}} w_{kj}^{(2)} \cdot \varphi\left(\sum_{l=1}^{s} w_{lk}^{(1)} \cdot x_{il} + b_k^{(1)}\right) + b_j^{(2)}\right), \quad j = 1,\ 2,\ \cdots,\ s \qquad (4\text{-}30)$$

式（4-30）中，$w_{lk}^{(1)}$ 表示第 l 个输入层神经元与第 k 个隐藏层神经元的连接权重，$b_k^{(1)}$ 表示第 k 个隐藏层神经元的阈值，$\varphi(\cdot)$ 表示隐藏层的激活函数，$n^{(1)}$ 表示隐藏层神经元数量，$w_{kj}^{(2)}$ 表示第 k 个隐藏层神经元与第 j 个输出神经元的连接权重，$b_j^{(2)}$ 表示第 j 个输出层神经元的阈值，$\vartheta(\cdot)$ 表示输出层的激活函数。

基于自编码器的填补方法包含训练和填补两个阶段。训练期间，数据集中的完整样本集合用于模型参数求解；填补期间，首先对缺失值进行预填补，接着将预填补后的样本输入模型，并将缺失值对应的网络输出作为最终填补值。

　　下面通过自编码器和多层感知机在填补场景中的差异分析自编码器的结构特点。两种网络模型如图 4-16 所示，其中，不完整数据集有二维属性，$[x_{i1}, x_{i2}]^T$ 表示输入样本，$[y_{i1}, y_{i2}]^T$ 表示网络模型输出。假设数据集有两种缺失形式 {1} 和 {2}，即不完整样本在第一维或第二维属性上存在缺失值。基于多层感知机的填补法为每种缺失形式构造专属模型，随后利用完整样本依次训练每个模型，并得到两个拟合不完整属性的函数 $y_{i1} = F_a(x_{i2})$ 和 $y_{i2} = F_b(x_{i1})$。与上述不同，基于自编码器的填补法构造一个输入层和输出层神经元数量为 2 的多入多出型模型，该模型相当于共享部分网络参数的两个子结构。随后，该模型利用完整样本训练网络得到两个拟合不完整属性的函数 $y_{i1} = G_a(x_{i1}, x_{i2})$ 和 $y_{i2} = G_b(x_{i1}, x_{i2})$。

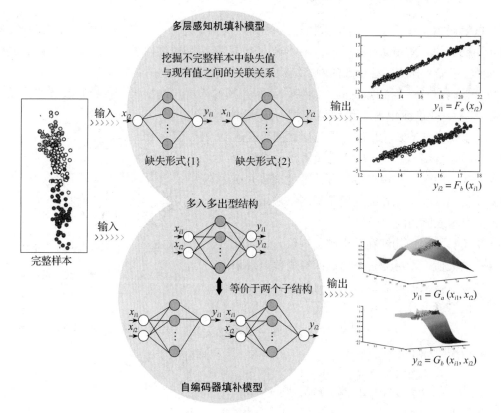

图 4-16   基于自编码器和多层感知机的填补模型

　　根据以上分析可知，基于自编码器的填补方法仅需构造一个模型即可实现所有缺失形式下的填补任务，具有高度的结构简洁性。因此，采用自编码器挖掘不完整数据的属性关联能够实现复杂缺失模式下的高效率填补。

　　然而，传统自编码器在训练后易学到无意义的恒等映射。以三层自编码器为例，图 4-17a）为欠完备自编码器，其隐藏层神经元数量小于输入层和输出层中的神经元数量，故呈现瓶颈（Bottleneck）状结构；图 4-17b）为过完备自编码器，其隐藏层神经元数量大于输入层和输出层中的神经元数量。

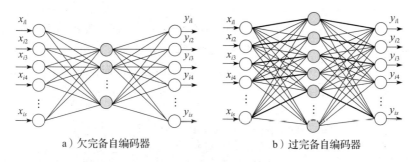

图 4-17 自编码器的两种类型

上述两类自编码器均基于式（4-31）所示的代价函数实现输入重构。

$$L = \frac{1}{2n} \sum_{i=1}^{n} \sum_{j=1}^{s} (x_{ij} - y_{ij})^2 \qquad (4\text{-}31)$$

式（4-31）中，n 表示参与训练的样本数量。

在训练过程中，模型输出和输入间的误差不断缩小，输出将高度追踪与之对应的输入，从而呈现自跟踪性特征。考虑图 4-17b）中的场景，若加粗线条代表的权重趋向于 1，未加粗线条代表的权重趋向于 0，那么输入和输出神经元近似于直接相连。在此情况下，模型通过简单的恒等映射即可实现有效的重构，但该映射却无法挖掘数据属性间的真正关联。尤其在训练过拟合时，上述现象更为明显。因此，自编码器的训练过程往往是两种推动力的平衡：其一，模型根据学得的属性关联不断促使输出等于输入；其二，由于期望输出恰为输入，模型需采用正则化等方式防止自身学到无意义的恒等映射[14-15]。

在应用自编码器填补模型时，需谨慎选择隐藏层神经元的数量，从而确保模型能够合理挖掘数据属性间的关联。鉴于自编码器填补模型具有高度的结构简洁性，该模型在缺失值填补领域取得了显著的填补效果[16-19]，后续将介绍多种基于自编码器的变体填补方法。

4.4.2 基于径向基函数自编码器的填补法

径向基函数神经网络（RBFNN）是一类由输入层、单个隐藏层、输出层构成的三层网络模型[20]。图 4-18 为 RBFNN 的结构示意图，$\boldsymbol{x}_i = [x_{i1}, x_{i2}, \cdots, x_{is}]^\mathrm{T}$ 表示输入样本，$\boldsymbol{y}_i = [y_{i1}, y_{i2}, \cdots, y_{im}]^\mathrm{T}$ 表示模型输出，$w_{kj}^{(2)}$ 表示第 k 个隐藏层神经元与第 j 个输出层神经元的连接权重，层与层之

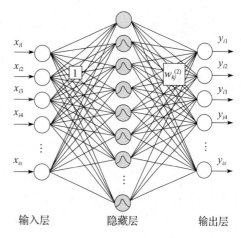

图 4-18 径向基函数神经网络

间为全连接结构，输入层与隐藏层的连接权重始终为固定值 1，隐藏层与输出层的连接权重是模型参数，待进一步求解。

图 4-18 中，输入层神经元负责将外界输入传至隐藏层，隐藏层与输出层对输入进行处理后向外界输出运算结果。RBFNN 中隐藏层的计算方式与多层感知机不同：在多层感知机中，隐藏层神经元对加权输入与偏置求和后传入激活函数，进而得到输出值；而在 RBFNN 中，隐藏层的激活函数为径向基函数，其计算规则如式（4-32）所示。

$$\text{net}_{ik}^{(1)} = \exp\left[-\frac{\|x_i - \mu_k\|^2}{2\sigma_k^2}\right], \quad k = 1, 2, \cdots, n^{(1)} \tag{4-32}$$

式（4-32）中，$\text{net}_{ik}^{(1)}$ 表示第 k 个隐藏层神经元针对样本 x_i 的输出，$n^{(1)}$ 表示隐藏层神经元数量，μ_k、σ_k 是模型参数，分别表示第 k 个隐藏层神经元的中心点和宽度。中心点 μ_k 是一维向量，表示径向基函数取值最大时的自变量取值；宽度 σ_k 决定函数取值沿中心向四周衰减的幅度。σ_k 越小，函数形式越尖锐；反之，越平坦。

图 4-19 以二维输入向量为例，展示了径向基函数的简单示意图，其中，函数的取值范围为 (0, 1]，呈现以 μ_k 为中心向四周呈指数衰减的趋势。

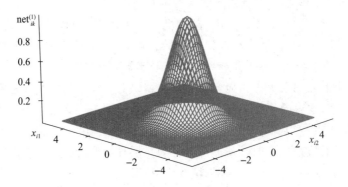

图 4-19　径向基函数示意图

在该激活函数的作用下，若输入样本 x_i 距中心点 μ_k 越远，则输出值 $\text{net}_{ik}^{(1)}$ 越小，隐藏层神经元的激活度越低。输出层神经元在接收到 $\text{net}_{ik}^{(1)}$（$k = 1, 2, \cdots, n^{(1)}$）后，根据式（4-33）求解网络输出。

$$y_{ij} = \sum_{k=1}^{n^{(1)}} w_{kj}^{(2)} \cdot \text{net}_{ik}^{(1)}, \quad j = 1, 2, \cdots, m \tag{4-33}$$

由于输出层是线性激活函数，因此网络输出可看作对激活度较高的一组隐藏层神经元的输出进行加权求和。正因如此，RBFNN 视输入样本的取值情况，仅选取隐藏层中部分神经元对期望输出展开逼近，从而体现出局部逼近的特性。

RBFNN 的网络参数包括中心点 μ_k、宽度 σ_k 及权重 $w_{kj}^{(2)}$，一般可采用以下两种方法进行求解。第一种方法是采用梯度下降法等优化算法计算 μ_k、σ_k 及 $w_{kj}^{(2)}$。训练期间的代价函数是期望输出 d_{ij} 与模型输出 y_{ij} 间的误差平方和，如式（4-34）所示。

$$L=\sum_{i=1}^{n}\sum_{j=1}^{m}(d_{ij}-y_{ij})^2 \tag{4-34}$$

训练期间，此方法反复计算代价函数关于网络参数的导数，并以此更新参数直至收敛。

第二种方法包括两个阶段，第一阶段是根据无监督学习方法确定 μ_k 和 σ_k，可基于 K 均值等聚类算法在样本空间找到具有代表性的若干数据点，并将这些点作为中心点。宽度 σ_k 一般为经验取值，该值越大，能够激活隐藏层神经元的输入样本范围就越大。为了防止径向基函数过于尖锐或者平坦，需合理设置宽度参数 σ_k，例如，可选用形如式（4-35）的函数得到 σ_k。

$$\sigma_k = \frac{d_{\max}}{\sqrt{2n^{(1)}}}, \quad k = 1, 2, \cdots, n^{(1)} \tag{4-35}$$

式（4-35）中，$d_{\max}$ 表示中心点之间的最大距离。

第二阶段是利用样本期望输出确定权重 $w_{kj}^{(2)}$。假设 $\boldsymbol{D} = [d_{ij}]_{n\times m}$ 表示 n 个输入样本与 m 个期望输出所构成的二维矩阵，$\boldsymbol{G} = [\text{net}_{ik}^{(1)}]_{n\times n^{(1)}}$，$\boldsymbol{W} = [w_{kj}^{(2)}]_{n^{(1)}\times m}$，$\boldsymbol{Y} = [y_{ij}]_{n\times m}$，令网络输出等于期望输出，如式（4-36）所示。

$$\boldsymbol{Y} = \boldsymbol{GW} = \boldsymbol{D} \tag{4-36}$$

基于式（4-37）式（4-38）的进一步推导，即可求解权重参数。

$$\boldsymbol{G}^{\mathrm{T}}\boldsymbol{GW} = \boldsymbol{G}^{\mathrm{T}}\boldsymbol{D} \tag{4-37}$$

$$\boldsymbol{W} = (\boldsymbol{G}^{\mathrm{T}}\boldsymbol{G})^{-1}\boldsymbol{G}^{\mathrm{T}}\boldsymbol{D} \tag{4-38}$$

第二种方法无须进行反向传播与参数更新等操作，参数求解的效率较高。由于网络结构简单、参数求解高效，因此 RBFNN 模型具有学习收敛速度快、预测迅速的特点，能够实现在线学习与实时预测。

在 RBFNN 中，强制令输出层与输入层的神经元数量等于输入样本属性个数，并使网络期望输出等于输入，即可构建基于 RBFNN 的自编码器模型[21]。

基于径向基函数自编码器的填补方法首先利用完整样本求解模型参数，接着对不完整样本进行预填补，然后将填补后的样本输入模型，最后将输出值作为填补值。

图 4-20 为上述方法的填补原理，其中，x_{i1} 与 x_{j1} 为缺失值，$\hat{x}_{i1}$ 和 $\hat{x}_{j1}$ 表示缺失值对应的预填补值。图 4-20a）和图 4-20b）分别是将 $\boldsymbol{x}_i$ 与 $\boldsymbol{x}_j$ 输入填补模型后的运算过程。

令 $\boldsymbol{w}_k^{(2)} = [w_{k1}^{(2)}, w_{k2}^{(2)}, \cdots, w_{ks}^{(2)}]^{\mathrm{T}}$ 表示第 k 个隐藏层神经元的连接权重所构成的一维向量，如图 4-20 所示，当样本 $\boldsymbol{x}_i$ 和 $\boldsymbol{x}_j$ 输入隐藏层神经元后，衡量样本和中心点 μ_k 的距离以计算激活度 $\text{net}_{ik}^{(1)}$、$\text{net}_{jk}^{(1)}$，由此确定每个权重向量 $\boldsymbol{w}_k^{(2)}$（$k = 1, 2, \cdots, n^{(1)}$）对模型输出的贡献度。基

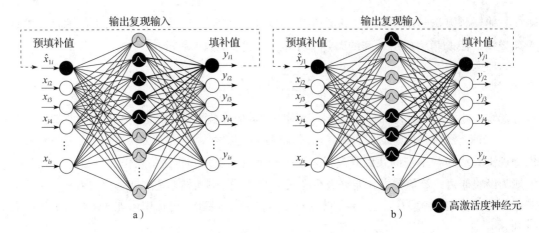

图 4-20　基于径向基函数自编码器的填补方法

于径向基函数的特性，当输入样本距离中心点较远时，激活度近乎为 0，故模型输出近似等于具有高激活度神经元权重的加权和。对于样本 x_i，序号为 {2, 3, 4, 5} 的隐藏层神经元具备较高激活度；对于样本 x_j，序号为 {1, 5, 6, 7} 的神经元有较高的激活度，因此，填补值 y_{i1} 和 y_{j1} 是不同隐藏层神经元权重值的加权和。

　　鉴于 RBFNN 具备训练高效、预测迅速等特性，基于径向基函数自编码器的填补模型能够实现高效的在线填补，是一种性能良好、快捷方便的填补方法。该模型具备一定的聚类分析能力，因此可通过挖掘样本间的共性特点，完成缺失值填补任务。并且，初始填补值仅作用于输入样本与中心点间距离的度量，不直接用于属性拟合，因此能够有效避免自编码器中输出对输入的直接复制问题。但是，当数据集的样本量过大时，为了提高模型的填补精度，RBFNN 需在隐藏层中增加神经元数量，可能会导致模型的隐藏层组织过于庞大。

4.4.3　基于广义回归自编码器的填补法

　　广义回归神经网络（GRNN）是 RBFNN 的变体，具有强大的非线性映射能力，适用于挖掘数据属性内的非线性关联关系[22]。如图 4-21 所示，GRNN 包括输入层、模式层、求和层及输出层，并且输入层与模式层、模式层与求和层之间为全连接结构。

　　假设数据集包含 n 个样本，$x_k = [x_{k1}, x_{k2}, \cdots, x_{ks}]^T$ 是第 k 个样本，$d_k = [d_{k1}, d_{k2}, \cdots, d_{km}]^T$ 表示样本 x_k 在目标

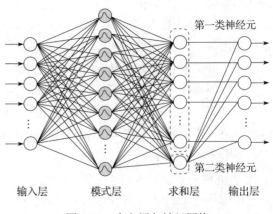

图 4-21　广义回归神经网络

属性上的期望输出，$x_i^{(t)}$ 表示待输入的新样本，$y_i = [y_{i1}, y_{i2}, \cdots, y_{im}]^T$ 表示网络输出。由图 4-21 可知，输入层的神经元数量等于样本属性个数，该层负责将外界输入传至模式层。模式层的神经元数量等于样本数目 n，每个模式层神经元对应数据集中的一个样本，并且该层神经元采用径向基函数计算输出值，如式（4-39）所示。

$$\mathrm{net}_{ik}^{(1)} = \exp\left[-\frac{\|x_i^{(t)} - x_k\|^2}{2\sigma^2}\right], \quad k = 1, 2, \cdots, n \qquad (4\text{-}39)$$

式（4-39）中，σ 表示宽度参数。GRNN 模型的求和层包括两种类型的神经元，第一类神经元共计 m 个，负责对传入值 $\mathrm{net}_{ik}^{(1)}$ 进行加权求和。此类神经元的计算规则如式（4-40）所示。

$$S_{N_j} = \sum_{k=1}^{n} \mathrm{net}_{ik}^{(1)} \cdot d_{kj}, \quad j = 1, 2, \cdots, m \qquad (4\text{-}40)$$

式（4-40）中，S_{N_j} 表示神经元的输出值，d_{kj} 表示模式层第 k 个神经元与求和层第 j 个神经元间的连接权重，该值等于数据集中第 k 个样本在第 j 个目标属性上的取值。

第二类神经元对所有传入值 $\mathrm{net}_{ik}^{(1)}$ 进行简单的求和，并得到式（4-41）所示的输出值。

$$S_D = \sum_{i=1}^{n} \mathrm{net}_{ik}^{(1)} \qquad (4\text{-}41)$$

最终，输出层神经元根据式（4-42）计算模型输出：

$$y_{ij} = \frac{S_{N_j}}{S_D}, \quad j = 1, 2, \cdots, m \qquad (4\text{-}42)$$

GRNN 模型中只包含一个未知参数 σ，该值一般为经验值，或者根据各类学习算法确定的较优取值。与多层感知机、RBFNN 的学习方式不同，GRNN 在预测新样本前无须进行实际的训练，而所谓的"训练"仅是存储已知数据以供后续预测，该方式称为懒惰学习。预测期间，GRNN 利用所有训练样本在目标属性上的取值，为新样本计算合理的预测值。

广义回归自编码器在 GRNN 的基础上，强制输入层和输出层神经元数量必须等于样本的属性个数，并且期望输出恰为输入。基于广义回归自编码器的填补方法首先利用不完整数据集中完整样本进行训练，接着将预填补后的不完整样本输入网络，并将网络输出作为填补值[21]。

填补期间，所有完整样本都参与填补值的求解。由式（4-39）所示径向基函数的特性可知，距离不完整样本越近，完整样本对缺失值的贡献度就越大；距离不完整样本较远，则其贡献度近乎为 0。因此，该填补方法与 K 最近邻填补法在实现原理上有一定相似性，二者的区别主要为：1）该方法通过宽度参数 σ 间接控制参与缺失值求解的完整样本数量，σ 越大，则参与的完整样本数量越多，而 K 最近邻填补法直接采用近邻数 K 指定样本数量；2）在该方法中，完整样本对缺失值的贡献度基于径向基函数求解（贡献度随着距离增大呈现指数衰减趋势），而 K 最近邻填补法直接利用样本间欧式距离的倒数等计算贡献度。

基于 GRNN 自编码器的填补方法已被证明具有较好的填补性能，但是其在大规模数据集处理时计算开销大。这是因为模型在填补时需反复计算不完整样本与所有完整样本间的距离，当数据集样本数量过多、属性个数较大时，该方法将十分耗时。

4.4.4　基于对偶传播自编码器的填补法

对偶传播网络是一类包含输入层、竞争层、输出层的三层网络模型[23]，如图 4-22 所示。$\boldsymbol{x}_i = [x_{i1}, x_{i2}, \cdots, x_{is}]^T$ 是输入向量，$\boldsymbol{y}_i = [y_{i1}, y_{i2}, \cdots, y_{im}]^T$ 是网络输出，$w_{lk}^{(1)}$ 表示第 l 个输入层神经元与第 k 个竞争层神经元的连接权重，$w_{kj}^{(2)}$ 表示第 k 个竞争层神经元与第 j 个输出层神经元的连接权重。

以第 k 个竞争层神经元为例，输入层神经元与该神经元的连接在其输入端聚合，这些连接权重构成了该神经元的内星向量 $\boldsymbol{w}_k^{(1)} = [w_{1k}^{(1)}, w_{2k}^{(1)}, \cdots, w_{sk}^{(1)}]^T$，而该神经元到输出层神经元的连接在其输出端向外散开，这些连接权重构成了神经元的外星权重向量 $\boldsymbol{w}_k^{(2)} = [w_{k1}^{(2)}, w_{k2}^{(2)}, \cdots, w_{km}^{(2)}]^T$。

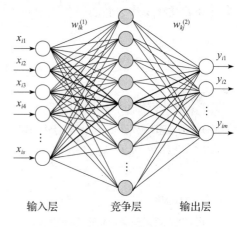

图 4-22　对偶传播网络

令 $n^{(1)}$ 表示隐藏层神经元数量，内星权重向量 $\boldsymbol{w}_k^{(1)}$ ($k = 1, 2, \cdots, n^{(1)}$) 可根据 4.1.1 节所介绍的赢者通吃规则确定，具体过程如下。

步骤 1：令 $\boldsymbol{x}_i$ 表示已归一化后的输入向量，即其属性值范围为 [0, 1]，利用 [0, 1] 范围内的数值随机初始化 $\boldsymbol{w}_k^{(1)}$ ($k = 1, 2, \cdots, n^{(1)}$)，设置最大迭代次数 T，并使迭代次数 $t = 0$。

步骤 2：设置样本访问编号 $i = 0$。

步骤 3：根据式（4-43）确定获胜神经元，k^* 表示获胜神经元的编号。

$$k^* = \arg \max_{k=1, 2, \cdots, n^{(1)}} ((\boldsymbol{w}_k^{(1)})^T \boldsymbol{x}_i) \tag{4-43}$$

步骤 4：更新获胜神经元的内星向量 $w_{k^*}^1$，计算规则如式（4-44）所示。

$$w_{k^*}^{(1)}(t+1) = w_{k^*}^{(1)}(t) + \eta(t) \cdot [x_i - w_{k^*}^{(1)}(t)] \tag{4-44}$$

式（4-44）中，$\eta(t)$ 表示学习率，该值随迭代次数增大逐渐变小，具体设计方法可参见 4.1 节。

步骤 5：若所有输入样本访问完毕，则进入步骤 6；否则令样本访问编号为 $i \leftarrow i+1$，返回步骤 3。

步骤 6：若 $t = T$，则第一阶段学习过程结束；否则调整学习率 $\eta(t)$，并返回步骤 2。

外星权重向量 $\boldsymbol{w}_k^{(2)}$，$k = 1, 2, \cdots, n^{(1)}$ 根据有监督学习方式求解。假设 $\boldsymbol{d}_i = [d_{i1}, d_{i2}, \cdots, d_{im}]^{\mathrm{T}}$ 是样本 x_i 的期望输出，根据其与网络输出 y_i 间的误差调整外星权重向量。具体过程包括以下步骤。

步骤 1：用 [0, 1] 范围内的数值初始化 $\boldsymbol{w}_k^{(2)}$，设置最大迭代次数 T，令迭代次数 $t = 0$。

步骤 2：设置样本访问编号 $i = 0$。

步骤 3：根据式（4-43）确定获胜神经元，假设 k^* 为获胜神经元编号，基于式（4-45）和式（4-46）得到网络输出 y_i。

$$\mathrm{net}_{ik}^{(1)} = \begin{cases} 1, & k = k^* \\ 0, & k \neq k^* \end{cases}, \quad k = 1, 2, \cdots, n^{(1)} \tag{4-45}$$

$$y_i = \sum_{k=1}^{n^{(1)}} (\mathrm{net}_{ik}^{(1)} \cdot w_k^{(2)}) = w_{k^*}^{(2)} \tag{4-46}$$

步骤 4：根据 d_i 与 y_i 间的误差调整获胜神经元的外星向量 $w_{k^*}^{(2)}$，调整规则如式（4-47）所示。

$$w_{k^*}^{(2)}(t+1) = w_{k^*}^{(2)}(t) + \beta(t) \cdot [d_i - y_i] \tag{4-47}$$

式（4-47）中，$\beta(t)$ 表示学习率，其意义与 $\eta(t)$ 相同。

步骤 5：若所有输入样本访问完毕，则进入步骤 6；否则令样本访问编号为 $i \leftarrow i+1$，返回步骤 3。

步骤 6：若 $t = T$，则第二阶段学习过程结束；否则调整学习率 $\beta(t)$，并返回步骤 2。

在上述学习过程中，第一阶段采用内星权重向量与输入样本间的误差指导权重调整，而第二阶段基于外星权重向量与期望输出间的误差调整权重。最终，内星权重向量逐渐朝输入样本逼近，外星权重向量逐渐向期望输出逼近。

对偶传播自编码器强制输出层神经元数量等于样本属性个数，并且期望输出 d_i 等于输入 x_i[24]。基于对偶传播自编码器的填补原理如图 4-23 所示。该网络模型首先基于不完整数据集中的完整样本集合完成参数求解，接着在填补期间，将预填补后的不完整样本 x_i 输入网络，根据式（4-43）确定竞争层中的获胜神经元，将获胜神经元的外星权重向量作为网络输出，并用于填补缺失值。

对偶传播自编码器的实现过程与聚类相似，输入层到竞争层的运算相当于采用无监督学习对输入样本展开聚类，而竞争层到输出层的运算相当于在已有聚类结果上进一步求解各簇的原型。内星向量与外星向量则代表不同学习阶段所求解的原型。本节中，内星向量用于判断不完整样本所属的簇，外星向量直接用于填补缺失值。基于对偶传播自编码器的填补方法与 4.1 节介绍的基于 SOM 的填补法不同，后者仅包含第一步聚类过程，并利用该过程得到的原型填补缺失值；前者在聚类结束后额外扩展了一步，并根据进一步求解的原型填补缺失值。

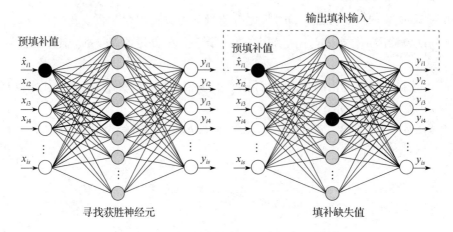

图 4-23　基于对偶传播自编码器的填补原理

4.4.5　基于极限学习机自编码器的填补法

极限学习机（Extreme Learning Machine，ELM）是一种求解网络参数的机器学习算法，具有训练速度快、人工干预少、泛化能力强等特点[25]。ELM 算法与梯度下降法存在较大差异，以图 4-15 所示的自编码器为例，在求解其参数时，梯度下降法根据每个参数关于代价函数的偏导数反复调整参数，进而采用迭代式训练实现模型的求解；极限学习机则采用一种简单快速的参数求解方式。首先，ELM 将输入层与隐藏层间的连接权重以及隐藏层的阈值定义为随机值，接着根据 Moore-Penrose 广义逆矩阵理论[26]计算隐藏层与输出层间的连接权重，由此确定模型参数。

基于 ELM 求解参数的自编码器可称为极限学习机自编码器[27]，下面介绍基于极限学习机自编码器的填补法。假设完整样本集合包含 n 个样本，$\boldsymbol{x}_i = [x_{i1}, x_{i2}, \cdots, x_{is}]^\mathrm{T}$ 为其中第 i 个样本，s 表示属性个数。针对此完整样本集合，可构建输入层、隐藏层、输出层神经元数量分别为 s、$n^{(1)}$、s 的极限学习机自编码器模型。令 $w_{lk}^{(1)}$ 表示第 l 个输入层神经元与第 k 个隐藏层神经元的连接权重，$b_k^{(1)}$ 表示第 k 个隐藏层神经元的阈值，则隐藏层神经元的输出如式（4-48）所示。

$$\mathrm{net}_{ik}^{(1)} = \varphi\left(\sum_{l=1}^{s}(w_{lk}^{(1)} x_{ij}) + b_k^{(1)}\right), \quad k = 1,\ 2,\ \cdots,\ n^{(1)} \tag{4-48}$$

式（4-48）中，$\varphi(\cdot)$ 表示隐藏层激活函数。令 $\mathbf{net}_i^{(1)} = [\mathrm{net}_{i1}^{(1)}, \mathrm{net}_{i2}^{(1)}, \cdots, \mathrm{net}_{in^{(1)}}^{(1)}]^\mathrm{T}$ $(i = 1, 2, \cdots, n)$ 表示所有的隐藏层神经元输出所构成的向量，$\boldsymbol{w}_j^{(2)} = [w_{1j}^{(2)},\ w_{2j}^{(2)},\ \cdots,\ w_{n^{(1)}j}^{(2)}]^\mathrm{T}$ $(j = 1,\ 2,\ \cdots,\ m)$ 表示所有隐藏层神经元与第 j 个输出层神经元的连接权重构成的向量。当输出层激活函数为线性函数，且输出层神经元的阈值为 0 时，输出层中第 j 个神经元的输出值如式（4-49）所示。

$$y_{ij} = (\mathbf{net}_i^{(1)})^{\mathrm{T}} \boldsymbol{w}_j^{(2)}, \quad i = 1, \ 2, \ \cdots, \ n, \quad j = 1, \ 2, \ \cdots, \ s \tag{4-49}$$

令 $\boldsymbol{y}_i = [y_{i1}, \ y_{i2}, \ \cdots, \ y_{is}]^{\mathrm{T}}$ 表示针对样本 $\boldsymbol{x}_i$ 的网络输出，将式（4-49）整理成矩阵形式，可得式（4-50）。

$$\boldsymbol{Y} = (\mathbf{NET}^{(1)})^{\mathrm{T}} W^{(2)} \tag{4-50}$$

式（4-49）中，$\boldsymbol{Y} = [y_{ij}]_{n \times s} = \begin{bmatrix} \boldsymbol{y}_1^{\mathrm{T}} \\ \vdots \\ \boldsymbol{y}_n^{\mathrm{T}} \end{bmatrix}$，$\mathbf{NET}^{(1)} = \begin{bmatrix} (\mathbf{net}_1^{(1)})^{\mathrm{T}} \\ \vdots \\ (\mathbf{net}_n^{(1)})^{\mathrm{T}} \end{bmatrix}$，$W^{(2)} = [w_1^{(2)}, \ \cdots, \ w_m^{(2)}]$。

在自编码器填补模型中，网络期望输出恰为输入，因此，若模型能够以零误差逼近期望输出，则式（4-50）可表示为式（4-51）。

$$\boldsymbol{X} = (\mathbf{NET}^{(1)})^{\mathrm{T}} W^{(2)} \tag{4-51}$$

式中，$\boldsymbol{X} = [x_{ij}]_{n \times s} = \begin{bmatrix} \boldsymbol{x}_1^{\mathrm{T}} \\ \vdots \\ \boldsymbol{x}_n^{\mathrm{T}} \end{bmatrix}$。令 W 表示填补模型中所有参数的集合，梯度下降法旨在找到一组最优参数 W，使得式（4-52）所示的非线性函数取值最小。

$$L = \min \| (\mathbf{NET}^{(1)})^{\mathrm{T}} W^{(2)} - \boldsymbol{X} \| \tag{4-52}$$

与梯度下降法不同，极限学习机将输入层与隐藏层的连接权重以及隐藏层偏置固定为随机常数，并采用 Moore-Penrose 广义逆矩阵理论求解 $W^{(2)}$，使得式（4-52）中的函数取值最小。结合式（4-51）与式（4-52），参数 $W^{(2)}$ 的取值如式（4-53）所示。

$$W^{(2)} = \mathbf{NET}^+ \boldsymbol{X} \tag{4-53}$$

式（4-53）中，$\mathbf{NET}^+$ 是 $\mathbf{NET}^{(1)}$ 的 Moore-Penrose 广义逆矩阵，该矩阵可通过对 $\mathbf{NET}^{(1)}$ 进行奇异值分解求得。填补期间，将预填补后的不完整样本输入自编码器模型，根据式（4-49）计算网络输出，缺失值对应的网络输出值可作为最终的填补值。

极限学习机是一类快速学习算法，因此，基于极限学习机自编码器的填补模型能够对不完整数据进行迅速建模，适用于一些对实时性要求较高的填补场景。此外，由于模型中的部分参数是随机赋值的，极限学习机通过对输入样本进行随机映射提高了模型的泛化性能。

4.5 面向不完整数据的属性关联型神经元建模与填补方法

相比于径向基函数自编码器、广义回归自编码器等变体，传统自编码器对网络层数、激活函数类型等未作过多限制，因此构造更为简单灵活。在实际应用时，选取合适的激活函数、隐藏层数量及各层的神经元数量，即可设计出与数据集难易程度相匹配的自编码器结构。然而，正如 4.4.1 节所述，自编码器常常体现出自跟踪性特征，在训练后易学习到恒等映射，进而导致网络输出与输入高度相似。这种自跟踪特性对缺失值填补存在一定的负面影响。在基于自编码器的填补法中，不完整样本内的缺失值首先由预填补值替换，随后将样本输入训练好的网络模型，缺失值对应的网络输出将作为最终的填补值。若缺失值对应的网络输出高度跟踪输入，即预填补值，则预填补值的合理性会直接影响输出，并进一步影响填补精度。

为了使自编码器更好地应用于缺失值填补场景，需合理弱化网络输出对输入的跟踪性，并使模型充分挖掘不完整数据内的属性关联，进而利用该关联关系指导缺失值填补。

4.5.1 基于去跟踪自编码器的填补法

去跟踪自编码器[28]的网络结构与自编码器相同，图 4-24 是具有单个隐藏层的去跟踪自编码器模型，其中，$x_i = [x_{i1}, x_{i2}, \cdots, x_{is}]^T$ 表示属性个数为 s 的输入样本，$y_i = [y_{i1}, y_{i2}, \cdots, y_{is}]^T$ 表示网络输出，$w_{lk}^{(1)}$ ($l = 1, 2, \cdots, s$) 表示第 l 个输入层神经元和第 k 个隐藏层神经元间的连接权重，$b_k^{(1)}$ 表示第 k 个隐藏层神经元的阈值，$\mathrm{net}_{ikj}^{(1)}$ 表示针对样本 x_i，第 k 个隐藏层神经元向第 j 个输出层神经元传入的输出值。

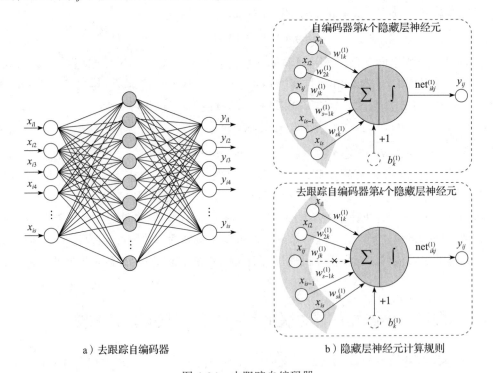

a）去跟踪自编码器   b）隐藏层神经元计算规则

图 4-24   去跟踪自编码器

图 4-24a）是去跟踪自编码器的总体架构，该网络模型包括输入层、隐藏层及输出层，层与层之间为全连接结构。与自编码器相同，输入层接收外界输入并传至隐藏层，隐藏层和

输出层内的神经元对输入进行运算处理，最终由输出层神经元向外界传出运算结果。

自编码器和去跟踪自编码器共享一个网络结构，二者的唯一区别在于：去跟踪自编码器在自编码器的基础上，对隐藏层神经元的计算规则进行了改进，由此削弱了网络的自跟踪性。图 4-24b）以第 k 个隐藏层神经元为例，描述了自编码器和去跟踪自编码器的差异。

在自编码器中，第 k 个隐藏层神经元将所有加权输入与阈值进行求和，并将求和结果传入激活函数，进而得到式（4-54）所示的输出值。

$$\text{net}_{ikj}^{(1)} = \varphi\left(\sum_{l=1}^{s} w_{lk}^{(1)} \cdot x_{il} + b_k^{(1)}\right), \quad j=1,\ 2,\ \cdots,\ s \tag{4-54}$$

式（4-54）中，$\varphi(\cdot)$ 表示隐藏层的激活函数。隐藏层神经元向所有输出层神经元传入的数值 $\text{net}_{ikj}^{(1)}$ 完全相同，即 $\text{net}_{ik1}^{(1)}$，$\text{net}_{ik2}^{(1)}$，$\cdots$，$\text{net}_{iks}^{(1)}$ 全部相等。

在去跟踪自编码器中，第 k 个隐藏层神经元针对每个输出层神经元，分别计算输出值，如式（4-55）所示。

$$\text{net}_{ikj}^{(1)} = \varphi\left(\sum_{l=1,l \neq j}^{s} w_{lk}^{(1)} \cdot x_{il} + b_k^{(1)}\right), \quad j=1,\ 2,\ \cdots,\ s \tag{4-55}$$

由式（4-55）可知，针对输出层中第 j 个神经元，隐藏层神经元会剔除 x_{ij}，并根据除 x_{ij} 外的其他输入值求解 $\text{net}_{ikj}^{(1)}$，故 $\text{net}_{ik1}^{(1)}$，$\text{net}_{ik2}^{(1)}$，$\cdots$，$\text{net}_{iks}^{(1)}$ 彼此不相等。在改进的隐藏层神经元中，输入结构视输出对象的不同动态调整，即根据输出层神经元的不同，部分输入值将被强制剔除。

自编码器和去跟踪自编码器在求解 $\text{net}_{ikj}^{(1)}$ 时的差异会进一步影响输出层的运算结果。以输出层中第 j 个神经元为例，该神经元在接收到所有传入值 $\text{net}_{ikj}^{(1)}$（$k=1,\ 2,\ \cdots,\ n^{(1)}$）后，基于式（4-56）计算输出 y_{ij}。

$$y_{ij} = \vartheta\left(\sum_{k=1}^{n^{(1)}} w_{kj}^{(2)} \cdot \text{net}_{ikj}^{(1)} + b_j^{(2)}\right) \tag{4-56}$$

式（4-56）中，$\vartheta(\cdot)$ 表示输出层的激活函数，$w_{kj}^{(2)}$ 表示第 k 个隐藏层神经元与第 j 个输出层神经元的连接权重，$b_j^{(2)}$ 表示第 j 个输出层神经元的阈值。

在自编码器中，式（4-56）可简化为式（4-57）：

$$y_{ij} = f_1(x_{i1},\ \cdots,\ x_{ij},\ \cdots,\ x_{is}) \tag{4-57}$$

式中，$f_1(\cdot)$ 为基于自编码器得到的非线性拟合函数。观察式（4-57）可知，x_{ij} 作为自变量参与 y_{ij} 的求解，因此，自编码器模型只需削弱集合 $\{x_{ij} \mid j=1,\ \cdots,\ j-1,\ j+1,\ \cdots,\ s\}$ 中的元素对网络输出的作用，并令 y_{ij} 等于 x_{ij}，即可实现有效重构。鉴于自编码器所体现的自跟踪性，输出 y_{ij} 的取值在很大程度上取决于输入 x_{ij}，因此 y_{ij} 和其他输入值间的互相关性受到了压制。若 x_{ij} 是不完整样本中缺失值对应的预填补值，则 y_{ij} 对 x_{ij} 的过度依赖将导致较大的估计误差。

在去跟踪自编码中，式（4-56）可简化为式（4-58）：

$$y_{ij} = f_2(x_{i1}, \cdots, x_{i(j-1)}, x_{i(j+1)}, \cdots, x_{is})$$ （4-58）

式（4-58）中，$f_2(\cdot)$ 为基于去跟踪自编码器得到的非线性拟合函数。观察式（4-58）可知，在求解 y_{ij} 时，输入 x_{ij} 被剔除，除 x_{ij} 外的输入值作为自变量展开计算。由于 x_{ij} 不参与求解 y_{ij}，y_{ij} 无法直接跟踪 x_{ij}，而为了使输出尽可能重构输入，模型需充分学习 y_{ij} 与除 x_{ij} 外其他输入属性的互相关性。若 x_{ij} 是不完整样本中缺失值对应的预填补值，模型将基于改进的隐藏层神经元弱化 x_{ij} 的主导作用，并通过属性间的互相关性合理估计缺失值。

上述具有单个隐藏层的去跟踪自编码器可进一步推广至具有多个隐藏层的网络结构中。图 4-25 所示的去跟踪自编码存在 3 个隐藏层，其中，$\mathrm{net}_{ikj}^{(h)}$ 表示第 h 个隐藏层的第 k 个神经元将输入 x_{ij} 剔除后所计算的输出值，第一个隐藏层的输出 $\mathrm{net}_{ikj}^{(1)}$ 与单隐藏层网络模型的计算规则相同，可根据式（4-55）进行求解，其他隐藏层输出的计算规则如式（4-59）所示。

$$\mathrm{net}_{ikj}^{(h)} = \varphi\left(\sum_{l=1}^{n^{(h-1)}} w_{lk}^{(h)} \cdot \mathrm{net}_{ilj}^{(h-1)} + b_k^{(h)}\right)$$ （4-59）

式（4-59）中，$n^{(h-1)}$ 表示第 $h-1$ 个隐藏层的神经元数量，$w_{lk}^{(h)}$ 表示第 $h-1$ 个隐藏层中第 l 个神经元与第 h 个隐藏层中第 k 个神经元间的连接权重，$b_k^{(h)}$ 表示第 h 个隐藏层中第 k 个神经元的阈值。

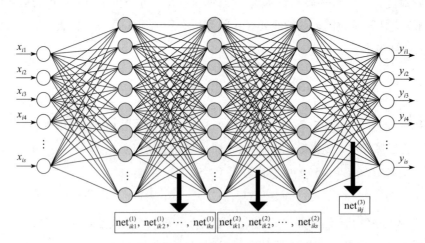

图 4-25 具有多个隐藏层的去跟踪自编码器

如图 4-25 所示，隐藏层与隐藏层间的每条连接会传送 s 个输出值 $\mathrm{net}_{ikj}^{(h)}$（$j=1, 2, \cdots, s$），$\mathrm{net}_{ikj}^{(h)}$ 表示剔除输入 x_{ij} 后神经元所求解的计算结果。去跟踪自编码器的计算特点是，输出层

神经元在计算 y_{ij} 时，将剔除输入 x_{ij}，并根据除 x_{ij} 外的其他输入值展开求解。为了使最后一个隐藏层能够向不同的输出层神经元正确交付剔除 x_{ij} 后的计算结果，在前向传播过程中，每个隐藏层神经元需要依次剔除 x_{ij}，从而计算 s 个输出值 $\mathrm{net}_{ikj}^{(h)}$，接着将这些值传送至下一个隐藏层。

图 4-25 中，最后一个隐藏层内的神经元仅向每个输出层神经元传送一个输出值。以第 j 个输出层神经元为例，该神经元基于最后一个隐藏层传入的 $\mathrm{net}_{ikj}^{(3)}$ $(k=1,\ 2,\ \cdots,\ n^{(3)})$ 计算输出值 y_{ij}，由于 $\mathrm{net}_{ikj}^{(3)}$ 是剔除输入 x_{ij} 所得到的计算值，因此 y_{ij} 求解时也剔除了 x_{ij}。

去跟踪自编码器一方面可看作基于传统自编码器的改进模型，另一方面可看作由若干多层感知机集成的网络结构。图 4-26a）是一个具有单个隐藏层的去跟踪自编码器模型，图 4-26b）中共计有 s 个多层感知机，每个模型均是在图 4-26a）的断开部分连接后所形成的网络，模型中的虚线表示连接已被断开，可不予考虑。

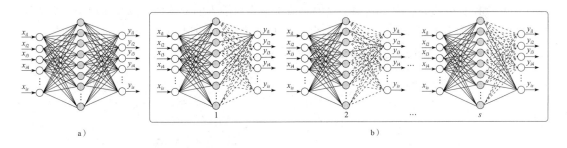

图 4-26　去跟踪自编码器与多层感知机简化集群的关联

在图 4-26b）中，第 j $(1 \leqslant j \leqslant s)$ 个模型是以集合 $\{x_{il} \mid l \neq j\}$ 内的属性值为输入，以 y_{ij} 为输出的单预测目标多层感知机，每个模型在计算输出值 y_{ij} 时，基于除 x_{i1} 外的其他输入值进行求解，该求解方式与去跟踪自编码器的计算规则完全相同。因此，图 4-26a）的去跟踪自编码器相当于图 4-26b）中 s 个多层感知机的集成体。但是，与多层感知机集群不同，所有模型集于一身意味着这些模型将通过一组共享的网络参数同时执行 s 个学习任务。鉴于 s 个任务都是对属性关联关系的回归建模，在去跟踪自编码器中协同学习这些回归任务能够使模型获得更好的泛化能力。

基于去跟踪自编码器的填补方法与自编码器填补法相同，即首先利用完整样本集合求解网络参数，接着将预填补后的不完整样本输入网络并利用与缺失值对应的网络输出填补缺失值。由于削弱了网络输出对相应输入的自跟踪性，因此填补期间预填补值对最终填补值的影响得到了有效降低。

去跟踪自编码器在传统自编码器的基础上，采用改进的隐藏层神经元提高自身对不完整数据属性间互相关性的挖掘能力。因此，该模型能够合理建模不完整数据，并实现复杂缺失模式下的高效率填补。

4.5.2　基于关联增强型自编码器的填补法

在去跟踪自编码器中，隐藏层神经元通过动态组织输入结构，有效避免了网络输出对相应输入的自跟踪性。图 4-27 是去跟踪自编码求解填补值时的运算过程，其中，$[\hat{x}_{i1}, x_{i2}, \cdots, x_{is}]^{\mathrm{T}}$ 表示预填补后的样本，$\hat{x}_{i1}$ 表示预填补值，$[y_{i1}, y_{i2}, \cdots, y_{is}]^{\mathrm{T}}$ 表示网络输出，虚线表示在求解 y_{i1} 时这些连线将无任何作用，可不予考虑。如图 4-27 所示，网络模型利用除 $\hat{x}_{i1}$ 以外的其他输入值求解 y_{i1}，并将 y_{i1} 作为最终的填补值。

若 $\hat{x}_{i1}$ 的取值较为合理，去跟踪自编码器无法发挥预填补带来的优势，主要原因在于 $\hat{x}_{i1}$ 无法参与 y_{i1} 的求解。假设 $\hat{x}_{i1}$ 是由 K 近邻填补法求得的预填补值，则 $\hat{x}_{i1}$ 会包含近邻样本在缺失值相应属性上的有效信息，这些信息往往对计算网络输出 y_{i1} 有着一定借鉴意义，完全压制 $\hat{x}_{i1}$ 对填补所产生的正向作用，会造成信息的浪费。

因此，良好的网络模型可以有效发挥预填补值对网络输出的借鉴作用，同时能避免网络输出对预填补值的高度跟踪。鉴于自编码器中输出对输入的依赖性，以及去跟踪自编码器能够削弱网络模型的自跟踪性，可以结合上述两种特性设计如图 4-28 所示的关联增强型自编码器（Correlation-Enhanced Autoencoder）[29]。

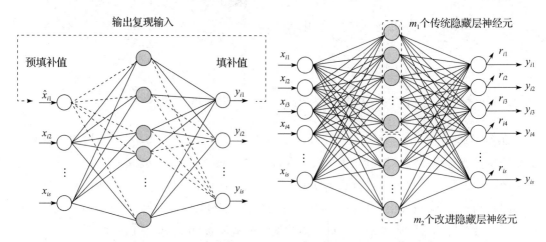

图 4-27　去跟踪自编码器的填补值求解　　　图 4-28　关联增强型自编码器

不妨将自编码器、去跟踪自编码器中的隐藏层神经元分别称为传统隐藏层神经元、改进隐藏层神经元。图 4-28 中，关联增强型自编码器包含输入层、隐藏层及输入层，层与层间为全连接结构。该模型的隐藏层中包含两类神经元，即 m_1 个传统隐藏层神经元和 m_2 个改进隐藏层神经元，$\boldsymbol{y}_i = [y_{i1}, y_{i2}, \cdots, y_{is}]^{\mathrm{T}}$ 表示基于传统隐藏层神经元求解的网络输出，$\boldsymbol{r}_i = [r_{i1}, r_{i2}, \cdots, r_{is}]^{\mathrm{T}}$ 为基于改进隐藏层神经元求解的参考输出。与一般的网络模型不同，关联增强型自编码器在输出层会产生两种类型的输出，即 y_i 和 r_i。在模型求解过程中，网络输出和参考输出彼此制约，从而促使模型在综合两类隐藏层神经元的计算特点上，合理挖掘属性间的关联关系。

令 $\mathbf{net}_i^{tr} = [\text{net}_{i1}^{(1)},\ \text{net}_{i2}^{(1)},\ \cdots,\ \text{net}_{im_1}^{(1)}]^{\mathrm{T}}$，其中 $\text{net}_{ik}^{(1)}$ $(1 \leqslant k \leqslant m_1)$ 表示针对输入样本 x_i 的第 k 个隐藏层神经元的输出值，该值与自编码器中隐藏层神经元的计算规则相同，可根据式（4-54）进行求解。网络输出 y_{ij} 的求解如式（4-60）所示。

$$y_{ij} = \vartheta((\mathbf{w}_j^{tr})^{\mathrm{T}} \cdot \mathbf{net}_i^{tr} + b_j^{(2)}) \tag{4-60}$$

式（4-60）中，$\vartheta(\cdot)$ 表示输出层神经元的激活函数，$\mathbf{w}_j^{tr} = [w_{1j}^{(2)},\ w_{2j}^{(2)},\ \cdots,\ w_{m_1j}^{(2)}]^{\mathrm{T}}$，$w_{kj}^{(2)}$ $(k = 1,\ 2,\ \cdots,\ m_1)$ 表示第 k 个隐藏层神经元与第 j 个输出层神经元的连接权重，$b_j^{(2)}$ 表示第 j 个输出层神经元的阈值。

正如式（4-60）所示，网络输出 y_{ij} 仅根据传统隐藏层神经元的输出值进行求解，改进隐藏层神经元未参与该运算过程，因此 y_{ij} 与自跟踪编码器中的网络输出相同。

令 $\mathbf{net}_{ij}^{im} = [\text{net}_{i(m_1+1)j}^{(1)},\ \text{net}_{i(m_1+2)j}^{(1)},\ \cdots,\ \text{net}_{i(m_1+m_2)j}^{(1)}]^{\mathrm{T}}$，$\text{net}_{ikj}^{(1)}$ $(k = m_1+1,\ \cdots,\ m_1+m_2)$ 表示针对输入样本 x_i 的第 k 个隐藏层神经元向第 j 个输出层神经元传入的输出值，该值与去跟踪自编码器中隐藏层神经元的计算规则相同，可利用式（4-55）求解。参考输出 r_{ij} 的求解如式（4-61）所示。

$$r_{ij} = \vartheta((\mathbf{w}_j^{im})^{\mathrm{T}} \cdot \mathbf{net}_{ij}^{im} + b_j^{(2)}) \tag{4-61}$$

式（4-61）中，$\mathbf{w}_j^{im} = [w_{(m_1+1)j}^{(2)},\ w_{(m_1+2)j}^{(2)},\ \cdots,\ w_{(m_1+m_2)j}^{(2)}]^{\mathrm{T}}$，$w_{kj}^{(2)}$ $(k = m_1+1,\ \cdots,\ m_1+m_2)$ 表示第 k 个隐藏层神经元与第 j 个输出层神经元的连接权重。

式（4-61）中，参考输出 r_{ij} 仅基于所有的改进隐藏层神经元输出进行求解，传统隐藏层神经元未参与该过程，故 r_{ij} 与去跟踪自编码器中的网络输出相同。

训练期间，网络模型的代价函数如式（4-62）所示。

$$L = \frac{1}{2} \sum_{i \in N_{co}} \left[\sum_{j=1}^{s} [(y_{ij} - x_{ij})^2 + (y_{ij} - r_{ij})^2] \right] \tag{4-62}$$

式（4-62）中，N_{co} 表示数据集中完整样本的序号集合。

由式（4-62）可知，网络输出 y_{ij} 与输入 x_{ij} 间的误差，以及其与参考输出 r_{ij} 间的误差在训练期间将不断优化。最小化 y_{ij} 和 x_{ij} 间的误差体现了自编码器的特点，即利用网络输出重构输入，而最小化 y_{ij} 和 r_{ij} 间的误差体现了去跟踪自编码器对 y_{ij} 的制约作用。由此，网络模型既要与输入 x_{ij} 尽量相等，又要和参考输出 r_{ij} 尽可能相近。通过两类输出间的制约和平衡，模型能够在削弱输出对相应输入的依赖性的同时，使网络输入对输出产生一定的借鉴作用。

填补期间，不完整样本经预填后输入训练完成的网络模型，模型计算网络输出 y_{ij} 并利用与缺失值对应的网络输出进行缺失值填补。在该阶段，预填补值的合理性对模型的填补精度存在一定的积极影响，故可选取一些简单高效的预填补方法，从而发挥该模型的优势。

相较于自编码器，关联增强型自编码器在改进隐藏层神经元的基础上，利用属性间的互相关性约束网络输出对相应输入的过度依赖。相较于去跟踪自编码器，该模型能够基于传统隐藏层神经元有效发挥网络输入对输出的借鉴作用。因此，该模型在综合考虑自跟踪性和去跟踪性的优势下，能够实现有效填补。

4.5.3　基于多任务学习的填补方法

多任务学习是指在一个模型中协同学习多个相关任务的过程。基于该学习方式，每个任务都能从相关任务所归纳的信息中获取该领域的有效信息，从而辅助自身进行更高效的学习。在图 4-29 所示的三层网络中，每个输出层神经元均代表一个任务，故模型将协同学习 4 个相关任务。在该网络中，输入层到隐藏层的连接权重及隐藏层的阈值是所有任务的共享参数，隐藏层神经元到每个输出层神经元的连接权重及对应输出层神经元的阈值是每个任务独有的参数。

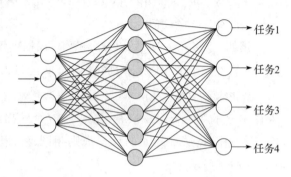

图 4-29　多任务学习示意图

训练期间，4 个任务同时展开学习过程，在每个任务下，网络输出与期望输出间的误差用于调整网络参数，进而将该任务所包含的有效信息保存在模型中。由于所有任务都能够对共享参数做出调整，各任务通过模型中的共享参数实现了信息传递，因此，每个任务都能利用其他任务归纳的信息指导自身独有参数的调整，并将所学到的信息传达至共享参数。在 4 个任务的相互影响下，网络模型朝着整体最优的方向不断调整并逐渐稳定，最终使所学模型能够凭借任务间的平衡与制约获得更好的泛化能力。

在实际应用中，缺失值填补是不完整数据集处理的主要方式，填补后的数据集可用于诸如分类、聚类、降维等各类研究场景。数据预处理期间，缺失值的填补精度会影响数据质量，并进一步影响后续分析结果的可靠性。而在后续研究场景中，数据集内的有效信息往往会得到充分的提炼与挖掘，这些信息对于前期的缺失值填补可能会存在正向作用。

例如，缺失值填补和分类任务间具有一定相关性。首先，在对不完整数据实行有效填补后，模型往往会因数据质量的提高而获得良好的分类性能。其次，同一个类中的样本在属性取值或属性间关联方面存在一定相似性，分类信息有利于模型考虑不完整样本与同类样本间的共性，以及不同类样本间的差异性，从而有效辅助填补。

基于上述考虑，本节采用多层感知机构建缺失值填补与分类并行的多任务学习模型[30-31]，进而通过任务间的协作学习提升模型性能。

令 $\{(\boldsymbol{x}_i,\ \boldsymbol{t}_i)\,|\,x_i \in \mathbb{R}^s,\ t_i \in \mathbb{R}^c,\ i=1,\ 2,\ \cdots,\ n\}$ 表示带类标签的不完整数据集，s 表示属性

个数，c 表示类的数量，n 表示样本数量。$\boldsymbol{x}_i = [x_{i1}, x_{i2}, \cdots, x_{is}]^{\mathrm{T}}$ 是数据集中第 i 个样本，$\boldsymbol{t}_i = [t_{i1}, t_{i2}, \cdots, t_{ic}]^{\mathrm{T}}$ 是样本 $\boldsymbol{x}_i$ 的类标签。若 $\boldsymbol{x}_i$ 属于第 j $(1 \leqslant j \leqslant c)$ 类，则 t_{ij} 置 1，t_i 内其他元素置 0，$A_{\mathrm{in}} = \{a_1, a_2, \cdots, a_m\}$ 表示不完整属性的序号集合，其中，$1 \leqslant a_j \leqslant s$ $(j = 1, 2, \cdots, m)$。

针对上述不完整数据集，可构建如图 4-30 所示的基于多层感知机的多任务学习模型。

图 4-30 中，网络输入可表示为 $\tilde{\boldsymbol{x}}_i = [\boldsymbol{x}_i^{\mathrm{T}}, \boldsymbol{t}_i^{\mathrm{T}}]^{\mathrm{T}}$，输出层包含两类神经元，即 m 个代表不完整属性拟合的神经元，以及 c 个代表类标签的神经元。网络输出包括两部分，$\boldsymbol{y}_i = [y_{i1}, y_{i2}, \cdots, y_{im}]^{\mathrm{T}}$ 表示模型在不完整属性拟合时的输出，其期望输出为 $[x_{ia_1}, x_{ia_2}, \cdots, x_{ia_m}]^{\mathrm{T}}$，$\boldsymbol{z}_i = [z_{i1}, z_{i2}, \cdots, z_{ic}]^{\mathrm{T}}$ 表示模型在类标签预测时的输出，其期望输出为 t_i。由此，所建模型通过两种类型的输出层神经元并行学习不完整属性的拟合函数及样本的类标签。

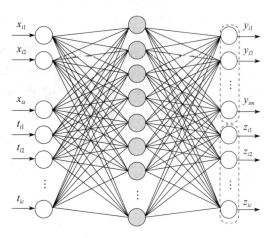

图 4-30   基于多层感知机的多任务学习模型

在上述模型中，若不对网络输入进行任何处理，模型将出现严重的过拟合现象。其原因与自编码器中自跟踪性的成因类似，即网络的期望输出恰好包含在网络输入内。例如，y_{i1} 的期望输出为 x_{ia_1}，而 x_{ia_1} 将作为网络输入直接传入模型，由此，利用输入所包含的期望输出来预测期望输出会导致模型的过拟合。针对该问题，可采用去跟踪自编码器中隐藏层神经元的设计思路进行处理，即通过动态组织隐藏层神经元的输入结构，使模型在计算不同的网络输出时能够剔除部分输入值。

在不完整属性拟合的任务中，输出层第 j，$1 \leqslant j \leqslant m$ 个神经元用于拟合序号为 a_j 的不完整属性。该神经元在计算输出 y_{ij} 时，需剔除输入所包含的 x_{ia_j}，并根据除 x_{ia_j} 外的其他输入值展开求解。令 $\boldsymbol{r}_{M_j} = [\boldsymbol{r}_{1j}^{\mathrm{T}}, \boldsymbol{r}_{2j}^{\mathrm{T}}]^{\mathrm{T}}$，$\boldsymbol{r}_{1j} \in \mathbb{R}^s$，$\boldsymbol{r}_{1j}$ 中除第 a_j 个元素置 0 外，其余元素均为 1，此外，$\boldsymbol{r}_2 = [1]_{c \times 1}$。$\boldsymbol{r}_{M_j}$ 用于标记输入 $\tilde{\boldsymbol{x}}$ 中每个元素是否参与运算。

针对第 j $(1 \leqslant j \leqslant m)$ 个输出层神经元，第 k 个隐藏层神经元的输出如式（4-63）所示。

$$\mathrm{net}_{ik}^{M_j} = \varphi((\boldsymbol{w}_k^{(1)})^{\mathrm{T}} \cdot (\tilde{\boldsymbol{x}}_i \odot \boldsymbol{r}_{M_j}) + b_k^{(1)}), \quad k = 1, 2, \cdots, n^{(1)} \tag{4-63}$$

式（4-63）中，$\varphi(\cdot)$ 表示隐藏层激活函数，$\boldsymbol{w}_k^{(1)} = [w_{1k}^{(1)}, w_{2k}^{(1)}, \cdots, w_{(s+c)k}^{(1)}]^{\mathrm{T}}$，$w_{lk}^{(1)}$ $(l = 1, 2, \cdots, s+c)$ 表示第 l 个输入层神经元与第 k 个隐藏层神经元的连接权重，$b_k^{(1)}$ 表示第 k 个隐藏层神经元的阈值，$n^{(1)}$ 表示隐藏层神经元数量。运算符 $\odot$ 表示对位相乘，例如，当 $s = 2$，$c = 2$ 时，$\tilde{\boldsymbol{x}} = [x_{i1}, x_{i2}, t_{i1}, t_{i2}]^{\mathrm{T}}$，$\boldsymbol{r}_M = [1, 0, 1, 1]^{\mathrm{T}}$，则 $\tilde{\boldsymbol{x}}_i \odot \boldsymbol{r}_M = [x_{i1}, 0, t_{i1}, t_{i2}]^{\mathrm{T}}$。

基于式（4-63），不完整属性拟合时的网络输出 y_{ij} 如式（4-64）所示。

$$y_{ij} = \vartheta\left(\sum_{k=1}^{n^{(1)}} w_{kj}^{(2)} \cdot \mathrm{net}_{ik}^{M_j} + b_j^{(2)}\right), \quad j = 1, 2, \cdots, m \tag{4-64}$$

式（4-64）中，$\vartheta(\cdot)$ 表示输出层的激活函数，$w_{kj}^{(2)}$ 表示第 k 个隐藏层神经元与第 j 个输出层神经元的连接权重，$b_j^{(2)}$ 表示第 j 个输出层神经元的阈值。由于在求解 $\mathrm{net}_{ik}^{M_j}$ 的过程中，输入 x_{ia_j} 被排除在外，因此 x_{ia_j} 无法参与 y_{ij} 的求解过程。

在分类任务中，z_{ij}（$j = 1, 2, \cdots, c$）表示输出层中第 $j+m$ 个神经元的输出值，其求解过程需剔除输入中的类标签 t_i，并基于 x_i 展开运算。令 $\boldsymbol{r}_M = [\boldsymbol{r}_1^{\mathrm{T}}, \boldsymbol{r}_2^{\mathrm{T}}]^{\mathrm{T}}$，$\boldsymbol{r}_1 = [1]_s$，$\boldsymbol{r}_2 = [0]_c$，$\boldsymbol{r}_M$ 用于标记输入 $\tilde{\boldsymbol{x}}$ 中每个元素是否参与运算。针对第 $j+m$ 个输出神经元，隐藏层中第 k 个神经元的输出值如式（4-65）所示。

$$\mathrm{net}_i^M = \varphi((\boldsymbol{w}_k^{(1)})^{\mathrm{T}} \cdot (\tilde{\boldsymbol{x}}_i \odot \boldsymbol{r}_M) + b_k^{(1)}) \tag{4-65}$$

基于式（4-65），网络输出 z_{ij} 的计算方式如式（4-66）所示。

$$z_{ij} = \frac{\exp(m_{ij})}{\sum_{k=1}^{c} \exp(m_{ik})}, \quad j = 1, 2, \cdots, c \tag{4-66}$$

式（4-66）中，m_{ij} 如式（4-67）所示。

$$m_{ij} = \vartheta\left(\sum_{k=1}^{n^{(1)}} w_{k(m+j)}^{(2)} \cdot \mathrm{net}_{ik}^M + b_{(m+j)}^{(2)}\right), \quad j = 1, 2, \cdots, c \tag{4-67}$$

由于在求解 net_{ik}^M 时，输入中的类标签 t_i 被排除在外，t_i 无法参与 z_{ij} 的求解过程，因此可以有效避免模型的过拟合现象。网络训练时，多任务学习模型的代价函数如式（4-68）所示。

$$E = \lambda E_M + (1 - \lambda) E_S \tag{4-68}$$

式（4-68）中，E_M 表示分类误差，可根据式（4-69）求解；E_S 表示不完整属性的拟合误差，可根据式（4-70）求解。λ（$0 \leqslant \lambda \leqslant 1$）表示两个任务在训练时的权重分配，即每个任务的重要程度占比。

$$E_M = -\frac{1}{|N_{\mathrm{co}}|} \sum_{i \in N_{\mathrm{co}}} \sum_{j=1}^{c} t_{ij} \ln z_{ij} \tag{4-69}$$

式（4-69）中，N_{co} 表示数据集中完整样本的序号集合。

$$E_S = \frac{1}{|N_{\mathrm{co}}|} \sum_{i \in N_{\mathrm{co}}} \sum_{j \in A_{\mathrm{in}}} (y_{ij} - x_{ij})^2 \tag{4-70}$$

训练期间，多任务学习模型在完整样本的基础上，采用式（4-68）所示的代价函数展开网络参数的学习。填补期间，缺失值填补需分两种情况讨论。第一种情况，当不完整样本的类标签已知时，将预填补后的样本与类标签一同输入模型，并将与缺失值对应的网络输出作为填补值。第二种情况，若不完整样本的类标签未知，则需依次尝试每种类标签的取值，并基于类标签的最优取值求解填补值，具体包括以下步骤。

步骤 1：对不完整样本 x_i 进行预填补，设置 $j = 0$。

步骤 2：假设不完整样本 x_i 属于第 j 类，其对应的类标签为 $t_i^{(j)} \in \mathbb{R}^s$，$t_i^{(j)}$ 中除第 j 个元素为 1 外，其余元素全为 0。

步骤 3：将预填补后的 x_i 和 $t_i^{(j)}$ 输入模型，计算网络输出 y_i 和 z_i。

步骤 4：根据输出 z_i，计算样本 x_i 属于第 j 类的概率为 $p_j = z_{ij}$。

步骤 5：设置 $j \leftarrow j+1$，并返回步骤 2。

步骤 6：计算最大概率值 $\arg \max\limits_{j=1, 2, \cdots, c} (p_j)$，该概率值对应的类别即为网络最终预测的样本类别。

步骤 7：将求得的类别与预填补后的样本输入网络，并将与缺失值对应的网络输出作为填补值。

本节介绍的多任务学习填补法在一个网络结构上并行实现了缺失值填补和样本分类。在多任务学习期间，不完整属性拟合和分类任务共享了部分网络参数，故模型能够在权衡多任务的前提下更高效地学习数据内所蕴藏的有效信息。具体而言，该模型既能通过分类任务从数据中提炼每个类的特点，又能根据不完整属性的拟合任务拟合挖掘属性间的关联。由于分类能够促使拟合任务考虑不同类内属性关联的差异性，而不完整属性拟合所提炼出的属性关联能更好地辅助分类进行决策，两任务间彼此相关且相辅相成，使模型准确性得以提升。

然而，多任务学习也面临一些挑战。例如，在设计多任务学习模型时，既需通过任务间的平衡防止过拟合，并以此提高模型的泛化能力，又需避免因任务间的制约过大而出现欠拟合的问题。此外，在代价函数中需合理设置不同任务的权值，从而对训练期间每个任务的重要程度进行有效权衡。

4.6 典型神经网络填补模型实验

本节以多层感知机、自编码器及去跟踪自编码器为例，对三种网络模型填补方法进行实验分析。基于多层感知机的填补方法针对数据缺失的随机性，构造基于若干多层感知机的模型集群，以此实现缺失值填补。随着数据集中缺失情况愈发复杂，上述方法的训练效率将由于模型集群规模的增大而降低。鉴于自编码器的结构简洁性，基于该模型的填补方法具有较为理想的建模效率，能够实现不完整数据的有效建模。去跟踪自编码器模型在自编码器的基础上，利用改进的隐藏层神经元弱化了填补期间网络输出对预填补值的依赖性。正如 4.5.1 节的分析，去跟踪自编码器既可看作自编码器的变体结构，也可看作若干多层感知机的集成体。因此，上述 3 种网络模型具备一定的可比性，本节将通过实验对其填补性能进行对比分析。

4.6.1　实验设计

下面选用 10 个真实的完整数据集设计实验，详见表 4-1。Friedman 数据集源于 KEEL（Knowledge Extraction based on Evolutionary Learning）数据库，其他 9 个数据集源于 UCI（University of California Irvine）数据库。实验从完整数据集中随机删除部分现有值，从而构造不完整数据集，缺失率分别设置为 5%、10%、15%、20%、25%、30%。

表 4-1　实验数据集描述

数据集	样本数量	属性个数	数据集	样本数量	属性个数
Iris	150	4	Seeds	210	7
Leaf	340	16	Cloud	1024	10
Vertebral	310	6	Glass	214	9
Slump	103	10	Yacht	308	7
Stock	315	12	Friedman	1200	5

实验共比较了 3 种对比方法，分别为：4.3.3 节所介绍的基于简化多层感知机集群的填补方法（MLPI）、4.4.1 节所介绍的基于自编码器的填补方法（AEI），以及 4.5.1 节所介绍的基于去跟踪自编码器的填补方法（TRAEI）。上述 3 种方法包括训练和填补两个阶段，训练期间，数据集中的完整样本用于求解网络参数；填补期间，首先根据均值填补法对不完整样本进行预填补，接着将样本输入训练完成的模型，并将缺失值对应的网络输出作为填补值。

结合动量的随机梯度下降法是网络训练所采用的优化算法。为了公平地比较每种对比方法，实验设置如表 4-2 所示的超参数取值范围，并为 3 种填补方法选取最优超参数。

表 4-2　超参数取值范围

超参数	范围
学习率	for 0.01 to 1.0, in 0.01 steps
动量因子	for 0.1 to 0.9, in 0.1 steps
隐藏层神经元数量	{5, 10, 15, 20, 25, 30}
隐藏层数量	{1, 2}
最大训练次数	10 000

在确定超参数时，实验从完整样本中随机选择 80% 的样本用于网络训练，接着将 20% 的完整样本作为验证集，并在该集合上删除部分现有值。随后，根据表 4-2 中的超参数取值范围依次尝试不同的超参数组合，在该组合下训练模型，并计算所建模型在验证集上的填补误差，基于填补误差最小原则确定最优超参数。

网络的最大训练次数设为 10 000，其实际取值根据提前终止原则确定。表 4-3、表 4-4 列出了针对 Iris、Seeds 数据集的超参数选取情况，其中，在代表隐藏层神经元数量与隐藏层数量的数据列内，若网络模型具有两个隐藏层，表格内会显示 2 个数值；若仅有一个隐藏层，则显示 1 个数值。

表 4-3　针对数据集 Iris 的超参数选取情况

缺失率	学习率			缺失率	动量因子		
	MLPI	AEI	TRAEI		MLPI	AEI	TRAEI
0.05	0.07	0.05	0.37	0.05	0.3	0.1	0.2
0.10	0.11	0.07	0.01	0.10	0.2	0.3	0.1
0.15	0.08	0.13	0.23	0.15	0.1	0.4	0.1
0.20	0.09	0.03	0.15	0.20	0.1	0.1	0.1
0.25	0.03	0.18	0.37	0.25	0.1	0.1	0.6
0.30	0.17	0.03	0.01	0.30	0.3	0.4	0.1
缺失率	隐藏层神经元数量与隐藏层数量			缺失率	最大训练次数		
	MLPI	AEI	TRAEI		MLPI	AEI	TRAEI
0.05	30	5	15	0.05	6683	349	4792
0.10	5, 5	5, 5	5, 5	0.10	8033	7815	5003
0.15	10, 5	5, 5	20	0.15	9083	1584	5489
0.20	5, 15	15	5, 15	0.20	6417	1763	5562
0.25	10, 5	5, 15	10, 5	0.25	9558	937	7861
0.30	15, 5	15, 5	5, 5	0.30	8617	2974	2499

表 4-4　针对数据集 Seeds 的超参数选取情况

缺失率	学习率			缺失率	动量因子		
	MLPI	AEI	TRAEI		MLPI	AEI	TRAEI
0.05	0.05	0.24	0.09	0.05	0.3	0.2	0.1
0.10	0.09	0.51	0.01	0.10	0.1	0.2	0.3
0.15	0.07	0.31	0.01	0.15	0.3	0.2	0.1
0.20	0.05	0.01	0.01	0.20	0.2	0.1	0.1
0.25	0.03	0.17	0.01	0.25	0.6	0.2	0.1
0.30	0.02	0.13	0.03	0.30	0.1	0.3	0.1
缺失率	隐藏层神经元数量与隐藏层数量			缺失率	最大训练次数		
	MLPI	AEI	TRAEI		MLPI	AEI	TRAEI
0.05	5, 15	5, 10	5, 5	0.05	3640	2976	9999
0.10	5, 5	25	10, 5	0.10	2569	740	2501
0.15	20	5, 5	5	0.15	1540	1880	914
0.20	15, 10	20, 5	5, 10	0.20	6882	579	6755
0.25	25	5, 5	5, 5	0.25	5620	4840	2875
0.30	15	10, 10	10, 10	0.30	2651	3579	8629

平均绝对百分比误差，即 MAPE，用于计算填补值与真实值间的误差，进而衡量对比方法的填补精度。该指标定义如式（4-71）所示：

$$\text{MAPE} = \frac{1}{|\hat{X}_{\text{M}}|} \sum_{\hat{x}_{ij} \in \hat{X}_m} \left| \frac{r_{ij} - \hat{x}_{ij}}{r_{ij}} \right| \qquad (4\text{-}71)$$

式（4-71）中，$\hat{X}_m$ 表示数据集中填补值构成的集合，r_{ij} 表示填补值 $\hat{x}_{ij}$ 对应的真实值。

4.6.2　不同网络模型的填补精度

　　针对每个缺失比下的数据集，为其随机生成 5 个不完整数据集，并将 MAPE 值作为最终的实验结果。表 4-5 至表 4-7 是 3 种填补方法在 10 个数据集上得到的实验结果，表中的最优结果已加粗显示。

表 4-5　基于 Iris、Seeds、Leaf、Cloud 的 MAPE 填补指标　　　　（%）

缺失率	Iris			缺失率	Seeds		
	MLPI	AEI	TRAEI		MLPI	AEI	TRAEI
0.05	0.129	0.251	**0.093**	0.05	0.066	0.081	**0.044**
0.10	0.161	0.309	**0.108**	0.10	0.070	0.092	**0.069**
0.15	0.201	0.308	**0.166**	0.15	**0.078**	0.087	0.079
0.20	0.215	0.311	**0.202**	0.20	0.093	0.098	**0.082**
0.25	**0.226**	0.349	0.274	0.25	0.109	0.106	**0.099**
0.30	0.285	0.365	**0.244**	0.30	**0.096**	0.118	0.108
缺失率	Leaf			缺失率	Cloud		
	MLPI	AEI	TRAEI		MLPI	AEI	TRAEI
0.05	**0.463**	0.596	0.545	0.05	0.751	1.126	**0.654**
0.10	**0.569**	0.715	0.593	0.10	1.026	1.982	**0.981**
0.15	0.812	**0.703**	0.731	0.15	**1.997**	3.125	2.037
0.20	1.095	**0.683**	0.842	0.20	3.850	3.939	**3.658**
0.25	3.770	3.123	**1.950**	0.25	6.224	6.028	**4.056**
0.30	3.984	4.113	**3.317**	0.30	7.159	6.984	**4.648**

表 4-6　基于数据集 Stock、Vertebral 的 MAPE 填补指标　　　　（%）

缺失率	Stock			缺失率	Vertebral		
	MLPI	AEI	TRAEI		MLPI	AEI	TRAEI
0.05	0.174	0.198	**0.129**	0.05	**0.598**	0.981	0.614
0.10	0.211	0.244	**0.199**	0.10	**0.559**	1.057	0.657
0.15	0.299	0.354	**0.246**	0.15	**0.664**	1.180	0.792
0.20	0.274	0.314	**0.254**	0.20	0.852	1.218	**0.851**
0.25	0.364	**0.337**	0.348	0.25	**0.992**	1.562	1.059
0.30	**0.403**	0.563	0.419	0.30	1.397	1.950	**1.196**

表 4-7　基于数据集 Friedman、Glass、Slump、Yacht 的 MAPE 填补指标　　（%）

缺失率	Friedman			缺失率	Glass		
	MLPI	AEI	TRAEI		MLPI	AEI	TRAEI
0.05	1.018	1.890	**0.995**	0.05	0.174	0.185	**0.068**
0.10	1.593	2.081	**1.486**	0.10	0.208	**0.193**	0.198
0.15	1.740	2.150	**1.495**	0.15	0.274	**0.205**	0.247
0.20	1.962	2.960	**1.956**	0.20	0.279	0.297	**0.238**

（续）

缺失率	Friedman			缺失率	Glass		
	MLPI	AEI	TRAEI		MLPI	AEI	TRAEI
0.25	**2.560**	3.095	2.950	0.25	**0.302**	0.333	0.309
0.30	**2.318**	3.132	2.997	0.30	0.651	0.590	**0.349**

缺失率	Slump			缺失率	Yacht		
	MLPI	AEI	TRAEI		MLPI	AEI	TRAEI
0.05	0.292	0.791	**0.216**	0.05	**0.635**	0.794	0.711
0.10	0.452	0.862	**0.228**	0.10	0.845	0.982	**0.779**
0.15	0.651	0.961	**0.291**	0.15	0.983	**0.972**	1.015
0.20	0.891	1.092	**0.331**	0.20	1.057	1.025	**1.003**
0.25	0.945	0.991	**0.889**	0.25	1.365	1.845	**1.345**
0.30	1.092	0.965	**0.780**	0.30	1.945	2.184	**1.609**

根据表 4-5 至表 4-7 可知，最优结果主要来自 TRAEI。例如，Iris 数据集中，TRAEI 在 6 个缺失率下共计有 5 个最优结果，且仅当缺失率为 25% 时不及 MLPI。由此可见，TRAEI 在所有对比方法中具有较为理想的填补精度。基于 AEI、MLPI 的实验结果可知，AEI 的填补精度在 Glass、Yacht、Stock 数据集上普遍优于 MLPI，但在 Iris、Leaf、Friedman 数据集上却不及 MLPI。这说明 AEI 和 MLPI 的填补性能优劣很大程度上取决于数据集的选取。

进一步观察 TRAEI 和 AEI 的实验结果发现，在 Leaf 数据集的缺失率为 15%、20%，Glass 的数据集缺失率为 10%，15%，Yacht 数据集的缺失率为 15%，以及 Stock 数据集的缺失率为 25% 的情况下，TRAEI 劣于 AEI。除上述特例外，TRAEI 的实验结果全部优于 AEI。另一方面，在 Cloud、Vertebral、Iris、Slump 数据集上，TRAEI 在 6 个缺失率下结果的平均值比 AEI 分别降低了 30.8%、35.0%、42.6% 以及 51.7%。粗略地讲，TRAEI 在其他数据集上的平均结果也普遍比 AEI 降低了 20%。上述结果说明，去除自跟踪性后的填补模型 TRAE 比 AE 具备更高的填补精度。

4.6.3　自编码器的自跟踪性

为了探究自编码器中网络输出跟踪其相应输入的原因，下面以 Iris 数据集为例，进一步分析在式（4-31）所示代价函数的驱动下，自编码器中的权重调整机制。本实验选用节点数分别为 4、5、4 的三层自编码器，并有针对性地观察由输入层到输出层间连接权重的变化趋势。上述权重值可构成形如式（4-72）所示的 4×5 矩阵。

$$\boldsymbol{W}^{(1)} = \begin{bmatrix} w_{11}^{(1)} & w_{12}^{(1)} & w_{13}^{(1)} & w_{14}^{(1)} & w_{15}^{(1)} \\ w_{21}^{(1)} & w_{22}^{(1)} & w_{23}^{(1)} & w_{24}^{(1)} & w_{25}^{(1)} \\ w_{31}^{(1)} & w_{32}^{(1)} & w_{33}^{(1)} & w_{34}^{(1)} & w_{35}^{(1)} \\ w_{41}^{(1)} & w_{42}^{(1)} & w_{43}^{(1)} & w_{44}^{(1)} & w_{45}^{(1)} \end{bmatrix} \qquad (4\text{-}72)$$

式中，$w_{jk}^{(1)}(j=1, 2, \cdots, 4, k=1, 2, \cdots, 5)$ 表示第 j 个输入层神经元与第 k 个隐藏层神经元间的权重值。网络训练过程中权重值的变化曲线如图 4-31 所示。

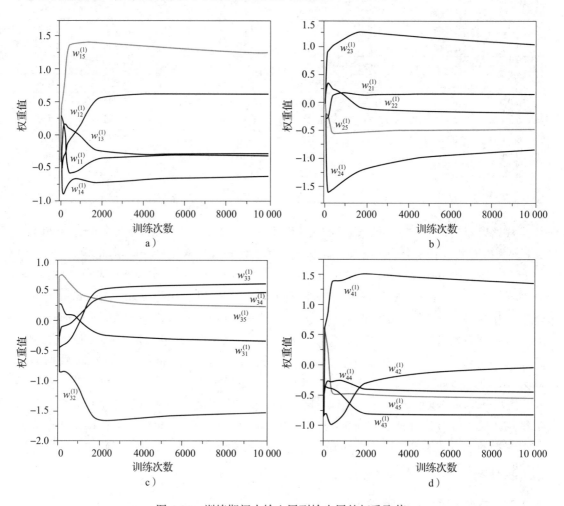

图 4-31　训练期间由输入层到输出层的权重取值

观察图 4-31 可知，在模型训练初期，所有权重的调整幅度均较明显，而当训练次数达到 2000 左右时，权重值的调整幅度减缓，且其变化曲线开始出现收敛趋势。随着训练次数逐渐增大，所有曲线渐进平稳并且权重值趋于固定。优化结束时刻的权重取值参见式（4-73）。

$$\boldsymbol{W}^{(1)} = \begin{bmatrix} -0.28340524 & 0.61504292 & -0.31562766 & -0.62822640 & 1.24786484 \\ 0.19870275 & -0.13282111 & 1.09754288 & -0.79528373 & -0.48370045 \\ -0.33792329 & -1.54271433 & 0.60608804 & 0.45631522 & 0.22815138 \\ 1.36608791 & -0.05967476 & -0.81595016 & -0.44713077 & -0.54402131 \end{bmatrix} \qquad (4\text{-}73)$$

观察式（4-73）可知，矩阵 $\boldsymbol{W}^{(1)}$ 中每行或每列的权重值不存在同时很小的现象。这说明基本不会出现某输入节点的连接权重值都很小，从而削弱该神经元对计算模型输出的贡献的情况。在神经网络模型中，权重值调整的根本原因在于代价函数的优化。由于自跟踪编码器的代价函数希望模型输出 y_{ij} 与模型输入 x_{ij} 尽可能相近，因此权重在其驱使下进行不断调整，最终将使得输出高度跟踪相应的输入，从而呈现自跟踪性特征。

4.6.4　去跟踪自编码器的去跟踪性

下面关注自编码器的自跟踪性对填补的影响，并进一步分析去跟踪自编码器的填补性能。此处以不同缺失率下的 Iris 数据集为例，通过 4 组对比实验探讨 RNI（Random Numbers Imputation，随机数填补）、AEI、TRAEI 的填补精度差异。在本实验中，填补方法 AEI、TRAEI 的实施过程如下：首先根据完整样本训练填补模型，接着采用 RNI 对不完整样本中的缺失值进行预填补，将填补完成的样本输入模型，并根据模型输出回填缺失值。本节将预填补阶段 RNI 的填补精度作为基础结果，将其与 AEI、TRAEI 的填补精度进行对比。最终的实验结果如图 4-32 所示。

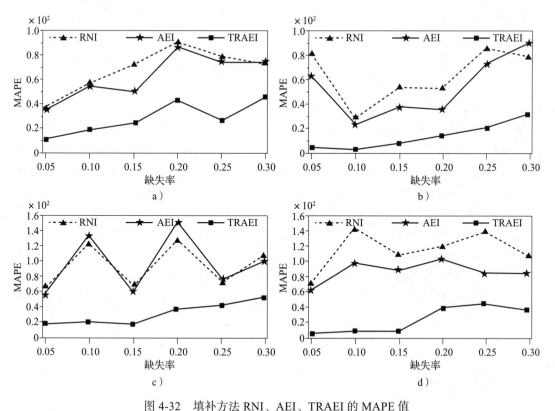

图 4-32　填补方法 RNI、AEI、TRAEI 的 MAPE 值

根据图 4-32 可知，每个子图中三种折线的变化趋势基本相同，这表明在采用两阶段式

填补法时，预填补值的合理性对最终的填补精度存在一定影响。实验发现，代表 AEI 的折线和代表 RNI 的折线变化趋势以及幅度近乎一致。AEI 的 MAPE 值在大多数情况下略微优于 RNI 的 MAPE 值，但出现了 5 次前者劣于后者的情况。相反，TRAEI 受 RNI 的影响较小，并且该方法得到的 MAPE 值明显低于其他两种对比方法。以上现象说明自编码器的自跟踪性导致其求解的填补值精度高度取决于预填补值，因此预填补值的质量很大程度上决定了自编码器的填补精度。去跟踪自编码器通过去除自跟踪性降低了自身对预填补值的过分依赖。其模型输出值是在充分考虑属性间互相关性的基础上求解的结果，因此去跟踪自编码器具备比自编码器更为理想的填补性能。

4.7 本章小结

本章介绍了多种神经网络模型及填补方法，其中，基于自组织映射网络的填补法利用样本间相似度填补缺失值，基于单层感知机的填补法根据不完整样本的类别信息对缺失值实行反向求解。除上述两类模型外，本章介绍的神经网络填补法主要通过对属性间关联建模进行缺失值填补。

多层感知机作为一种功能强大的非线性建模工具，在缺失值填补领域的应用由来已久。此类填补方法采用模型集群的方式应对不完整数据集内的多种缺失形式。相较之下，自编码器仅借助一个网络结构即可实现所有缺失形式下的缺失值填补，故具备更高的建模效率。

自编码器在缺失值填补领域已取得广泛的应用，去跟踪自编码器正是在其基础上的改进结构。在去跟踪自编码器中，隐藏层神经元的计算规则得以重新设计，进而削弱了网络输出对输入的自跟踪性。由于自跟踪性的削弱，去跟踪自编码器对属性间关联关系的挖掘能力有效增强。基于实验结果验证，去跟踪自编码器比自编码器体现出更好的填补性能。其主要原因在于：去跟踪自编码器削弱了输出对输入的强依赖性，并利用属性间的互相关性计算网络输出，因此，其求解的填补值不存在对缺失数据的过分依赖。鉴于去跟踪自编码器良好的填补性能，可对其实行进一步扩展，设计诸如 4.6 节介绍的关联增强型自编码器以及多任务学习模型等各类填补方法。

神经网络模型构造简单、设计灵活，能有效提高其建模效率。在神经网络建模过程中，既需尽量保持所建模型的结构简洁性，又要有效提高模型的拟合性能，从而实现复杂缺失形式下的高效率填补。

参考文献

[1] Kohonen T. the Self-organizing Map [J]. Proceedings of the IEEE, 1990, 78(9): 1464-1480.

[2] 韩力群. 人工神经网络理论、设计及应用 [M]. 北京：化学工业出版社，2007.

［3］ Fessant F, Midenet S. Self-organising Map for Data Imputation and Correction in Surveys ［J］. Neural Computing & Applications, 2002, 10(4): 300-310.

［4］ Vatanen T, Osmala M, Raiko T. Self-organization and Missing Values in SOM and GTM ［J］. Neurocomputing, 2015, 147, 60-70.

［5］ Wang S H. Application of Self-organising Maps for Data Mining with Incomplete Data Sets ［J］. Neural Computing & Applications, 2003, 12: 42-48.

［6］ Bershad N J, Shynk J J, Feintuch P L. Statistical Analysis of the Single-layer Backpropagation Algorithm. II. MSE and Classification Performance ⌊J⌋. IEEE Transactions on Signal Processing. 1993, 41(2): 581-591.

［7］ Westin L K. Missing Data and the Preprocessing Perceptron ［M］. Sweden: Umeå University, 2004.

［8］ Sharpe P K, Solly R J. Dealing with Missing Values in Neural Network-based Diagnostic Systems ［J］. Neural Computing & Applications, 1995, 3(2): 73-77.

［9］ García-Laencina P J, Sancho-Gómez J L, Figueiras-Vidal A R. Pattern Classification with Missing Data: a Review ［J］. Neural Computing and Applications, 2010, 19(2): 263-282.

［10］ Sharpe P K, Solly R J. Dealing with Missing Values in Neural Network-based Diagnostic Systems ［J］. Neural Computing & Applications, 1995, 3(2): 73-77.

［11］ Azim S, Aggarwal S. Using Fuzzy C Means and Multi Layer Perceptron for Data Imputation: Simple V/S Complex Dataset ［C］. the 3rd International Conference on Recent Advances in Information Technology, 2016, 197-202.

［12］ Thompson B B. Marks R J, El-Sharkawi M A. on the Contractive Nature of Auto-encoders: Application to Sensor Restoration ［C］. in Proceedings of the International Joint Conference on Neural Networks, 2003, 4: 3011-3016.

［13］ Nelwamondo F V, Golding D, Marwala T. a Dynamic Programming Approach to Missing Data Estimation Using Neural Networks ［J］. Information Sciences, 2013, 237: 49-58.

［14］ Mistry F J, Nelwamondo F V, Marwala T. Missing Data Estimation Using Principle Component Analysis and Autoassociative Neural Networks ［J］. Journal of Systemics, Cybernatics and Informatics, 2009, 7(3): 72-79.

［15］ Goodfellow I, Bengio Y, Courville A. Deep learning ［M］. Boston: MIT press, 2016.

［16］ Marseguerra M, Zoia A. the Autoassociative Neural Network in Signal Analysis: II. Application to on-line Monitoring of a Simulated BWR Component ［J］. Annals of Nuclear Energy, 2005, 32(11): 1207-1223.

［17］ Abdella M, Marwala T. the Use of Genetic Algorithms and Neural Networks to Approximate Missing Data in Database ［C］. the IEEE 3rd International Conference on Computational Cybernetics, 2015: 207-212.

［18］ Aydilek I B, Arslan A. a Novel Hybrid Approach to Estimating Missing Values in Databases Using K-nearest Neighbors and Neural Networks ［J］. International Journal of Innovative Computing,

Information and Control, 2012, 8(7): 4705-5717.

［19］ Silva-Ramírez E L, Pino-Mejías R, López-Coello M, et al. Missing Value Imputation on Missing Completely at Random Data Using Multilayer Perceptrons ［J］. Neural Networks, 2011, 24: 121-129.

［20］ 周开利，康耀红. 神经网络模型及其 MATLAB 仿真程序设计 ［M］. 北京：清华大学出版社，2005.

［21］ Ravi V, Krishna M. a New Online Data Imputation Method Based on General Regression Auto-associative Neural Network ［J］. Neurocomputing, 2014, 138: 106-113.

［22］ Specht D F. a General Regression Neural Network ［J］. IEEE Transactions on Neural Networks, 2002, 2(6): 568-576.

［23］ Hecht-Nielsen R. Counterpropagation Networks ［J］. Applied Optics, 1987, 26(23): 4979-4984.

［24］ Gautam C, Ravi V. Counter Propagation Autoassociative Neural Network based Data Imputation ［J］. Information Sciences, 2015, 325: 288-299.

［25］ Huang G B, Zhu Q Y, Siew C K. Extreme Learning Machine: theory and applications ［J］. Neurocomputing, 2006, 70(1-3): 489-501.

［26］ 尹钊，贾尚. Moore-Penrose 广义逆矩阵与线性方程组的解 ［J］. 数学的实践与认识，2009, 39(09): 239-244.

［27］ Gautam C, Ravi V. Data Imputation via Evolutionary Computation, Clustering and a Neural Network ［J］. Neurocomputing, 2015, 156: 134-142.

［28］ Xiaochen L, Xia W, Liyong Z, et al. Imputations of Missing Values Using a Tracking-removed Autoencoder Trained with Incomplete Data ［J］. Neurocomputing, 2019, 366: 54-65.

［29］ Xiaochen Lai, Xia Wu, Liyong Zhang, et al. Imputation Using a Correlation-enhanced Auto-associative Neural Network with Dynamic Processing of Missing Values ［C］. The 16th International Symposium on Neural Networks, 2019: 223-231.

［30］ GarcíA-Laencina P J, Serrano J, Figueiras-Vidal A R, et al. Multi-task Neural Networks for Dealing with Missing Inputs ［C］. International Work-Conference on the Interplay Between Natural and Artificial Computation, 2007: 282-291.

［31］ GarcíA-Laencina P J, Sancho-GóMez J L, Figueiras-Vidal A R. Classifying Patterns with Missing Values Using Multi-task Learning Perceptrons ［J］. Expert Systems with Applications, 2013, 40(4): 1333-1341.

第5章

神经网络填补方法的优化设计

神经网络能够挖掘属性间的关联关系，并以此指导缺失值填补，是不完整数据建模的有效工具。在基于神经网络的缺失值填补方法中，网络模型与填补方案是影响填补精度的重要因素。其中，网络模型是指针对不完整数据集所构建的模型结构，填补方案是指将网络模型应用于缺失值填补的具体实施方案。一方面，网络模型的合理性可以保障所建模型与不完整数据集内的信息结构相匹配；另一方面，填补方案的有效性能够促使所建模型更好地服务于填补工作。

第4章侧重于介绍诸如多层感知机、自编码器等多种经典的网络模型，而本章旨在介绍两类典型的填补方案，即两阶段式填补方案和融合式填补方案。前者包括网络模型的训练与填补两个阶段，首先构建模型并求解模型参数，接着根据所求解的网络模型填补缺失值。后者将训练和填补融合，将缺失值视为变量，在网络训练期间对缺失值变量和模型参数进行协同式动态优化，训练结束时填补也将同步完成。

在网络模型相同的前提下，不同的填补方案会带来不同的填补效果，因此填补方案的有效设计能够提高网络模型的填补性能。在实际应用时，可从网络模型和填补方案两个角度对缺失值填补方法进行优化设计，从而提高填补性能。

5.1 面向不完整数据的代价函数

在机器学习领域，神经网络的构建目的是根据模型输入，得到与真实值尽可能接近的模型输出。为实现该目的，可基于训练集求解模型输出与期望输出之间的误差，并以此构造代价函数，在训练期间不断最小化代价函数，从而使模型参数逐渐匹配于数据的内在规律。代价函数的合理性往往决定着模型参数的准确性，尤其当数据集中包含缺失值时，如何设计并应用代价函数将影响模型的精度及填补性能。

假设数据 (x, d) 服从于分布 p，x 表示模型输入，d 表示期望输出，代价函数的定义如式（5-1）所示：

$$L(W) = E_{(x,\ d) \sim p}[l(f(x;\ W),\ d)] \tag{5-1}$$

式（5-1）中，W 表示模型参数，E 表示期望运算，$f(\cdot)$ 表示由模型得到的拟合函数，$l(f(x;\ W),\ d)$ 表示针对单个样本 x，模型输出 $f(x; W)$ 和期望输出 d 间的误差。所有误差的期望构成了代价函数，即模型的经验风险（Empirical Risk）。

在实际应用中，训练集一般基于真实分布 p 采样所得，训练集样本数量有限，且分布 p 往往未知。在此情况下，通常会以一种简化的形式，即根据训练集中所有样本的误差期望构建代价函数，如式（5-2）所示：

$$L(W) = \frac{1}{|X_{tr}|} \sum_{x \in X_{tr}} l(f(x;\ W),\ d) \tag{5-2}$$

式（5-2）中，X_{tr} 表示训练集，$|X_{tr}|$ 表示训练集内的样本数量。

训练期间，对式（5-2）所示的代价函数优化过度会导致过拟合，即模型仅能对训练集进行高精度预测，无法对未参与训练的新样本做出合理推断，这将失去模型的应用价值。过拟合的主要原因在于网络结构与训练集的复杂度不匹配，因此可通过增加训练集的样本数量、减少网络模型的参数个数来降低过拟合的可能性。此外，一种常见的处理方式是在代价函数中增加正则（Regularization）项，对模型参数实施约束，以降低其在参数调整时的活性。包含正则项的代价函数形式见式（5-3）：

$$L(W) = \frac{1}{|X_{tr}|} \sum_{x \in X_{tr}} l(f(x;\ W),\ d) + \lambda J(W) \tag{5-3}$$

式（5-3）中，λ 表示正则项系数，用于调节对模型参数的约束力度；$J(\cdot)$ 表示正则项，也可称作模型的经验风险。正则项可以选用不同的形式，在基于神经网络的回归问题中，采用 l_1 正则与 l_2 正则的代价函数分别表示为式（5-4）和式（5-5）。

$$L(W) = \frac{1}{|X_{tr}|} \sum_{x \in X_{tr}} (f(x;\ W) - d)^2 + \lambda \|W\|_1 \tag{5-4}$$

式（5-4）中，$\|W\|_1$ 表示 1 范数，即所有模型参数的绝对值之和，被称为 l_1 正则项。l_1 正则项除了能避免过拟合问题外，还可使部分模型参数取值为 0，从而稀疏化模型参数。该特性有助于模型展开特征选择。

$$L(W) = \frac{1}{|X_{tr}|} \sum_{x \in X_{tr}} (f(x;\ W) - d)^2 + \lambda \|W\|_2^2 \tag{5-5}$$

式（5-5）中，$\|W\|_2^2$ 表示 2 范数取平方，即所有模型参数的平方和，被称为 l_2 正则项。

假设 $X = \{x_i \mid x_i \in \mathbb{R}^s,\ i = 1,\ 2,\ \cdots,\ n\}$ 表示样本数量为 n，属性个数为 s 的不完整数据集，

第 i 个样本为 $\boldsymbol{x}_i = [x_{i1},\ x_{i2},\ \cdots,\ x_{is}]^{\mathrm{T}}\ (i = 1,\ 2,\ \cdots,\ n)$ ，X_{co} 表示数据集中的完整样本集合，X_{in} 表示其中的不完整样本集合。$I = [I_{ij}] \in \mathbb{R}^{n \times s}$ 描述数据的缺失情况。其中，I_{ij} 表示样本 $\boldsymbol{x}_i$ 的第 j 个属性值 x_{ij} 是否缺失。若 $I_{ij} = 1$，x_{ij} 为缺失值并用 "?" 标记；否则，x_{ij} 为现有值。

鉴于不同神经网络所选用的代价函数具有相似性并且可以互为参考，下面以自编码器为例，介绍神经网络填补方法中代价函数的设计思路。

在基于自编码器的缺失值填补方法中，模型的输入与期望输出相同，均为样本中的所有属性值。网络的训练目的在于输出重构输入，由此可根据每个属性的模型输出与该属性真实值间的重构误差构建代价函数。但是缺失值是未知数据，无法将其直接输入网络，也无法利用网络对缺失值的重构误差指导参数调整，因此大多数填补方法仅采用不完整数据集中的完整样本集合训练网络。相关的代价函数如式（5-6）所示[1]。

$$L(W) = \frac{1}{2|X_{\mathrm{co}}|} \sum_{x_i \in X_{\mathrm{co}}} \sum_{j=1}^{s} (y_{ij} - x_{ij})^2 \tag{5-6}$$

式（5-6）中，$y_{ij}\ (j = 1,\ 2,\ \cdots,\ s)$ 表示针对属性值 x_{ij} 的模型输出。

基于完整样本集合的网络训练将导致部分现有数据的浪费，例如，某不完整样本中包含一个缺失值与大量现有值，因缺失值的存在，该样本中的已知数据无法参与网络训练。当数据集的缺失率过大时，完整样本的数量将减少，基于少量样本训练的网络模型的精度往往会降低。因此，一种更为合理的代价函数需考虑不完整样本中现有数据的充分利用，而非简单地忽略它们。

为使不完整样本能够参与网络训练，首先需对其中的缺失值进行预处理，将缺失值替换为某一固定常数，或者根据均值填补等简单手段将缺失值预填为某数值。

待预填补结束后，不完整样本将和完整样本一同输入网络并参与训练过程。基于此思路的代价函数如式（5-7）所示：

$$L(W) = \frac{1}{2n} \sum_{i=1}^{n} \left[\sum_{j \in J_{\mathrm{co},i}} (y_{ij} - x_{ij})^2 + \sum_{j \in J_{\mathrm{in},i}} (y_{ij} - \hat{x}_{ij})^2 \right] \tag{5-7}$$

其中，$J_{\mathrm{co},i}$ 表示样本 x_i 中完整属性的下标集合，$J_{\mathrm{in},i}$ 表示样本 x_i 中不完整属性的下标集合，$\hat{x}_{ij}$ 表示缺失值的预填补值。

式（5-7）所示的代价函数对每个属性上的重构误差做平方运算，该操作相当于对误差进行不同程度的缩放。令 e 表示某个属性的重构误差：当 $|e| < 1$ 时，平方运算 e^2 能够缩小误差；当 $|e| > 1$ 时，平方运算 e^2 会放大误差，并且误差越大，放大的幅度就越大，不利于预填补值的引入。由于预填补值一般基于均值填补等简单方法获取，其与真实值之间会存在偏差。若网络模型足够准确，则模型输出会更加逼近于缺失值的真实值，而与预填补值存在一定的误差。该误差可能比现有值的重构误差更加突出，利用平方运算放大此误差会使模型参数的调整方向偏离正轨，从而影响模型的准确性。

　　基于上述分析，放大预填补值的重构误差会加重不完整样本在训练时的调整力度，使参数的调整出现波动甚至使参数不可靠，因此，可以设计一类函数使其减小对较大误差的放大程度。式（5-8）即符合此要求的一类函数[2]：

$$l'(e) = \sqrt{2\alpha}\exp\left(-\frac{1}{2}\right)[1-\exp(-\alpha e^2)] \tag{5-8}$$

　　式（5-8）中，α 表示函数参数，需根据实际情况进行设置。

　　图 5-1 通过对比平方运算 e^2 和 $l'(e)$ 函数，对二者的性质做进一步说明。图中共 6 条曲线，所有曲线在原点取值为 0，并且关于 y 轴对称。除 e^2 函数所代表的曲线外，其他曲线均表示不同 α 取值下的 $l'(e)$ 函数。如图 5-1 所示，随着 α 的减小，$l'(e)$ 曲线逐渐贴近于 x 轴。在部分 α 取值下，例如 $\alpha \in \{3, 5, 7\}$，当误差的绝对值 $|e|$ 小于一定数值时，$l'(e)$ 对于误差的缩放值高于 e^2；而当 $|e|$ 大于一定数值后，$l'(e)$ 对误差的缩放值明显低于 e^2。

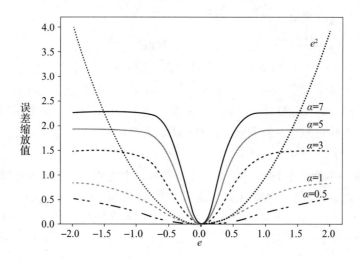

图 5-1　不同函数对误差的缩放程度示意图

　　式（5-8）所示的函数能够在一定程度上弱化预填补值的重构误差对训练的影响。结合式（5-7）和式（5-8），代价函数可改进为式（5-9）：

$$L(W) = \frac{1}{n}\sum_{i=1}^{n}\sqrt{2\alpha}\exp\left(-\frac{1}{2}\right)[1-\exp(-\alpha e_i^2)] \tag{5-9}$$

　　式（5-9）中，e_i 的定义见式（5-10）：

$$e_i = \sum_{j\in J_{co,i}}(y_{ij}-x_{ij})^2 + \sum_{j\in J_{m,i}}(y_{ij}-\hat{x}_{ij})^2 \tag{5-10}$$

　　除上述方式外，还可通过权重来降低预填补值重构误差对训练的影响。观察式（5-7）可知，此代价函数不对填补值和现有值做明确区分，并在训练期间将二者置于同等地位，当缺失值过多，或者预填补的填补误差较大时，利用预填补值的重构误差可能会对模型参数的

调整产生干扰,进而降低网络模型的精度。基于权重的代价函数如式(5-11)所示:

$$L(W) = \frac{1}{2n}\sum_{i=1}^{n}\left[\sum_{j \in J_{co,i}}(y_{ij}-x_{ij})^2 + \eta \sum_{j \in J_{in,i}}(y_{ij}-\hat{x}_{ij})^2\right] \qquad (5\text{-}11)$$

式(5-11)中,$\eta \in [0,\ 1]$ 为权重,衡量预填补值的重构误差对代价函数的贡献度。当 $\eta = 1$ 时,式(5-11)和式(5-7)完全相同;当 $\eta = 0$ 时,预填补值的重构误差无法参与网络训练,仅根据所有现有数据的重构误差调整模型参数。

代价函数是模型参数调整的驱动力,故设计合理的代价函数能够提高网络模型的填补精度。在实际应用中,面向不完整数据的代价函数设计既需要保证现有数据的合理利用,又需考虑基于不完整信息进行网络训练的准确性。代价函数设计完毕后,即可针对函数特性展开网络模型的训练与填补。本章后续部分将介绍多种基于不同代价函数的神经网络填补方案。

5.2 两阶段式填补方案

填补方案是指将网络模型应用于缺失值填补的具体方案,其解决的是如何在缺失值填补中用好网络模型的问题。目前,两阶段式填补方案是一种常见方案,其将填补过程分为网络模型的训练与填补两个阶段。首先,在训练阶段,根据不完整数据集建立训练集,构建网络模型并基于训练集求解模型参数。在填补阶段,对不完整样本集合内的缺失值进行一定处理后,将其输入训练完成的网络模型。然后,对缺失值进行估算,进而得到填补后的数据集。此方案的简要流程如图 5-2 所示。

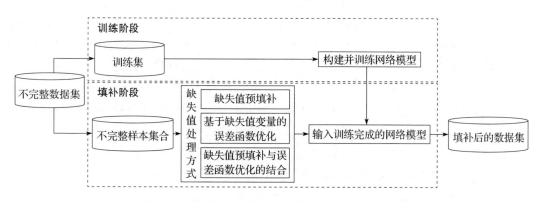

图 5-2 基于神经网络的两阶段式填补方案流程图

训练阶段,一种典型的处理方法是将数据集中的完整样本集合视为训练集,进而求解模型参数。此方法虽能避免不完整的输入样本,却难以保障训练集的合理性以及数据集中已知数据的利用率。因此,可以考虑将不完整样本纳入训练过程,但面临的关键问题在于如何借助缺失值展开网络训练的前向传播与反向传播。

填补阶段，由于不完整样本无法直接输入网络，一般采用如下 3 种方式处理缺失值。

1. 缺失值预填补

根据均值填补、热平台填补等简单方法将缺失预填补为常数，接着将预填后的样本输入网络模型，计算模型输出并将其作为最终的填补值。

2. 基于缺失值变量的误差函数优化

经训练确定模型参数，将缺失值视为变量，并将包含缺失值变量的不完整样本直接输入网络模型。利用模型输出和期望输出之间的误差构造关于缺失值的误差函数，随后通过优化算法对误差函数实行优化，从而求解缺失值的最优解。

3. 缺失值预填补与误差函数优化的结合

设计随参数变化的预填补函数，并以此填补样本中的缺失值，随后根据预填补函数和模型输出建立误差函数，基于优化算法计算误差函数为最小值时的参数取值，进而求解该参数取值下的填补值。例如，可根据 K 最近邻法设计预填补函数，并将近邻数 K 视为待求解的未知参数，基于误差函数确定 K 的最佳取值以及相应参数取值下的填补结果。

接下来，将根据图 5-2 的思路，依次介绍训练阶段与填补阶段的具体实现方案。

5.2.1　训练阶段

训练阶段，可直接在式（5-7）所示代价函数的基础上，利用完整样本集合求解模型参数。鉴于完整样本可直接输入网络模型，并且其质量往往高于不完整样本，所以基于完整样本进行训练能够获得相对准确的模型参数。

然而，该训练方式的主要问题在于，当完整样本数量较小时，利用少量样本训练的网络模型可能不够准确。此外，考虑到网络模型需在填补阶段处理不完整或不准确的输入，而基于完整样本的训练过程并未考虑此类输入的特性，故其对这些输入的适应能力可能不高。

在神经网络中，训练集是网络模型的"养料"，构造对填补任务有利的训练集能够促进模型的"生长"，并改善"结果"的质量。因此，为使网络模型在训练期间即可感知后续的填补任务，掌握不完整样本的结构特点，进而有针对性地展开训练，可考虑对训练集实行筛选与优化。

下面介绍一种训练集的构造思路，具体过程包括如下两个步骤[3]。

1. 筛选预备训练集

针对每个不完整样本，为其寻找最相似的一组样本，接着利用所有的相似样本构成预备训练集。相似样本的获取方式较多，例如，根据 K 最近邻算法为每个不完整样本寻找最相似的一组近邻样本，期间样本相似性的度量方式主要包括局部距离、闵可夫斯基距离、马氏距离等，具体计算方法参考 3.1 节。此外，还可采用聚类算法将数据集划分为若干个簇，并在簇内搜索相似样本。假设不完整样本 x_i 对应的相似样本集合记为 $S(x_i)$，可描述为式（5-12）：

$$S(x_i) = \{x_i^{(1)}, \ x_i^{(2)}, \ \cdots, \ x_i^{(n_i)}\}, \quad \boldsymbol{x}_i \in X_{\mathrm{in}} \tag{5-12}$$

式（5-12）中，$x_i^{(k)}(k = 1, \ 2, \ \cdots, \ n_i)$ 表示 x_i 的第 k 个相似样本，n_i 表示 x_i 的相似样本数量。

集合 $S(x_i)$ 能够体现数据集空间内不完整样本附近的样本特征，有助于网络模型挖掘不完整样本的属性关联关系。所有的相似样本构成了预备训练集，其定义见式（5-13）：

$$X_{\mathrm{tr}}' = \bigcup_{x_i \in X_{\mathrm{in}}} S(x_i) \tag{5-13}$$

2.优化预备训练集

在获得不完整样本 x_i 的相似样本集合 $S(x_i)$ 后，针对其中的每个样本人工构造缺失值，并且令人为缺失的属性位置与不完整样本 x_i 保持一致。例如，不完整样本 $\boldsymbol{x}_i = [0.1, \ 0.2, \ ?, \ 0.3]^{\mathrm{T}}$，两个相似样本分别为 $\boldsymbol{x}_i^{(1)} = [0.1, \ 0.1, \ 0.2, \ 0.3]^{\mathrm{T}}$、$\boldsymbol{x}_i^{(2)} = [0.1, \ ?, \ 0.2, \ 0.3]^{\mathrm{T}}$，其中，$\boldsymbol{x}_i^{(1)}$ 是完整样本，$\boldsymbol{x}_i^{(2)}$ 是不完整样本。由于 x_i 的第 3 个属性为缺失值，人为删除每个相似样本的第三个属性值后的相似样本分别为 $\tilde{\boldsymbol{x}}_i^{(1)} = [0.1, \ 0.1, \ ?, \ 0.3]^{\mathrm{T}}$、$\tilde{\boldsymbol{x}}_i^{(2)} = [0.1, \ ?, \ ?, \ 0.3]^{\mathrm{T}}$。

令 $\tilde{S}(x_i)$ 表示包含人工缺失值的相似样本 $\tilde{\boldsymbol{x}}_i^{(k)}(k = 1, 2, \ldots, n_i)$ 所构成的集合，此集合可反映不完整样本 $\boldsymbol{x}_i$ 的结构特点，使网络模型在训练时能够合理考虑不完整样本中的缺失情况，由此增强其在填补阶段对样本 $\boldsymbol{x}_i$ 的应对能力。优化后的预备训练集可表示为式（5-14）：

$$\tilde{X}_{\mathrm{tr}}' = \bigcup_{x_i \in X_{\mathrm{in}}} \tilde{S}(x_i) \tag{5-14}$$

最终，训练集 X_{tr} 由预备训练集 X_{tr}' 和优化预备训练集 $\tilde{X}_{\mathrm{tr}}'$ 共同组成。其中，$\tilde{X}_{\mathrm{tr}}'$ 位于训练集前半部分，用于挖掘不完整样本的属性关联和结构特点，X_{tr}' 位于训练集后半部分，用于网络参数的进一步微调。

基于上述方式所得的训练集 X_{tr} 必然包含缺失值，因此训练过程会面临如何借助缺失值进行前向传播与反向传播这一问题。下面介绍一种基于不完整训练集的改进训练方式。

1. 前向传播

首先，将训练集中的缺失值替换为任意常数值，使其能够直接输入网络。接着，根据式（5-15）计算网络模型的隐藏层输出，剔除全部关于缺失值的计算。

$$\mathrm{net}_{ik}^{(1)} = \varphi\left(\frac{s}{\displaystyle\sum_{l=1}^{s} I_{il} \cdot \left(\sum_{l=1}^{s} w_{lk}^{(1)} \cdot I_{il} \cdot x_{il} + b_k^{(1)} \right)} \right), \quad k = 1, \ 2, \ \cdots, \ n^{(1)} \tag{5-15}$$

式（5-15）中，$n^{(1)}$ 表示隐藏层的神经元数量；$\mathrm{net}_{ik}^{(1)}(k = 1, \ 2, \ \cdots, \ n^{(1)})$ 表示针对第 i 个训练样本，第 k 个隐藏层神经元的输出；$\varphi(\cdot)$ 为隐藏层神经元的激活函数；s 为属性个数；$\boldsymbol{x}_i = [x_{i1}, \ x_{i2}, \ \cdots, \ x_{is}]^{\mathrm{T}}$，$x_i \in X_{\mathrm{tr}}$ 表示第 i 个训练样本；$\boldsymbol{I}_i = [I_{i1}, \ I_{i2}, \ \cdots, \ I_{is}]^{\mathrm{T}}$ 标记样本属性值是否缺失。若 $x_{il}(l = 1, \ 2, \ \cdots, \ s)$ 为缺失值，$I_{il} = 0$；否则，$I_{il} = 1$。$w_{lk}^{(1)}$ $(l = 1, \ 2, \ \cdots, \ s;$ $k = 1, \ 2, \ \cdots, \ n^{(1)})$ 表示第 i 个输入神经元与第 k 个隐藏层神经元的权重，$b_k^{(1)}$ 表示第 k 个隐藏

层神经元的阈值。

接着，根据所得隐藏层的输出值即可求解模型输出：

$$y_{ij} = \vartheta\left(\sum_{k=1}^{n^{(1)}} w_{kj}^{(2)} \cdot \mathrm{net}_{ik}^{(1)} + b_j^{(2)}\right), \quad j = 1, 2, \cdots, s \tag{5-16}$$

式（5-16）中，$\vartheta(\cdot)$ 为输出层神经元的激活函数，$w_{kj}^{(2)}$ $(k = 1, 2, \cdots, n^{(1)}, \ j = 1, 2, \cdots, s)$ 表示第 k 个隐藏层神经元与第 j 个输出层神经元的权重，$b_j^{(2)}$ 表示第 j 个输出层神经元的阈值。

至此，前向传播完毕，此过程借助缺失值标记 I_i 剔除了不完整样本 $\boldsymbol{x}_i$ 中所有关于缺失值的运算，由此解决了不完整输入问题。

2. 反向传播

在获得模型输出 y_{ij} $(j = 1, 2, \cdots, s)$ 后，根据模型输出与期望输出之间的误差指导模型参数的调整。由于网络的期望输出恰为输入，反向传播过程需求解 y_{ij} 对 x_{ij} 的重构误差。然而，若 x_{ij} 为缺失值，则模型输出对缺失值的重构误差不可直接获取，无法实现正常求解。

考虑到在同一个样本中，现有值的重构误差对缺失值重构误差的求解有着借鉴意义，因此可根据式（5-17）求解样本中每个属性值的重构误差 e_{ij}：

$$e_{ij} = \begin{cases} y_{ij} - x_{ij}, & j \in J_{\mathrm{co},i} \\ \dfrac{1}{|J_{\mathrm{co},i}|}(\sum_{j \in J_{\mathrm{co},i}} y_{ij} - x_{ij}), & j \in J_{\mathrm{in},i} \end{cases} \tag{5-17}$$

由此，网络模型的代价函数可表示为式（5-18）：

$$L(W) = \frac{1}{2|X_{\mathrm{tr}}|} \sum_{i=1}^{X_{\mathrm{tr}}} \sum_{j=1}^{s} \mathrm{e}_{ij}^2 \tag{5-18}$$

与式（5-17）相比，此代价函数根据现有值重构误差的均值求解缺失值重构误差，从而允许不完整样本直接参与训练过程。

图 5-3 是基于不完整样本的误差反向传播示意图。假设不完整样本 $\boldsymbol{x}_i$ 在第 2 个属性存在缺失值，模型输出 y_{i2} 与缺失值 x_{i2} 之间的误差 e_{i2} 不可直接获取，需基于式（5-17）利用现有值重构误差的均值进行求解。在求得 e_{ij} $(j = 1, 2, \cdots, s)$ 后，这些误差由输出层反向传递至各层，用于指导模型参数的调整与更新。随着训练过程的逐渐展开，模型的重构误差逐渐减小并最终趋于稳定。训练完毕后，模型参数 W 得以求解，此参数是网络模型在最小化重构误差的前提下，对数据内在规律的挖掘成果。

与单纯使用完整样本训练网络相比，筛选并优化训练集的方式在考虑不完整样本特征的前提下，使网络模型更高效地捕捉不完整数据的有效信息，进而更好地服务于后续填补任务。

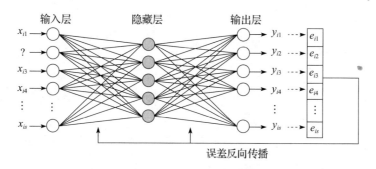

图 5-3　误差反向传播过程

5.2.2　填补阶段

模型参数 W 经训练后得以求解并固定，故可基于网络模型得到关于每个属性的拟合函数。但网络模型一般无法直接处理不完整输入，需对缺失值进行处理后，方可借助网络填补缺失值。缺失值处理主要包括缺失值预填补、基于缺失值变量的误差函数优化、预填补与误差函数优化结合等。下面依次介绍 3 种缺失值处理方法。

1. 缺失值预填补

缺失值预填补是比较常见的一种思路，在不完整样本输入网络前，将其中的缺失值替换为常数，随后利用包含预填补值的样本求解模型输出，如式（5-19）所示：

$$y_{ij} = f_j(\hat{x}_i; W) = f_j(x_i^{(p)}, \hat{x}_i^{(m)}; W), \quad j = 1, 2, \cdots, s \qquad (5\text{-}19)$$

式（5-19）中，$\hat{x}_i$ 表示对 x_i 进行预填补后所得的样本；$x_i^{(p)}$ 和 $\hat{x}_i^{(m)}$ 分别表示模型的现有值集合和预填补值集合；$f_j(\cdot)$ 表示针对第 j 个属性，网络所求解的拟合函数。由式（5-19）可知，在已知模型参数 W 的前提下，根据样本中的所有现有值和预填补值可求解输出 y_{ij}。令 $J_{in,i}$ 表示样本 x_i 中缺失值所构成的下标集合，利用与 $J_{in,i}$ 对应的输出 y_{ij}，$j \in J_{in,i}$ 即可填补样本中的缺失值。

缺失值预填补方法实施的关键在于如何确定预填补值 $\hat{x}_i^{(m)}$，鉴于预填补的主要目的是令不完整样本能够输入网络以参与运算，故可选用一些简单的缺失值处理方式，例如，将所有缺失值替换为某一固定常数。但是考虑到预填补的质量会在一定程度上影响模型输出的准确性，可采用诸如均值填补法、热平台填补法等方法填补缺失值。

在预填补方法中，缺失值对于网络模型是透明的，即在填补阶段，模型无须考虑缺失值的存在，可直接根据预填补后的完整样本求解填补值。研究者也可针对实际场景选取合适的预填补方法，因此相对灵活。其面临的主要问题在于，网络模型难以对预填补值与现有值进行明确区分。一方面，预填补值仅是缺失值的替代，求解过程易混入不完整数据中的噪声，并且由于预填补方法的精度限制，该值与实际值间存在一定的估计误差。另一方面，此方式将缺失值视为常量，进而将不确定的信息简化为固定信息，给数据集引入了不准确性，对缺失值的估计精度有直接影响。

2. 基于缺失值变量的误差函数优化

相较于将缺失值视为常量的处理思路，基于缺失值变量的误差函数优化方法在合理考虑缺失值不确定性的前提下，将缺失值作为未知变量，并利用现有值和缺失值变量的重构误差建立如式（5-20）所示的误差函数：

$$e_i = \sum_{j=1}^{s} (y_{ij} - x_{ij})^2 = \sum_{x_{ij} \in x_i^{(p)}} (y_{ij} - x_{ij})^2 + \sum_{x_{ij} \in x_i^{(m)}} (y_{ij} - x_{ij})^2 \qquad (5\text{-}20)$$

式（5-20）中，$x_i^{(p)}$ 和 $x_i^{(m)}$ 分别表示不完整样本 x_i 中的现有值集合和缺失值集合，集合 $x_i^{(m)}$ 内的元素均为变量，需根据优化算法求解误差函数为最小值时的缺失值取值。

诸如梯度下降法等常见的优化算法均可用于式（5-20）误差函数的优化，然而大部分基于梯度的优化算法易得到局部最优解，导致估计值并非数据空间内的最优取值。为了得到全局最优解，下面介绍一种基于遗传算法优化误差函数的方法。其优化流程如图 5-4 所示。

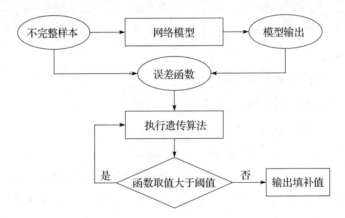

图 5-4　基于遗传算法的误差函数优化流程

如图 5-4 所示，首先将集合 $x_i^{(m)}$ 中的元素视为缺失值变量，并将不完整样本 x_i 直接输入网络模型，接着得到模型输出 $y_i = [y_{i1}, y_{i2}, \cdots, y_{is}]^T$，其中，$y_{ij}$ 是关于自变量 $x_i^{(m)}$ 的函数，其形式见式（5-21）：

$$y_{ij} = f_j(x_i; W) = f_j(x_i^{(p)}, x_i^{(m)}; W), \quad j = 1, 2, \cdots, s \qquad (5\text{-}21)$$

式（5-21）中，$f_j(\cdot)$ 表示针对第 j 个属性，网络所得到的拟合函数。

在求得模型输出后，利用遗传算法对误差函数进行优化。优化过程是不断尝试缺失值变量的不同取值，以逐渐最小化误差函数的迭代过程。在每一轮迭代中，若误差函数的取值大于指定的阈值，则继续优化；否则，结束优化过程。优化所求的缺失值变量即为最终的填补值。

遗传算法（Genetic Algorithm，GA）是一种随机搜索算法，其通过模拟生物的进化过程在全局空间寻找某问题的最优解。下面结合误差函数优化问题，介绍遗传算法的具体实现过程。

（1）遗传表达和初始化

在遗传算法中，个体（Individual）对应某一问题的可行解，种群（Population）是指由若干个体构成的集合，对应某一问题的多组可行解。为了利用生物进化理论解决数学问题，首先需将问题的可行解映射为由一定格式的数字串所表示的个体。将可行解转化为个体的过程称为编码，二进制编码和实数编码是两种较为常见的编码方式。其中，二进制编码将可行解表示为由 0 和 1 构成的数字串，而实数编码将可行解映射为实数空间内的数值。

最小化式（5-20）所示误差函数的形式可表示为 $\min e_i(x_{iJ_{\mathrm{in},i}(1)},\ x_{iJ_{\mathrm{in},i}(2)},\ \cdots,\ x_{iJ_{\mathrm{in},i}(|J_{\mathrm{in},i}|)})$，其中，$J_{\mathrm{in},i}$ 表示样本 x_i 中缺失值的下标集合，$J_{\mathrm{in},i}(j)(j=1,\ 2,\ \cdots,\ |J_{\mathrm{in},i}|)$ 表示集合 $J_{\mathrm{in},i}$ 中的第 j 个元素，$x_{iJ_{\mathrm{in},i}(j)}\in x_i^{(m)}$ 表示待求解的缺失值变量。设 $E=\{E_1,\ E_2,\ \cdots,\ E_m\}$ 表示种群，其中，m 表示个体的数量，$E_p(1\leqslant p\leqslant m)$ 表示种群中的第 p 个个体，其形式见式（5-22）：

$$E_p=[x_{p,\ iJ_{\mathrm{in},i}(1)},\ x_{p,\ iJ_{\mathrm{in},i}(2)},\ \cdots,\ x_{p,\ iJ_{\mathrm{in},i}(|J_{\mathrm{in},i}|)}],\quad 1\leqslant p\leqslant m \qquad (5\text{-}22)$$

其中，$x_{p,\ iJ_{\mathrm{in},i}(j)}(j=1,\ 2,\ \cdots,\ |J_{\mathrm{in},i}|)$ 表示第 p 个个体中被编码的缺失值变量 $x_{iJ_{\mathrm{in},i}(j)}$。假设缺失值变量的个数 $|J_{\mathrm{in},i}|=2$，一组可行解可表示为 $x_{p,\ iJ_{\mathrm{in},i}(1)}=1$ 和 $x_{p,\ iJ_{\mathrm{in},i}(2)}=2$。若采用二进制编码方式，则该可行解对应的个体可由 1 的二进制数"01"和 2 的进制数"10"构成，即 $E_p=[01,\ 01]$。借用遗传理论中的概念，"01"和"10"称为染色体（Chromosome），染色体内的元素称为基因（Gene）。为表述方便，将演化到第 t 代的种群记为 $E(t)=\{E_1(t),\ E_2(t),\ \cdots,\ E_m(t)\}$。

（2）适应度函数

为模拟适者生存、优胜劣汰的生物进化过程，需利用适应度函数对种群中每个个体的适应能力进行评价。适应能力高的个体才能存活到下一代，而适应能力较差的个体将从种群中淘汰，无法参与后续进化过程。在误差函数的优化问题中，适应度函数可设计为式（5-20）所示的误差函数的倒数。即误差越小，适应能力越强，越有可能存活；否则相反。

遗传算法借助选择、交叉、变异遗传算子不断演化出代表新解集的种群。当演化结束后，末代种群通常由高适应度的个体组成，其中适应度最高的个体可作为问题的最优或者近似解。下面介绍三种基本的遗传算子。

1）选择算子

作为自然选择过程的一种人工模拟，选择算子使具有较高适应度的个体能够以较大的概率被保留到下一代。轮赌盘算法是一种常用的个体选择方法，其根据个体的适应度对所有个体进行降序排列，而后以轮赌盘的方式求解个体被选中的概率。首先，利用适应度函数计算种群 $E(t)=\{E_1(t),\ E_2(t),\ \cdots,\ E_m(t)\}$ 中每个个体的适应度值。假设个体 $E_p(t)(p=1,\ 2,\ \cdots,\ m)$ 的适应度值为 e_p，所有个体按适应度值降序排列后的序列 O 如式（5-23）所示：

$$O = \{E_{o_1}(t),\ E_{o_2}(t),\ \cdots,\ E_{o_m}(t)\,|\,e_{o_j} \geqslant e_{o_{j+1}},\quad j=1,\ 2,\ \cdots,\ m-1\} \tag{5-23}$$

式（5-23）中，$1 \leqslant o_j \leqslant m(j=1,\ 2,\ \cdots,\ m)$ 表示个体对应的下标。图 5-5 为轮赌盘算法的示意图。

在图 5-5 中，轮赌盘可简化为一个圆形盘面，根据所有个体的适应度值将圆形盘面划分为不同的扇形区域，每个扇形对应一个个体。个体的适应度值越大，相应扇形的面积也越大，而扇形面积越大，则个体被选择的概率就越大。将圆形弧线展开为一条线段，圆形盘面中的扇形弧线对应其中的部分线段。每部分线段的长度由左至右递减，而整条线段对应按适应度值降序排列后的个体序列 O。

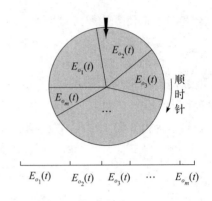

图 5-5　轮赌盘算法示意图

轮赌盘构造完毕后，按照顺时针方向转动轮赌盘。当轮赌盘静止时，图 5-5 中黑色粗箭头所指向的扇形即为选中区域，该区域对应的个体是被选中的个体。每个个体的选择概率可表示为式（5-24）：

$$P_{\text{selection}}(E_{o_j}(t)) = \frac{e_{o_j}}{\sum\limits_{p=1}^{m} e_{o_p}},\quad 1 \leqslant j \leqslant m \tag{5-24}$$

为了模拟轮赌盘的转动与选择过程，需根据个体的选择概率计算其累计概率，如式（5-25）所示：

$$P_{\text{acc}}(E_{o_j}(t)) = \frac{\sum\limits_{p=1}^{j} e_{o_p}}{\sum\limits_{p=1}^{m} e_{o_p}},\quad 1 \leqslant j \leqslant m \tag{5-25}$$

接着，随机生成一个取值范围在 [0, 1] 内的数字 α_1，并将 α_1 和序列 O 中个体的累计概率依次进行比较。若序列中第 j 个个体 $E_{o_j}(t)$ 满足式（5-26），$E_{o_j}(t)$ 即为被选中个体。

$$\alpha_1 \leqslant P_{\text{acc}}(E_{o_j}(t)) \tag{5-26}$$

2）交叉算子

交叉算子是对生物进化过程中遗传基因重组的一种模拟。交叉过程可理解为利用父代和母代个体生成子代个体的过程。交叉概率 P_c 是该过程中的超参数，用于控制被选中的两个个体重组为新的个体。首先，通过轮赌盘算法选择两个待交叉的个体 $E_p(t)$ 和 $E_q(t)$，接着随机产生一个取值范围在 [0, 1] 内的数字 α_2，若 $\alpha_2 \leqslant P_c$，则允许交叉；否则不展开交叉过程。假设当前两个个体允许交叉，若采用二进制编码方式，则可在个体中选择一个或多个交叉点，并按照图 5-6 所示的方式交换父代和母代个体中相应位置的基因，进而重组为两个新的子代个体。

若采用实数编码方式，则可根据整体算术交叉策略得到新的个体。$E_p(t)$ 和 $E_q(t)$ 经整体算术交叉策略作用后可产生两个子代个体 $E_p(t+1)$ 和 $E_q(t+1)$，其求解规则见式（5-27）和式（5-28）：

$$E_p(t+1) = rE_p(t) + (1-r)E_q(t) \tag{5-27}$$

$$E_q(t+1) = rE_q(t) + (1-r)E_p(t) \tag{5-28}$$

式（5-28）中，$r \in [0, 1]$ 表示算术交叉乘子。由式（5-27）式（5-28）可知，子代个体实际上是由父代和母代个体的凸组合生成。

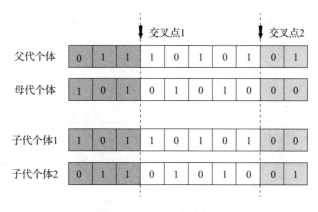

图 5-6 交叉过程示意图

3）变异算子

变异算子是对生物进化过程中基因突变的一种模拟，其以一个小的变异概率随机改变种群中的一些个体进行变异操作。变异算子是维持种群多样性，防止网络出现早熟收敛的重要手段。交叉概率 P_m 是该过程的超参数，用于控制被选中的个体进行变异。在变异期间，需随机产生一个取值范围在 [0, 1] 内的数字 α_3，若 $\alpha_3 \leq P_m$，则允许变异；否则不展开变异过程。假设当前个体 $E_p(t)$ 允许变异，当个体采用二进制编码方式时，个体中显示为 1 的基因可变异为 0，显示为 0 的基因则变异为 1。当个体采用实数编码时，可根据简单的均匀变异策略变异，即个体中的每个元素 $x_{p, iJ_{\text{in}, i}(j)}(j=1, 2, \cdots, |J_{\text{in}, i}|)$ 都会被其取值范围内的一个随机数替代。

遗传算法的终止条件包括种群的整体适应度不再上升或者达到预设的最大遗传迭代次数等。基于遗传算法的误差函数优化过程包括以下步骤。

步骤 1：确定各缺失值变量 $x_{iJ_{\text{in}, i}(j)}$ 的取值范围 $[x^-_{iJ_{\text{in}, i}(j)}, x^+_{iJ_{\text{in}, i}(j)}]$。

步骤 2：设置种群规模 m，交叉概率 P_c，变异概率 P_m，最大遗传迭代次数 T，令迭代次数 $t=1$。基于缺失值变量的取值范围 $[x^-_{iJ_{\text{in}, i}(j)}, x^+_{iJ_{\text{in}, i}(j)}]$ 随机生成缺失值变量的初始值，由此组成个体，并形成初始种群 $E(1) = \{E_1(1),\ E_2(1),\ \cdots,\ E_m(1)\}$。

步骤 3：计算个体 $E_j(t)(j = 1,\ 2,\ \cdots,\ m)$ 的适应度值，根据适应度值对种群的个体进行降序排序。

步骤 4：执行轮赌盘算法，选择父代和母代个体 $E_p(t)$ 和 $E_q(t)$。

步骤 5：生成随机数 $a_1 \in [0,\ 1]$，若 $a_1 \leqslant P_c$，则对父代和母代个体进行交叉，由此得到交叉后的个体 $E_p(t+1)$ 和 $E_q(t+1)$；否则不进行交叉。

步骤 6：针对个体 $E_p(t+1)$ 和 $E_q(t+1)$，依次生成随机数 $a_2 \in [0,\ 1]$，若 $a_2 \leqslant P_m$，则对当前个体进行变异操作，否则不展开变异过程。

步骤 7：依次将当前所得个体 $E_p(t+1)$ 和 $E_q(t+1)$ 加入新一代种群 $E(t+1)$。

步骤 8：若 $|E(t+1)| \geqslant m$，则进入步骤 9；否则，转至步骤 4。

步骤 9：若迭代次数 $t < T$，则 $t = t+1$，转至步骤 3；否则，优化过程结束，进入步骤 10。

步骤 10：将种群中适应度最大的个体作为最优解，并将该个体中缺失值变量的取值作为最终的填补结果。

3. 缺失值预填补与误差函数优化的结合

缺失值预填补方法采用常数替换不完整样本中的缺失值，虽能够处理不完整输入，但引入了预填补误差。误差函数优化方法将缺失值视为变量，借助优化算法不断估计缺失值，直到获得最优的估计值。为了避免在预填补期间引入缺失值的不确定性，可结合缺失值预填补与误差函数优化方法进行缺失值处理。其主要过程为，首先设计随参数变化的预填补函数并以此填补样本中的缺失值，随后根据误差函数优化思路，建立误差函数并求解最佳参数取值，进而得到最佳参数取值下的填补结果。接下来，介绍两种基于此思路的填补方案。

（1）基于 K 近邻预填补与误差函数优化的缺失值填补

K 近邻填补法的基本思路是，寻找与不完整样本距离最近或相关度最高的 K 个完整样本，接着采用这些近邻样本现有值的加权平均填补缺失值的方法。该方法包含近邻样本选择和近邻样本权重计算两个关键步骤。其中，近邻样本选择是指计算不完整样本与其他样本的距离或相关性，进而找到与该样本距离最近的 K 个完整样本的过程。近邻样本权重计算是指计算各近邻样本在缺失值填补中贡献程度的过程。K 近邻填补法的具体实施过程已在 3.1.3 节详细介绍。

在 K 近邻填补法中，近邻数 K 是超参数，需在算法运行前人为设定，并且不同的 K 值将得到不同的填补结果。为了针对每个不完整样本，设定最佳近邻数 K，可将 K 视为变量并设计如（5-29）所示的预填补函数：

$$\hat{x}_{ij}(K) = \sum_{x_k \in N_K(x_i)} w_k \cdot x_{kj},\quad j \in J_{\text{in},\ i} \tag{5-29}$$

式（5-29）中，$\hat{x}_{ij}(K)$ 表示缺失值 x_{ij} 对应的预填补函数，$N_K(x_i)$ 表示由样本 x_i 的 K 个

近邻样本所构成的集合，w_k 表示第 k 个近邻样本的权重值，$J_{in,\,i}$ 表示样本 x_i 中缺失值的下标集合。

误差函数可表示为模型输出和预填补输入之间的误差平方和。令 $x_i^{(p)}$ 和 $x_i^{(m)}$ 分别表示不完整样本 x_i 中的现有值集合和缺失值集合，$\hat{x}_i^{(m)}(K)$ 表示针对 $x_i^{(m)}$，由式（5-29）所得的预填补值构成的集合。基于 K 近邻预填补与误差函数优化的缺失值填补流程如图 5-7 所示[4]。图中，近邻数 K 是取值范围在 $[1, |X_{co}|]$ 内的整数，X_{co} 表示不完整数据集中的完整样本集合。误差函数的优化过程可理解为在取值范围 $[1, |X_{co}|]$ 内寻找理想 K 值的过程。

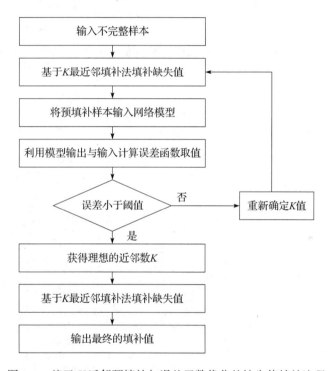

图 5-7　基于 K 近邻预填补与误差函数优化的缺失值填补流程

如图 5-7 所示，通过尝试近邻数 K 的取值不断调整预填补结果，随后将包含 $x_i^{(p)}$ 和 $\hat{x}_i^{(m)}(K)$ 的预填补样本输入网络模型，由此得出模型输出 $y_{i,j}$ $(j = 1, 2, \cdots, s)$ 并计算模型输入和输出间的误差函数取值。直到误差值小于指定阈值，则不完整样本 x_i 寻找到理想的 K 值。接着在该理想 K 值下，利用 K 近邻填补法计算最终的填补值。

（2）基于模糊 C 均值预填补与误差函数优化的缺失值填补

模糊 C 均值填补法是一种基于聚类的填补方法。该方法首先采用模糊 C 均值算法将不完整数据集划分为若干个簇，接着参照聚类中心或者簇内的完整样本对不完整样本展开填补。具体实现细节已在 3.1.4 节详细介绍。

　　在模糊 C 均值填补法中，簇的数量以及模糊化参数是两个重要的超参数，簇的数量决定基于不完整数据集所划分簇的个数，模糊化参数控制样本在各簇间的分享程度。不同的超参数取值会影响聚类结果以及最终的填补值，因此可将簇数量以及模糊化参数视为变量，以此设计基于模糊 C 均值算法的预填补函数[5]。

　　误差函数可表示为模型输出和预填补输入之间的误差平方和。由于预填补输入会随着簇数量以及模糊化参数的变化而调整，因此误差函数可视为以超参数为自变量的函数。为了给每个不完整样本设定合理的超参数，可不断尝试超参数的可能取值，并检验相应的误差是否小于指定阈值。若误差小于指定阈值，即寻找到符合要求的超参数，接着可基于该超参数求解最终的填补值。

　　基于模糊 C 均值预填补与误差函数优化的填补流程如图 5-8 所示。鉴于存在两个超参数，并且超参数的取值情况相对于 K 近邻预填补函数而言更为复杂，此处利用遗传算法在全局空间寻找超参数取值，从而对误差函数实行高效优化。

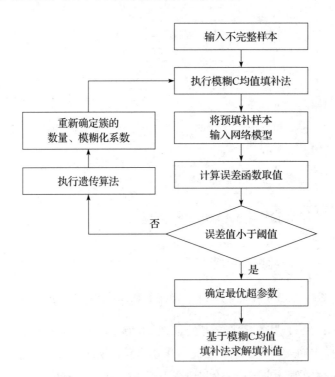

图 5-8　基于模糊 C 均值预填补与误差函数优化的填补流程

　　如图 5-8 所示，首先利用模糊 C 均值填补法预填补不完整样本，随后将预填补样本输入网络模型，利用预填补模型输入和输出计算误差函数取值。若当前误差值小于阈值，则优化结束，得到最优超参数并以此填补缺失值；否则执行遗传算法，重新尝试新的超参数取值。

基于上述两种方法可知，缺失值预填补与误差函数优化相结合的方法通过误差函数的优化，为预填补样本寻找理想的超参数取值，从而求解比初始预填补值更为准确的填补结果。在此类方法中，训练所得的网络模型相当于预填补值的质量评价器，而模型输出和输入间的误差衡量了不同超参数下的预填补质量，通过不断优化可确定理想的超参数取值以及相应的填补结果。

5.3　融合式填补方案

在两阶段式填补方案中，模型训练与缺失值填补过程完全分离。此类方法首先基于不完整数据集构造训练集，以此求解模型参数，接着根据训练所得的网络模型对不完整样本展开填补。两阶段式填补方案遵循先建模后应用的思路，然而此思路在不完整数据处理中会面临一些问题。例如，在基于完整样本进行网络训练的两阶段式填补方案中，一旦数据集的缺失率过大，完整样本的数量将减少，网络模型的训练精度将由于训练样本的减少而降低。此外，完整样本和不完整样本内的信息结构和数据质量可能不同，由此会导致训练和填补期间的模型输入存在差异。由于不完整样本未参与训练过程，网络模型无法提前感知不完整样本的信息和结构特点，进而会影响填补期间模型对不完整样本的适应能力。

因此，一种更为合理的填补方案需考虑训练期间不完整样本的合理参与，以便实现现有数据的充分利用。为了有效利用已知数据，本节将不完整样本纳入网络训练过程，其中的缺失值将被视为代价函数的变量并基于优化算法进行动态调整。将缺失值视为变量的建模思路能够提高不完整数据集中的数据利用率，并且缺失值的估计误差会随着迭代式优化的深入而渐进降低，模型的准确性和填补精度得以协同提升。

5.3.1　基于缺失值变量的神经网络动态填补方案

在缺失值变量的思路下，不完整样本和完整样本一同参与网络训练，缺失值变量将协同模型参数进行动态优化。训练结束时，填补过程将伴随式地完成，即模型参数和缺失值得以同步求解。

图 5-9 是缺失值参与网络训练（Missing Values Participating in Training，MVPT）填补方案的具体实现过程，图中的网络模型为去跟踪自编码器，相关理论已在 4.5.1 节详细介绍。除此模型外，MVPT 填补方案可用于任意网络模型的训练与填补过程。图 5-9 左侧表格表示包含动态填补值的不完整数据集，其中白色方格表示现有值，黑色方格表示动态填补值，A_1，A_2，$\cdots$，A_s 表示属性名称；右侧表格表示包含最终填补值的不完整数据集，灰色方格表示最终的填补值。

根据图 5-9 可知，MVPT 填补方案将训练和填补结合，并且填补将随着训练的结束而完成，具体的操作流程如下。

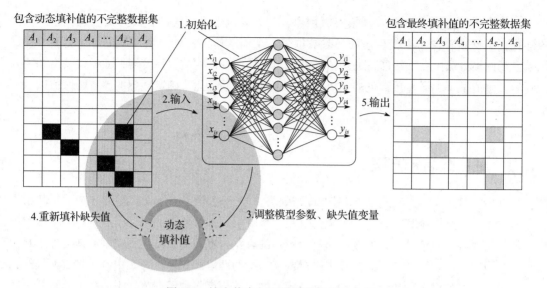

图 5-9　缺失值参与网络训练的填补方案

步骤 1：随机初始化模型参数以及缺失值变量。

步骤 2：将包含动态填补值的不完整数据集输入网络模型。

步骤 3：基于优化算法调整模型参数、缺失值变量。

步骤 4：将更新后的缺失值变量视为动态填补值，以此填补不完整数据集中的缺失值。

步骤 5：若未满足训练终止条件，则转至步骤 2；否则基于模型输出填补缺失值，并输出包含最终填补值的数据集。

由于缺失值变量在迭代中不断变化，其取值可视为动态填补值，则通过优化缺失值变量求解最终填补值的过程称为动态填补方案。鉴于所有数据均参与网络训练，因此该填补方案实现了已知信息的最大化利用。此外，不完整样本的参与使得更多的样本能够用于网络训练，由此改善网络模型的泛化误差。

在迭代式训练期间，缺失值的初始估计误差将基于模型的学习能力逐渐降低，缺失值对模型的负面影响将被渐进削弱，模型的准确性也得以有效提高。MVPT 填补方案的优势在于，缺失值的动态优化能够促使网络模型逐渐匹配于不完整数据内部的回归结构，缺失值的填补精度和模型精度将随着优化的深入而提升。

5.3.2　缺失值变量与模型参数的动态更新

下面以具有单个隐藏层的去跟踪自编码器为例，探讨 MVPT 填补方案中缺失值变量和模型参数的更新规则。在去跟踪自编码器中，模型输出的计算方式如式（5-30）所示：

$$y_{ij} = \vartheta\left(\sum_{k=1}^{n^{(1)}} w_{kj}^{(2)} \cdot \varphi\left(\sum_{l=1,l\neq j}^{s} w_{lk}^{(1)} \cdot x_{il} + b_k^{(1)}\right) + b_j^{(2)}\right), \quad j = 1, 2, \cdots, s \qquad （5-30）$$

式（5-30）中，$\boldsymbol{x}_i = [x_{i1},\ x_{i2},\ \cdots,\ x_{is}]^{\mathrm{T}} (i=1,\ 2,\ \cdots,\ n)$ 表示模型输入，$\boldsymbol{y}_i = [y_{i1},\ y_{i2},\ \cdots,\ y_{is}]^{\mathrm{T}}$ 表示模型输出，$\vartheta(\cdot)$ 表示输出层激活函数，$n^{(1)}$ 表示隐藏层神经元的数量，$w_{kj}^{(2)}$ 表示第 k 个隐藏层神经元与第 j 个输出层神经元的连接权重，$\varphi(\cdot)$ 表示隐藏层激活函数，$w_{lk}^{(1)}$ 表示第 l 个输入层神经元与第 k 个隐藏层神经元的连接权重，$b_k^{(1)}$ 表示第 k 个隐藏层神经元的阈值，$b_j^{(2)}$ 表示第 j 个输出层神经元的阈值。

令 e_i 表示输出 y_i 和输入 x_i 间的拟合误差，其定义见式（5-31）：

$$e_i = \frac{1}{2} \sum_{x_{ij} \in X_P} (x_{ij} - y_{ij})^2 + \frac{1}{2} \sum_{x_{ij} \in X_M} (\hat{x}_{ij} - y_{ij})^2 \tag{5-31}$$

式（5-31）中，X_p 表示现有值集合，X_m 表示缺失值集合，$\hat{x}_{ij}$ 表示缺失值变量 x_{ij} 的取值，即动态填补值。令 $W = \{w_{lk}^{(1)},\ b_k^{(1)},\ w_{kj}^{(2)},\ b_j^{(2)},\ \hat{x}_{ij} \mid l=1,\ 2,\ \cdots,\ s,\ j=1,\ 2,\ \cdots,\ s,\ k=1,\ 2,\ \cdots,\ m,\ \hat{x}_{ij} \in \hat{X}_m\}$ 表示模型参数和填补值构成的集合。集合 W 内的所有元素基于优化算法实现动态更新。此处将基于动量的随机梯度下降算法作为优化算法，对更新过程展开详细描述。

随机梯度下降算法根据任意样本的拟合误差更新模型参数，即每向网络中输入一个样本就进行一次参数调整。动量的基本思想是，借助历史梯度引导模型参数朝着最优值进行高效收敛。在基于动量的随机梯度下降算法的作用下，$\theta \in W$ 的更新规则见式（5-32）：

$$\theta(t+1) = \theta(t) - \eta \frac{\partial e_i}{\partial \theta} + \alpha(\theta(t) - \theta(t-1)),\ \theta \in W \tag{5-32}$$

式（5-32）中，η 表示学习速率，α 表示动量因子，$\theta(t-1)$、$\theta(t)$ 和 $\theta(t+1)$ 分别表示 θ 在第 $t-1$ 次、第 t 次和第 $t+1$ 次迭代中更新前的取值。$\theta(t) - \theta(t-1)$ 表示相邻两次迭代中 θ 取值的差异，该差异记录了历史梯度信息，可促进 θ 朝着最优方向展开更高效的调整。

为了计算 θ 在每次迭代中的更新值，需要先求出 e_i 关于 θ 的偏导数，随后将其代入式（5-32）进一步求解。

令 o_{ij} 表示 e_i 对模型输出 y_{ij} 的导数，由式（5-31）可知，o_{ij} 的计算方法如式（5-33）所示：

$$o_{ij} = \begin{cases} y_{ij} - x_{ij}, & \text{若 } x_{ij} \in X_p \\ y_{ij} - \hat{x}_{ij}, & \text{若 } x_{ij} \in X_m \end{cases} \tag{5-33}$$

式（5-33）中，$\hat{x}_{ij}$ 表示在上一次迭代中缺失值变量 x_{ij} 的取值，即动态填补值。当期望输出 x_{ij} 为现有值时，o_{ij} 表示输出和输入间的误差；当 y_{ij} 的期望输出 x_{ij} 为缺失值时，可将动态填补值 $\hat{x}_{ij}^{\text{old}}$ 视为期望输出，进而求解 o_{ij}。

e_i 关于阈值 $b_j^{(2)}$ 的偏导数可根据式（5-34）求解：

$$\frac{\partial e_i}{\partial b_j^{(2)}} = \frac{\partial e_i}{\partial y_{ij}} \cdot \frac{\partial y_{ij}}{\partial b_j^{(2)}} = o_{ij} \cdot \vartheta' \tag{5-34}$$

式（5-34）中，ϑ' 表示激活函数 $\vartheta(\cdot)$ 关于函数输入的导数，若 $\vartheta(\cdot)$ 为线性函数，则

$\vartheta' = 1$ 。

e_i 关于权重值 $w_{kj}^{(2)}$ 的偏导数可根据式（5-35）求解：

$$\frac{\partial e_i}{\partial w_{kj}^{(2)}} = \frac{\partial e_i}{\partial y_{ij}} \cdot \frac{\partial y_{ij}}{\partial w_{kj}^{(2)}} = o_{ij} \cdot \vartheta' \cdot \text{net}_{ikj}^{(1)} \tag{5-35}$$

式（5-35）中，$\text{net}_{ikj}^{(1)}$ 表示针对输出层第 j 个神经元，隐藏层第 k 个神经元基于除 x_{ij} 外的其他输入值所求解的输出 $\text{net}_{ikj}^{(1)}$，其定义如式（5-36）所示：

$$\text{net}_{ikj}^{(1)} = \varphi\left(\sum_{l=1, l \neq j}^{s} w_{lk}^{(1)} \cdot x_{il} + b_k^{(1)}\right), \quad j = 1, 2, \cdots, s \tag{5-36}$$

e_i 关于阈值 $b_k^{(1)}$ 的偏导数可根据式（5-37）求解：

$$\frac{\partial e_i}{\partial b_k^{(1)}} = \sum_{j=1}^{s} \frac{\partial e_i}{\partial y_{ij}} \cdot \frac{\partial y_{ij}}{\partial \text{net}_{ikj}^{(1)}} \cdot \frac{\partial \text{net}_{ikj}^{(1)}}{\partial b_k^{(1)}} = \sum_{j=1}^{s} o_{ij} \cdot \vartheta' \cdot w_{kj}^{(2)} \cdot \varphi' \tag{5-37}$$

式（5-37）中，φ' 表示激活函数 $\varphi(\cdot)$ 的关于函数输入的导数。若 $\varphi(\cdot)$ 为 sigmoid 函数，则 φ' 的计算如式（5-38）所示：

$$\varphi' = \frac{\partial \text{net}_{ikj}^{(1)}}{\partial a_k} = \text{net}_{ikj}^{(1)} \cdot (1 - \text{net}_{ikj}^{(1)}) \tag{5-38}$$

e_i 关于权重值 $w_{lk}^{(1)}$ 的偏导数可根据式（5-39）求解：

$$\frac{\partial e_i}{w_{lk}^{(1)}} = \sum_{j=1, j \neq l}^{s} \frac{\partial e_i}{\partial y_{ij}} \cdot \frac{\partial y_{ij}}{\partial \text{net}_{ikj}^{(1)}} \cdot \frac{\partial \text{net}_{ikj}^{(1)}}{w_{lk}^{(1)}} = \begin{cases} \sum\limits_{j=1, j \neq l}^{s} (o_{ij} \cdot \vartheta' \cdot w_{kj}^{(2)} \cdot \varphi') \cdot x_{il}, & \text{若 } x_{il} \in X_p \\ \sum\limits_{j=1, j \neq l}^{s} (o_{ij} \cdot \vartheta' \cdot w_{kj}^{(2)} \cdot \varphi') \cdot \hat{x}_{il}, & \text{若 } x_{il} \in X_m \end{cases} \tag{5-39}$$

至此，误差 e_i 关于所有模型参数的偏导数得以求解，将各参数的偏导数带入式（5-32）即可得到每轮迭代中的参数更新值。

动态填补值 $\hat{x}_{ij}$ 的偏导数求解和上述过程类似，e_i 关于 $\hat{x}_{ij}$ 的偏导数可根据式（5-40）求解：

$$\frac{\partial e_i}{\partial \hat{x}_{ij}} = \sum_{k=1}^{n^{(1)}} \sum_{l=1, l \neq j}^{s} \frac{\partial e_i}{\partial y_{il}} \cdot \frac{\partial y_{il}}{\partial \text{net}_{ikl}^{(1)}} \cdot \frac{\partial \text{net}_{ikl}^{(1)}}{\hat{x}_{ij}} = \sum_{k=1}^{n^{(1)}} \left(\sum_{l=1, l \neq j}^{s} (o_{il} \cdot \vartheta' \cdot w_{kj}^{(2)} \cdot \varphi') \cdot w_{jk}^{(1)} \right) + (\hat{x}_{ij} - y_{ij}) \tag{5-40}$$

在每次迭代中，可使用更新后的模型参数求解 e_i 对 $\hat{x}_{ij}$ 的偏导数，由此加快训练的收敛速度。将式（5-40）代入式（5-32），即可求解缺失值变量的取值，即动态填补值。

相比于两阶段式填补方案，MVPT 方案将训练与填补进行有机融合，将不完整样本直接纳入模型的训练过程，并采用缺失值变量的思路动态求解填补值。随着迭代式训练过程的渐进深入，缺失值的估计误差逐渐降低并趋于平稳。综合以上分析，MVPT 填补方案的实现流程如图 5-10 所示。

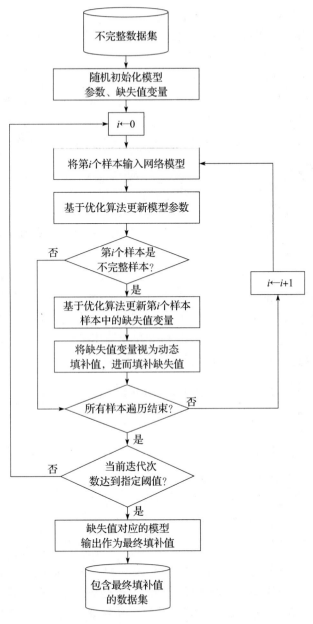

图 5-10　MVPT 填补方案的实现流程

5.3.3　时间复杂度

MVPT 填补方案的时间复杂度受如下 3 个因素影响：网络结构、优化算法和不完整数据集的缺失规模。根据本节之前的内容可知，MVPT 填补方案包括模型参数更新和缺失值变量更新两个步骤。当模型输入中不包含缺失值时，训练过程不涉及缺失值问题，仅需对模型参数进行更新，因此 MVPT 填补方案可视为经典的网络训练方案。当模型输入中包含缺失值时，需在模型参数更新的同时，借助优化算法动态调整缺失值变量，由此会增加一定的时间开销。

为了检验训练期间引入缺失值变量是否增加过多的时间消耗，首先假设模型输入中不存在缺失值，以此讨论经典训练方案的时间复杂度。下面以随机梯度下降法为优化算法，并基于多层感知机展开分析。假设多层感知机包含 1 个输入层、L 个隐藏层，及 1 个输出层，第 $l(l=1, 2, \cdots, L+2)$ 层的神经元数量为 $n^{(l)}$，多层感知机中模型参数的数量记为 M，其求解规则如式（5-41）：

$$M = \sum_{l=2}^{L+2} (n^{(l-1)}n^{(l)} + n^{(l)}) \tag{5-41}$$

式（5-41）中，$n^{(l-1)}n^{(l)}$ 表示第 $l-1$ 层神经元与第 l 层神经元间的权重数量，$n^{(l)}$ 表示第 l 层神经元中阈值的数量。

一种有效的时间复杂度分析方法是统计算法运行期间乘法运算的执行次数，本节正是在此思路基础上，统计训练时的乘法执行次数，以此分析多层感知机的计算开销。鉴于网络训练是迭代式参数调整过程，下面仅以单次迭代为例，对其中涉及的前向传播、梯度计算和参数更新 3 种操作进行分析。表 5-1 为多层感知机中乘法运算的执行次数统计，具体推导在相关文献中有详尽阐述，本节仅对分析结果作出展示[6-7]。

表 5-1　多层感知机中乘法运算的执行次数统计

操作	乘法运算的执行次数	乘法运算执行次数的近似值
前向传播	$\sum_{l=2}^{L+2} n^{(l-1)}n^{(l)}$	M
梯度计算	$\sum_{l=2}^{L+2} n^{(l-1)}n^{(l)} + \sum_{l=3}^{L+2} n^{(l-1)}n^{(l)} + 3\sum_{l=2}^{L+2} n^{(l)}$	$2M$
参数更新	$\sum_{l=2}^{L+2} n^{(l-1)}n^{(l)}$	M

如表 5-1 所示，在单次迭代中，前向传播涉及约 M 次乘法运算，梯度计算涉及约 $2M$ 次乘法运算，参数更新涉及约 M 次乘法运算。因此，每次迭代共涉及约 $4M$ 次乘法运算，即每个模型参数平均需要约 4 次乘法运算。综上所述，单次迭代的时间复杂度是 $O(4M)$，可简化为 $O(M)$。

在求解其他网络模型的时间复杂度时，可参考表 5-1 中多层感知机的分析结果。例如，自编码器是一种特殊的多层感知机模型，其在多层感知机的结构基础上，强制输入层和输出层神经元数量等于数据集的属性个数。故基于自编码器的训练方案，其时间复杂度与基于多层感知机训练方案的时间复杂度相同，均可记作 $O(M)$。此外，去跟踪自编码器与自编码器的唯一区别在于前者在计算隐藏层神经元输出时，会剔除部分输入值以去除自编码器所体现的自跟踪性。因此,两类自编码器模型的时间复杂度相似,均可视为 $O(M)$ 。

在分析其他优化算法的时间复杂度时,同样可借鉴表 5-1 的分析结果。以基于动量的随机梯度下降法为例,其与随机梯度下降算法的区别在于,前者更新模型参数时会在当前所求梯度的基础上,结合历史梯度指导参数的调整。因此,基于动量的随机梯度下降法在更新参数时,额外需要约 M 次乘法运算,整个过程共计约 $5M$ 次乘法运算,故其时间复杂度仍为 $O(M)$ 。

下面以基于动量的随机梯度下降法为优化算法,并以神经元数量分别为 s 、 $n^{(1)}$ 、 s 的三层去跟踪自编码器为例,对 MVPT 填补方案的时间复杂度展开进一步探讨。

假设 M 表示模型参数的数量,由于输入层与隐藏层间存在 $sn^{(1)}$ 个权重和 $n^{(1)}$ 个阈值,隐藏层与输出层间存在 $n^{(1)}s$ 个权重和 s 个阈值,故 $M=2n^{(1)}s+n^{(1)}+s$ 。在模型输入不包含缺失值的情况下,单次迭代涉及约 $5M$ 次乘法运算,时间复杂度是 $O(5(2n^{(1)}s+n^{(1)}+s))$,简化为 $O(n^{(1)}s)$ 。

考虑模型输入不完整的情况,假设每个样本中平均包含 s' 个缺失值,由于在训练期间缺失值被视为与模型参数等同的变量进行动态调整,每个缺失值变量在单次迭代时需要 5 次乘法运算,而样本中所有缺失值变量的更新需要约 $5s'$ 次乘法运算。根据 $s'<s$ 以及 $M=2n^{(1)}s+n^{(1)}+s$ 可知, s' 远远小于 M ,因此缺失值变量涉及的运算与模型参数涉及的运算相比可以被忽略。由此,当模型输入包含缺失值时,单次迭代中 MVPT 填补方案的时间复杂度仍为 $O(n^{(1)}s)$ 。

根据以上分析可知,MVPT 填补方案的时间复杂度与经典训练方案的时间复杂度相同,均为 $O(n^{(1)}s)$ 。这表明缺失值变量的动态调整未给训练带来过多的时间开销,相比模型参数的调整而言可以忽略。

5.4 典型神经网络填补方案实验

5.4.1 实验设计

本节从 UCI 和 KEEL 数据库中选取 10 个完整数据集设计实验。数据集描述如表 5-2 所示,其中,Friedman 数据集源于 KEEL 数据库,其他 9 个数据集源于 UCI 数据库。为了模拟不同的缺失规模,实验按照指定缺失率从完整数据集中随机删除部分现有值,以此构造具有不同缺失规模的不完整数据集,缺失率分别设置为 5%、10%、15%、20%、25%、30%。

表 5-2 数据集描述

数据集	样本数量	属性个数	数据集	样本数量	属性个数
Iris	150	4	Seeds	210	7
Leaf	340	16	Cloud	1024	10
Vertebral	310	6	Glass	214	9
Slump	103	10	Yacht	308	7
Stock	315	12	Friedman	1200	5

　　本实验旨在分析融合式填补方案，以及两阶段式填补方案的填补性能。其中，融合式填补方案即 MVPT 填补方案，其将缺失值视为变量，以整个不完整数据集作为训练集并输入网络模型，接着构建关于缺失值变量和模型参数的代价函数，基于优化算法动态更新两类变量，以此实现缺失值估计精度和模型准确性的协同提升。两阶段式填补方案选用目前主流的神经网络填补方案，具体包括以下步骤。

　　步骤 1：将不完整数据集划分为完整样本集合和不完整样本集合。

　　步骤 2：将完整样本集合视为训练集，以此训练网络模型。

　　步骤 3：利用均值填补法填补不完整样本中的缺失值。

　　步骤 4：依次将不完整样本输入训练完成的网络模型，计算模型输出。

　　步骤 5：根据模型输出填补样本中的相应缺失值。

　　步骤 6：若所有不完整样本均已访问并填补完毕，则填补过程结束；否则，转至步骤 2。

　　为了对比两种填补方案在不同网络模型下的填补性能，本实验以多层感知机、自编码器和去跟踪自编码器为基础模型，比较了 5 种基于神经网络的缺失值填补方法。每种方法的简要描述分别如下。

　　基于简化多层感知机集群与两阶段式填补方案的方法（MLPI）：建模期间，以数据集中每个不完整属性为输出，其他属性为输入，构造专属的多层感知机模型，进而建立面向缺失值填补的模型集群，具体建模过程已在 4.3.3 节详细描述。填补期间，采用两阶段式填补方案进行缺失值填补。

　　基于自编码器与两阶段式填补方案的方法（AEI）：建模期间，构建输入层、输出层神经元数量等同于数据集属性个数的自编码器模型，以此挖掘数据属性间的关联关系，具体建模过程已在 4.4.1 节详细描述。填补期间，根据两阶段式填补方案展开填补。

　　基于去跟踪自编码器与两阶段式填补方案的方法（TRAEI）：建模期间，在自编码器的结构基础上，重新组织隐藏层神经元的输入结构以构造改进的神经元，由此建立去跟踪自编码器模型，具体的建模过程已在 4.5.1 节详细描述。填补期间，根据两阶段式填补方案对缺失值进行填补。

　　基于自编码器与 MVPT 填补方案的方法（AEI+MVPT）：根据 4.4.1 节所描述的方法建立自编码器填补模型，接着根据 MVPT 方案展开填补。

　　基于去跟踪自编码器与 MVPT 填补方案的方法（TRAEI+MVPT）：根据 4.5.1 节所描述的方法建立自编码器填补模型，接着采用 MVPT 方案进行缺失值填补。

　　需要注意的是，本节的实验与 4.6 节的实验存在一定相关性。4.6 节选用多个网络模型，并采用两阶段式填补方案设计对比方法，以此对多种基于神经网络的填补方法展开分析。本节选用与 4.6 节完全相同的网络模型，并在 4.6 节中两阶段式填补方案的基础上，利用 MVPT 填补方案设计对比方法。因此，本节所展示的部分结果与 4.6 节的实验结果存在重合。

　　实验采用平均绝对百分比误差，即 MAPE，作为填补性能的评价指标，其定义见式（5-42）：

$$\mathrm{MAPE} = \frac{1}{|\hat{X}_m|} \sum_{\hat{x}_{ij} \in \hat{X}_m} \left| \frac{r_{ij} - \hat{x}_{ij}}{r_{ij}} \right| \qquad (5\text{-}42)$$

式（5-42）中，$\hat{X}_m$ 表示所有填补值构成的集合，$\hat{x}_{ij}$ 表示填补值，r_{ij} 表示填补值 $\hat{x}_{ij}$ 对应的真实值。MAPE 指标通过对缺失值估计误差与真实值进行除法运算，在一定程度上消除了属性量纲对性能评价带来的影响。

为了公平地比较每个对比方法，此处沿用 4.6 节的实验方案，首先设置超参数的取值范围，接着为不同的填补方法选取最优超参数。在确定超参数时，从完整样本中随机选择 80% 的样本用于网络训练，并将剩余 20% 的完整样本作为验证集，在验证集上删除部分现有值，并根据验证集填补误差最小原则确定每种方法的超参数。

表 5-3 和表 5-4 列出了针对 Iris、Seeds 数据集的超参数选取情况。其中，在隐藏层神经元数量与隐藏层数量的列内，若网络模型具有两个隐藏层，显示两个数值；若仅有一个隐藏层，则显示一个数值。

表 5-3　针对 Iris 数据集的超参数选取情况

缺失率	学习率					缺失率	动量因子				
	MLPI	AEI	TRAEI	AEI +MVPT	TRAEI +MVPT		MLPI	AEI	TRAEI	AEI +MVPT	TRAEI +MVPT
0.05	0.07	0.11	0.37	0.03	0.03	0.05	0.3	0.1	0.2	0.1	0.1
0.10	0.11	0.07	0.01	0.54	0.01	0.10	0.2	0.3	0.1	0.3	0.1
0.15	0.08	0.13	0.23	0.01	0.07	0.15	0.1	0.4	0.1	0.2	0.1
0.20	0.09	0.03	0.15	0.01	0.07	0.20	0.1	0.1	0.1	0.3	0.1
0.25	0.03	0.18	0.37	0.15	0.19	0.25	0.1	0.1	0.6	0.1	0.3
0.30	0.17	0.03	0.01	0.08	0.21	0.30	0.3	0.4	0.1	0.1	0.2

缺失率	隐藏层神经元数量与隐藏层数量					缺失率	最大训练次数				
	MLPI	AEI	TRAEI	AEI +MVPT	TRAEI +MVPT		MLPI	AEI	TRAEI	AEI +MVPT	TRAEI +MVPT
0.05	30	5	15	5,15	10	0.05	6683	349	4792	4194	4089
0.10	5,5	5,5	5,5	10	15	0.10	8033	7815	5003	10000	2729
0.15	10,5	5,5	20	15,5	5	0.15	9083	1584	5489	1687	6228
0.20	5,15	15	5,15	15,10	5,10	0.20	6417	1763	5562	6401	8950
0.25	10,5	5,15	10,5	10,10	5,5	0.25	9558	937	7861	3164	1323
0.30	15,5	15,5	5,5	15,5	5,10	0.30	8617	2974	2499	1282	1005

表 5-4　针对 Seeds 数据集的超参数选取情况

缺失率	学习率					缺失率	动量因子				
	MLPI	AEI	TRAEI	AEI +MVPT	TRAEI +MVPT		MLPI	AEI	TRAEI	AEI +MVPT	TRAEI +MVPT
0.05	0.05	0.24	0.09	0.03	0.11	0.05	0.3	0.2	0.1	0.1	0.1

（续）

缺失率	学习率					缺失率	动量因子				
	MLPI	AEI	TRAEI	AEI+MVPT	TRAEI+MVPT		MLPI	AEI	TRAEI	AEI+MVPT	TRAEI+MVPT
0.10	0.09	0.51	0.01	0.09	0.19	0.10	0.1	0.2	0.3	0.3	0.2
0.15	0.07	0.31	0.01	0.24	0.23	0.15	0.3	0.2	0.1	0.4	0.1
0.20	0.05	0.01	0.01	0.17	0.29	0.20	0.2	0.1	0.1	0.6	0.1
0.25	0.03	0.17	0.01	0.07	0.19	0.25	0.6	0.2	0.1	0.1	0.2
0.30	0.02	0.13	0.03	0.07	0.26	0.30	0.1	0.3	0.1	0.1	0.5

缺失率	隐藏层神经元数量与隐藏层数量					缺失率	最大训练次数				
	MLPI	AEI	TRAEI	AEI+MVPT	TRAEI+MVPT		MLPI	AEI	TRAEI	AEI+MVPT	TRAEI+MVPT
0.05	5,15	5,10	5,5	5,5	20	0.05	3640	2976	9999	3499	9567
0.10	5,5	25	10,5	5,10	10,10	0.10	2569	740	2501	2495	1812
0.15	20	5,5	5	5,5	5,5	0.15	1540	1880	914	9872	6641
0.20	15,10	20,5	5, 10	10,10	5,10	0.20	6882	579	6755	10000	4449
0.25	25	5,5	5,5	10,5	10,5	0.25	5620	4840	2875	512	2507
0.30	15	10,10	10,10	5,5	5,5	0.30	2651	3579	8629	9188	2270

5.4.2　不同填补方案的填补精度

针对每个指定缺失率下的完整数据集，本实验对应随机生成 5 个不完整数据集，计算由这些数据集得到的 MAPE 均值，并将其作为最终的实验结果。表 5-5 至表 5-9 展示了 5 种填补方法在 10 个数据集上求得的实验结果，其中，最优结果已经加粗并用下划线标出，次优结果已加粗显示。

表 5-5　针对 Iris、Seeds 数据集的 MAPE 值　　　　（%）

缺失率	Iris					Seeds				
	MLPI	AEI	TRAEI	AEI+MVPT	TRAEI+MVPT	MLPI	AEI	TRAEI	AEI+MVPT	TRAEI+MVPT
0.05	0.129	0.251	**0.093**	0.117	**0.090**	0.066	0.081	**0.044**	0.066	**0.054**
0.10	0.161	0.309	**0.108**	0.148	**0.120**	0.070	0.092	**0.069**	**0.069**	**0.066**
0.15	0.201	0.308	0.166	**0.144**	**0.122**	**0.078**	0.087	0.079	0.087	**0.067**
0.20	0.215	0.311	0.202	**0.166**	**0.137**	0.093	0.098	**0.082**	0.091	**0.084**
0.25	0.226	0.349	0.274	**0.159**	**0.140**	0.109	0.106	0.099	**0.095**	**0.073**
0.30	0.285	0.365	0.244	**0.185**	**0.154**	**0.096**	0.118	0.108	0.104	**0.075**

表 5-6　针对 Leaf、Cloud 数据集的 MAPE 值　　　　（%）

缺失率	Leaf					Cloud				
	MLPI	AEI	TRAEI	AEI+MVPT	TRAEI+MVPT	MLPI	AEI	TRAEI	AEI+MVPT	TRAEI+MVPT
0.05	**0.463**	0.596	0.545	0.510	**0.450**	0.751	1.126	**0.654**	0.849	**0.571**

（续）

缺失率	Leaf					Cloud				
	MLPI	AEI	TRAEI	AEI+MVPT	TRAEI+MVPT	MLPI	AEI	TRAEI	AEI+MVPT	TRAEI+MVPT
0.10	0.569	0.715	0.593	**0.541**	**0.509**	1.026	1.982	**0.981**	1.654	**0.785**
0.15	0.812	0.703	0.731	**0.620**	**0.637**	1.997	3.125	2.037	**1.971**	**0.812**
0.20	1.095	**0.683**	0.842	**0.698**	0.698	3.850	3.939	3.658	**2.265**	**0.935**
0.25	3.770	3.123	1.950	**0.842**	**0.722**	6.224	6.028	4.056	**3.144**	**1.165**
0.30	3.984	4.113	3.317	**1.025**	**0.804**	7.159	6.984	4.648	**3.255**	**1.250**

表 5-7　针对 Friedman、Glass 数据集的 MAPE 值　（%）

缺失率	Friedman					Glass				
	MLPI	AEI	TRAEI	AEI+MVPT	TRAEI+MVPT	MLPI	AEI	TRAEI	AEI+MVPT	TRAEI+MVPT
0.05	1.018	1.890	**0.995**	1.011	**0.954**	0.174	0.185	0.068	**0.054**	**0.065**
0.10	1.593	2.081	1.486	**1.008**	**1.024**	0.208	0.193	0.198	**0.098**	**0.150**
0.15	1.740	2.150	1.495	**1.193**	**1.190**	0.274	0.205	0.247	**0.195**	**0.197**
0.20	1.962	2.960	1.956	**1.240**	**1.251**	0.279	0.297	**0.238**	0.287	**0.251**
0.25	2.560	3.095	2.950	**1.882**	**1.923**	0.302	0.333	0.309	**0.296**	**0.288**
0.30	2.318	3.132	2.997	**2.198**	**1.998**	0.651	0.590	**0.349**	0.391	**0.293**

表 5-8　针对 Slump、Yacht 数据集的 MAPE 值　（%）

缺失率	Slump					Yacht				
	MLPI	AEI	TRAEI	AEI+MVPT	TRAEI+MVPT	MLPI	AEI	TRAEI	AEI+MVPT	TRAEI+MVPT
0.05	0.292	0.791	**0.216**	0.225	**0.131**	**0.635**	0.794	0.711	**0.696**	0.713
0.10	0.452	0.862	**0.228**	0.239	**0.193**	0.845	0.982	**0.779**	**0.775**	0.795
0.15	0.651	0.961	0.291	**0.281**	**0.151**	0.983	**0.972**	1.015	0.991	**0.983**
0.20	0.891	1.092	**0.331**	0.351	**0.205**	1.057	1.025	**1.003**	1.018	**0.997**
0.25	0.945	0.991	0.889	**0.621**	**0.458**	1.365	1.845	1.345	**1.150**	**1.092**
0.30	1.092	0.965	**0.780**	0.881	**0.513**	1.945	2.184	1.609	**1.462**	**1.543**

表 5-9　针对 Stock、Vertebral 数据集的 MAPE 值　（%）

缺失率	Stock					Vertebral				
	MLPI	AEI	TRAEI	AEI+MVPT	TRAEI+MVPT	MLPI	AEI	TRAEI	AEI+MVPT	TRAEI+MVPT
0.05	0.174	0.198	**0.129**	**0.111**	0.131	0.598	0.981	0.614	**0.454**	**0.433**
0.10	**0.211**	0.244	**0.199**	0.248	0.229	0.559	1.057	0.657	**0.471**	**0.499**
0.15	0.299	0.354	0.246	**0.239**	**0.237**	**0.664**	1.180	0.792	0.698	**0.629**
0.20	0.274	0.314	**0.254**	**0.252**	0.299	0.852	1.218	0.851	**0.749**	**0.768**
0.25	0.364	**0.337**	0.348	0.359	**0.329**	0.992	1.562	1.059	**0.886**	**0.842**
0.30	0.403	0.563	0.419	**0.297**	**0.311**	1.397	1.950	1.196	**0.994**	**0.974**

根据表 5-5 至表 5-9 可知，最优结果主要来源于 TRAEI+MVPT，这说明填补方法 TRAEI+MVPT 在所有对比方法中具有最高的填补精度。此外，次优结果大多出自 TRAEI 和 AEI+MVPT，这表明上述两种方法的填补精度虽不及 TRAEI+MVPT，但普遍优于 AEI、MLPI。进一步观察 AEI、MLPI 的实验结果可发现，大部分 MLPI 的填补精度优于 AEI，这说明 MLPI 的填补性能优于 AEI。

根据 AEI 和 AEI+MVPT 的实验结果可知，当 Leaf 数据集的缺失率为 20%，Yacht 数据集的缺失率为 15%，Stock 数据集的缺失率为 10% 和 25% 时，AEI+MVPT 的 MAPE 值劣于 AEI。除上述情况外，AEI+MVPT 的结果均优于 AEI。并且在 Friedman、Iris、Slump、Leaf 数据集上，AEI+MVPT 的 MAPE 值比 AEI 分别降低了 44.3%、51.5%、54.1% 以及 57.4%。

基于 TRAEI 和 TRAEI+MVPT 的结果发现，在 60 组对比结果中，TRAEI+MVPT 的填补精度优于 TRAEI 的情况共占据 51 例。具体而言，TRAEI+MVPT 的填补精度仅在以下 9 种情况下不及 TRAEI：Iris 数据集的缺失率为 10%、Seeds 数据集的缺失率为 5% 和 20%、Glass 数据集的缺失率为 20%、Yacht 数据集的缺失率为 5% 和 10% 以及 Stock 数据集的缺失率为 5%、10% 和 20%。除上述情况外，TRAEI+MVPT 的结果均优于 TRAEI。针对 Slump、Leaf、Cloud 数据集，基于 TRAEI+MVPT 的 MAPE 值分别比 TRAEI 的 MAPE 值提高了 0.396 倍、0.521 倍和 0.655 倍。以上实验结果充分说明，相比于传统的两阶段式填补方案，缺失值参与网络训练的 MVPT 填补方案能够有效提高模型的填补性能。

综合以上分析可知，不管是采用两阶段式填补方案还是融合式填补方案 MVPT，网络模型 TRAE 均比 AE 表现出更好的填补性能。其主要原因在于 TRAE 根据属性间的互相关性计算模型输出，求解的填补值不存在对缺失数据的过分依赖。基于实验还可发现，相较于两阶段式填补方案，MVPT 填补方法具有更好的填补精度。这是由于 MVPT 充分利用了不完整样本中的现有数据进行网络训练，并且随着训练精度的提高，缺失值的估计误差将不断减小直至平稳。由此可知，基于 TRAE 和 MVPT 的填补方法具有较为理想的填补结果。

5.4.3　MVPT 填补方案的收敛性

下面以 Iris 数据集为例，讨论 TRAEI+MVPT、AEI+MVPT 中现有数据估计误差和缺失数据计误差随训练次数变化的趋势。实验结果如图 5-11 所示。其中，图 5-11a）和图 5-11c）表示 TRAEI+MVPT 中现有数据估计误差和缺失数据估计误差的变化曲线；图 5-11b）和图 5-11d）表示 AEI+MVPT 中现有数据估计误差和缺失数据估计误差的变化曲线。

由图 5-11 可知，所有误差曲线在训练初期快速下降且逐渐趋于平稳，此现象说明 MVPT 填补方案具有较为理想的收敛性。根据图 5-11c）和图 5-11d）可知，TRAEI+MVPT 中缺失数据估计误差在收敛后的取值普遍低于 AEI+MVPT 的相应取值。然而观察图 5-11a）和图 5-11b）发现，TRAEI+MVPT 中现有数据估计误差在收敛后的取值低于 AEI+MVPT 的相应取值。上述结果表明，TRAEI+MVPT 对缺失数据的恢复能力优于 AEI+MVPT，但其对现有数据的重构能力不及后者。由于填补模型 AE 具有高度的自跟踪性，其网络输出会尽可能地复制输入，因此 AE 对现有数据具有很高的重构能力。TRAE 通过去除 AE 中的自跟踪性削弱了模型输出对相应输入的复制能力。虽然 TRAE 针对现有数据的重构精度不及 AE，但其降低了网络输出对缺失输入的依赖程度，因此具有更高的填补精度。

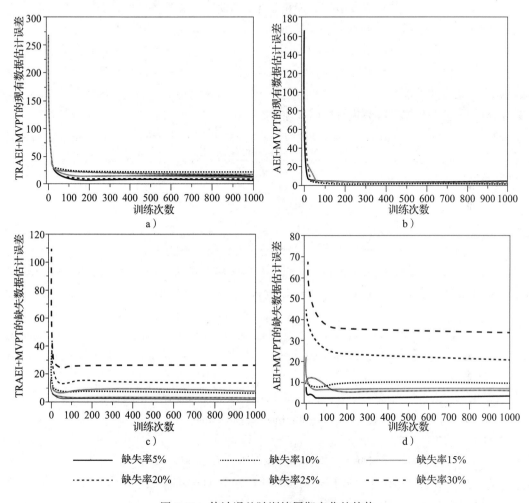

图 5-11　估计误差随训练周期变化的趋势

5.5　本章小结

本章在第 4 章的基础上，对神经网络填补方法做出进一步优化。首先，鉴于代价函数在神经网络中的重要性，总结了多种面向不完整数据的代价函数设计方法。在实际应用中，合理的代价函数能够促使网络模型挖掘不完整数据的内在信息，以保障填补性能。代价函数的设计需考虑两方面因素：现有数据的合理利用，以及基于不完整信息所求网络的准确性。

代价函数构建完毕后，即可根据函数特性设计相应的填补方案。

在基于神经网络的缺失值填补方法中，网络模型和填补方案是影响填补精度的重要因素。第 4 章侧重于介绍网络模型，而本章在网络模型的基础上，重点介绍了两种典型的填补方案。其中，两阶段式填补方案包括训练和填补两个阶段。在训练阶段，训练集的合理构造能够保障所求模型参数的准确性。在填补阶段，针对模型输入不完整的问题，可采用以下 3 种方式进行处理：缺失值预填补、基于缺失值变量的误差函数优化、缺失值预填补与误差函数优化的结合。融合式填补方案将训练和填补合为一体，填补将随着模型训练的结束而完成。此类方案将缺失值视为变量，进而构造关于缺失值和模型参数的代价函数，接着采用优化算法对缺失值变量模型参数进行协同式地动态更新。

总体而言，基于神经网络的填补方法可以有效地解决缺失值问题，是不完整数据集处理的重要手段。在实际应用中，需针对具体问题设计行之有效的网络模型与填补方案，借此实现高精度的填补。

参考文献

［1］ Silva-Ramírez E L, Pino-Mejías R, López-Coello M. Missing Value Imputation on Missing Completely at Random Data Using Multilayer Perceptrons［J］. Neural Networks, 2011, 24: 121-129.

［2］ GarcíA-Laencina P J, Sancho-GóMez J L, Figueiras-Vidal A R. Classifying Patterns with Missing Values Using Multi-task Learning Perceptrons［J］. Expert Systems with Applications, 2013, 40(4): 1333-1341.

［3］ Wang B L Wang, Zhang L Y, Zhang L. Missing Data Imputation by Nearest-neighbor Trained BP for Fuzzy Clustering［J］. Journal of Information and Computational Science, 2014, 11(15): 5367-5375.

［4］ Aydilek I B, Arslan A. a Novel Hybrid Approach to Estimating Missing Values in Databases Using K-nearest Neighbors and Neural Networks［J］. International Journal of Innovative Computing, Information and Control, 2012, 7(8): 4705-4717.

［5］ Aydilek I B, Arslan A. a Hybrid Method for Imputation of Missing Values Using Optimized Fuzzy C-means with Support Vector Regression and a Genetic Algorithm［J］. Information Sciences, 2013, 233: 25-35.

［6］ Hush D. Improving the Learning Rate of Back-propagation with the Gradient Reuse Algorithm［C］. IEEE International Conference on Neural Networks, 1988, 1: 441-447.

［7］ Kamarthi S V, Pittner S. Accelerating Neural Network Training Using Weight Extrapolations［J］. Neural Networks, 1999, 12(9): 1285-1299.

第6章

基于TS建模的非线性回归填补法

在缺失值填补领域，线性模型很难有效描述属性间的非线性关系，制约了相应填补方法的精度与适用范围，因此，基于非线性模型的填补方法往往是研究者关注的重点。在之前的章节中，缺失值填补所采用的神经网络模型为一类应用广泛的非线性模型。本章关注另一类非线性回归模型——TS 模型，并基于该模型对缺失值填补方法展开讨论。

TS 模型基于模糊数学理论，采用多个线性模型描述属性间的非线性回归关系。本章采用 TS 模型对不完整数据建模，从而实现缺失值填补。同时，采用特征选择算法选择对模型输出贡献显著的特征参与建模，在增强模型拟合能力的同时降低了其复杂程度，进而获取较高精度的填补结果。此类非线性回归填补方法适用范围较广，具有重要的研究与应用价值。

6.1 模糊数学基础

模糊数学（Fuzzy Mathematics）是研究和处理模糊现象的一种数学理论和方法。本节首先介绍模糊数学的起源，并引出模糊集合（Fuzzy Set）的概念，随后在上述理论的基础上对模糊数学在缺失值填补中的应用展开论述。

6.1.1 模糊数学与模糊集合

作为一项重要的基础学科，数学以其强大的抽象能力有效地推动了科学技术发展。在现代数学中，经典数学、统计数学等分支通过将现实问题抽象为定量数学表达，为解决各问题提供了一种更有效且快捷的途径。在生产实践与科学研究中，经常出现一些模糊性概念，例如大与小、高与矮、贫穷与富有等，确定性的数学表达往往很难对此类概念进行抽象。

模糊集合是用来表达模糊性概念的集合，模糊数学正是使用模糊集合来实现对模糊性概念的抽象表达。在介绍模糊集合之前，先介绍如下两个概念：论域（Universe）和分明集合[1]。论域是指处理某一问题时所有研究对象构成的集合。在此基础上，分明集合可描述为：设论域为 X，$X^{(k)}$ 为该论域的一个子集，记为 $X^{(k)} \subseteq X$，由子集 $X^{(k)}$ 可以确定一个映射 $u_k : X \to \{0, 1\}$，其中映射 u_k 的函数形式 $u_k(\cdot)$ 如式（6-1）所示：

$$u_k(x_i) = \begin{cases} 1, & x_i \in X^{(k)} \\ 0, & x_i \notin X^{(k)} \end{cases} \qquad (6\text{-}1)$$

式（6-1）中，$x_i \in X$，$u_k(\cdot)$ 为子集 $X^{(k)}$ 的特征函数（Characteristic Function），也称隶属函数，由 $u_k(\cdot)$ 确定的集合 $X^{(k)} = \{x_i | x_i \in X, u_k(x_i) = 1\}$ 称为分明集合。对于样本 x_i，其函数值 $u_k(x_i)$ 称为样本 x_i 对子集 $X^{(k)}$ 的隶属度，为了简便，可将 $u_k(x_i)$ 简记为 u_{ik}。

将分明集合隶属函数的取值范围由 $\{0,1\}$ 扩展到 $[0,1]$，即可将其转化为模糊集合。模糊集合描述如下：给定一个论域 X，$X^{(k)}$ 为该论域的一个子集，记为 $X^{(k)} \subseteq X$，由子集 $X^{(k)}$ 可以确定一个映射 $u_k : X \to [0, 1]$，称子集 $X^{(k)}$ 为 X 上的一个模糊集合，或 X 的一个模糊子集。对于模糊集合，隶属度 u_{ik} 表示样本 x_i 属于模糊集 $X^{(k)}$ 的程度。

6.1.2　模糊数学在缺失值填补中的应用

近年来，随着科学技术飞速发展，模糊数学的实用价值被不断开发，在航空、建筑、矿业等工业领域已经得到广泛应用[2-4]。在缺失值填补领域，模糊数学的应用主要体现在对不完整数据的模糊聚类。根据聚类结果填补缺失值，使填补值更贴近真实值，从而提高填补结果的精度。

FCM 算法是一种常用的模糊聚类算法。假设 $X = \{x_i | x_i \in \mathbb{R}^s, i = 1, 2, \cdots, n\}$ 表示样本数量为 n，属性数量为 s 的数据集，其第 i 个样本为 $\boldsymbol{x}_i = [x_{i1}, x_{i2}, \cdots, x_{is}]^T$，其中 $i = 1, 2, \cdots, n$。采用模糊聚类将数据集 X 划分为 K 个簇，记为 $X^{(1)}, X^{(2)}, \cdots, X^{(K)}$。模糊聚类模型如式（6-2）所示：

$$\begin{cases} \min J(\boldsymbol{U}, \boldsymbol{V}) = \sum_{k=1}^{K} \sum_{i=1}^{n} u_{ik}^z d_{\text{Euc}}(x_i, v_k)^2 \\ s.t.\ u_{ik} \in [0, 1], \ i = 1, 2, \cdots, n, \ k = 1, 2, \cdots, K \\ \quad \sum_{k=1}^{K} u_{ik} = 1, \ i = 1, 2, \cdots, n \\ \quad 0 < \sum_{i=1}^{n} u_{ik} < n, \ k = 1, 2, \cdots, K \end{cases} \qquad (6\text{-}2)$$

式（6-2）中，u_{ik} 为隶属度，表示样本 x_i 隶属于第 k 个簇的程度；$\boldsymbol{U} = [u_{ik}] \in \mathbb{R}^{n \times K}$ 表示划分矩阵。v_k 为第 k 个簇的聚类中心，即该簇的原型，$v_k \in \mathbb{R}^s$；$\boldsymbol{V} = [v_{kj}] = [v_1, v_2, \cdots, v_K]^T \in \mathbb{R}^{K \times s}$ 表示原型矩阵。$d_{\text{Euc}}(x_i, v_k)$ 表示样本 x_i 与原型 v_k 的欧式距离，其中

$i = 1,\ 2,\ \cdots,\ n;\ k = 1,\ 2,\ \cdots,\ K$。$z \in (1,\ \infty)$ 是一个模糊化参数，控制样本在各簇间的分享程度，本章中将取其常用数值 $z = 2$ [5]。$s.t.$ 表示约束条件，是 subject to 的缩写。其中，第一个条件限制隶属度的取值范围为 [0, 1]，第二个条件表明样本在各簇的隶属度之和为 1，第三个条件表明每个簇中样本隶属度之和大于 0 且小于 n，即每个簇都为非空。常采用拉格朗日乘子法对划分矩阵和原型矩阵进行迭代优化求解，求解过程详见 3.1.4 节。

　　如 3.1.4 节所述，基于上述两种矩阵的常用填补缺失值方法包括 3 种：模糊均值填补法、最近原型填补法和属性投票填补法。上述方法均为对矩阵中元素的简单利用。其中，模糊均值填补法以隶属度为权重计算样本所属各簇原型的加权平均值，并将其作为填补值，其余二者则基于划分矩阵将样本进一步划分到某个确定的簇，并直接采用簇原型的属性值作为填补结果。为了进一步发挥划分矩阵和原型矩阵在缺失值填补中的作用，一种有效的方法是基于模糊划分结果，通过建立回归模型充分挖掘隶属于各簇样本的现有值所含信息。TS 模型是一种能够有效利用模糊聚类结果的非线性回归模型。本章的后续内容将对 TS 模型进行说明，并详细介绍基于 TS 模型的缺失值填补方法。

6.2　TS 模型

　　TS 模型是由研究学者 Takagi 和 Sugeno 于 1985 年提出的一种非线性回归模型，也称为 Takagi-Sugeno 模型。该模型将模糊理论与精确模型相结合，基本思想描述如下：将非线性系统划分为若干个子系统，并为每个子系统建立局部线性回归模型以描述输入和输出变量间的相关关系，随后使用隶属度函数将各个局部线性模型平滑地连接起来，从而形成全局的非线性模型。该模型以局部线性化为基础，实现了非线性系统的线性描述，具有操作简单、计算量小的优点。此外，Fantuzzi 等人从万能逼近原理的数学角度，证明了 TS 模型可以用少量的模糊规则逼近任意的实连续函数[6]，因而在非线性问题的处理上备受关注，已广泛应用于完整数据的非线性系统建模和预测，并取得了不错的成绩。本节首先介绍 TS 模型的基本结构，随后概述其研究与应用现状。

6.2.1　TS模型基本结构

　　TS 模型使用多个线性系统拟合同一个非线性系统，对数据建模时，首先将输入空间分为若干个模糊子空间，然后在每个模糊子空间建立一个局部线性模型，并使用权重平滑地将各个局部线性模型连接起来。该模型拟合非线性系统的原理如图 6-1 所示。

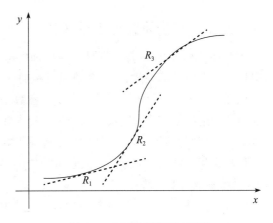

图 6-1　TS 模型原理示意图

图 6-1 中，横坐标为模型输入，纵坐标为模型输出，R_1、R_2、R_3 分别为 TS 模型中的 3 个局部线性模型。由此可见，TS 模型通过多个局部线性模型的组合处理非线性问题。通常称每个局部线性模型代表了一个模糊子空间，局部线性模型服从的约束称为模糊规则。假设 TS 模型的输入为数据集 X，需要 K 个局部线性模型处理针对该数据集的某一非线性问题，则第 $k(k=1, 2, \cdots, K)$ 个子空间的模糊规则如式（6-3）所示：

$$R_k : \text{IF } x_{i1} \text{ is } A_{1k} \text{ and} \cdots \text{and } x_{is} \text{ is } A_{sk}$$
$$\text{THEN } y_{ik} = P_{0k} + P_{1k}x_{i1} + \cdots + P_{sk}x_{is} \tag{6-3}$$

形如式（6-3）的模糊规则称为"IF-THEN"模糊规则。$x_{ij}(j=1, 2, \cdots, s)$ 表示数据集中第 i 个样本的第 j 个属性。TS 模型分别将每个属性模糊划分为 K 个模糊子集，$A_{jk}(j=1, 2, \cdots, s; k=1, 2, \cdots, K)$ 表示对数据集中各样本第 j 个属性进行模糊划分形成的模糊子集，记录属性模糊划分结果的划分矩阵被称为前提参数或前件参数。$P_k = [P_{0k}, P_{1k}, \cdots, P_{sk}]$ 表示第 k 条规则的结论参数，也称后件参数。y_{ik} 表示第 k 条规则的输出。

TS 模型通过权重将各局部线性模型平滑地连接起来，形成全局非线性模型。该模型最终输出为各线性模型输出的加权求和，如式（6-4）所示：

$$y_i = \sum_{k=1}^{K} w_{ik} y_{ik} \tag{6-4}$$

式（6-4）中，y_i 表示样本 x_i 对应的 TS 模型输出，w_{ik} 表示计算该样本输出时第 k 个线性模型输出的权重。权重计算方法如式（6-5）所示：

$$w_{ik} = \frac{\tilde{w}_{ik}}{\sum_{k=1}^{K} \tilde{w}_{ik}}, \quad \tilde{w}_{ik} = \min[u_{A_{1k}}(x_{i1}), u_{A_{2k}}(x_{i2}), \cdots, u_{A_{sk}}(x_{is})] \tag{6-5}$$

式（6-5）中，$u_{A_{jk}}(x_{ij})$ 表示 x_{ij} 对于 A_{jk} 的隶属度，找出样本各特征在第 k 个模糊划分隶属度的最小值，从而计算第 k 个线性模型的权重，并对各线性模型的权重归一化处理。

6.2.2　TS 模型研究与应用现状

Takagi 和 Sugeno 将模糊理论与精确模型结合起来解决非线性问题，为非线性系统建模提供了一条有效的新途径。TS 建模过程通常分为两个步骤，即结构辨识和参数获取。结构辨识确定规则数目及规则的输入变量，参数获取求解每条规则中的未知参数。因模糊规则由前提和结论组成，故参数获取又分为前提参数获取和结论参数获取。在实际建模过程中，通常基于模糊聚类算法划分子集，并由此获得规则数目和前提参数。因而，结构辨识和前提参数获取相互交融、不可分割，通常将结构辨识包含在前提参数获取中。下面介绍较为常见的 TS 模型参数获取方法。

在参数获取过程中，前提参数获取通常基于 FCM 算法完成，单个属性的隶属度通常与样本在各簇的隶属度相同。结论参数获取时，需根据训练样本训练模型参数，最小化模型输出与期望输出之间的误差。一种较为常见的方法是采用最小二乘法求解结论参数，最小二乘法的代价函数如式（6-6）所示：

$$L = \frac{1}{n}\sum_{i=1}^{n}(\hat{y}_i - y_i)^2 \tag{6-6}$$

式（6-6）中，$\hat{y}_i$ 表示样本 x_i 的期望输出，y_i 表示该样本对应的实际输出，其计算方法如式（6-4）所示。通过最小化式（6-6）所示的代价函数能够实现 TS 模型结论参数获取，最小二乘法求解参数的过程见 3.2.1 节。

另一种便于理解的思路是通过最小化每个线性模型的误差达到最小化模型整体误差的目的。该方法采用 FCM 算法对数据集中的样本进行模糊划分，并基于样本对各簇的隶属度采用最小二乘法训练线性模型。假设采用 FCM 算法将含有 n 个样本的数据集 X 模糊划分为 K 个簇，对 TS 模型采用最小二乘法的代价函数如式（6-7）所示：

$$L = \sum_{k=1}^{K}\sum_{i=1}^{n}u_{ik}(\hat{y}_i - y_{ik})^2 \tag{6-7}$$

式（6-7）中，$\hat{y}_i$ 表示样本 x_i 对应的期望输出，y_{ik} 表示第 k 个线性模型基于样本 x_i 获得的实际输出，二者之差的平方表示实际输出与期望输出的误差。隶属度 u_{ik} 表示该误差在代价函数中的权重。该代价函数统计各样本在各线性模型所得误差，并将隶属度作为权重对上述误差加权求和，从而得到完整的 TS 模型输出与期望输出之间的误差。通过最小化式（6-7）所示的代价函数能够实现 TS 模型参数获取。在获得前提参数与结论参数后，可根据式（6-4）和式（6-5）计算 TS 模型输出。

为了减弱设定的簇数量 K 对 FCM 算法精度产生的影响，可在求得模型参数后，计算每条模糊规则的相关误差，并对误差较大的规则进行更详细的划分，这种改进的 TS 模型被称为强化 TS 模型。其原理如图 6-2 所示。对于数据集 X，首先通过 FCM 算法将其模糊划分为 K 个簇，并根据式（6-7）采用最小二乘法计算各线性模型的参数。随后，根据所得参数依次计算各线性模型的误差，假设第 k 个线性模型产生的误差未超出阈值，则记录其模型参数对应的规则为 $R_1, \cdots, R_{k-1}, R_{k+1}, \cdots, R_K$。对于误差超出设定阈值的第 k 个线性模型，将该模型对应的簇 $X^{(k)}$ 二次模糊划分，划分结果记为 $X^{(kk')}$，其中 $k'=1, 2, \cdots, K'$，K' 通常取值为 2 或 3[7]。采用最小二乘法根据样本对二次聚类所得簇的隶属度计算线性模型参数，所示模型参数对应的规则记为 $R_{k1}, \cdots, R_{kK'}$。

对基于 $R_1, \cdots, R_{k-1}, R_{k+1}, \cdots, R_K$ 和 $R_{k1}, \cdots, R_{kK'}$ 所得输出加权求和即得到强化 TS 模型的输出。其中，$R_1, \cdots, R_{k-1}, R_{k+1}, \cdots, R_K$ 的权重计算方法如式（6-5）所示，$R_{k1}, \cdots, R_{kK'}$ 根据二次模糊聚类结果划分原属于 R_k 的权重，如式（6-8）所示：

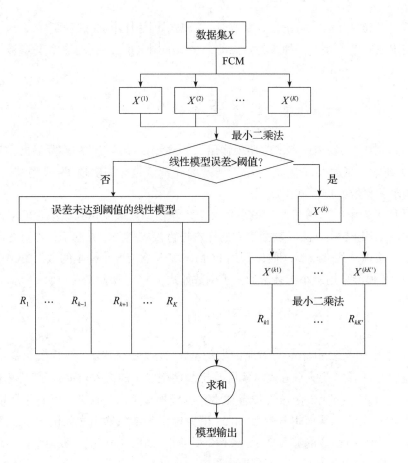

图 6-2　强化 TS 模型原理图

$$w_{ikk'} = w_{ik} \frac{\tilde{w}_{ikk'}}{\sum_{k'=1}^{K'} \tilde{w}_{ikk'}}, \quad \tilde{w}_{ikk'} = \min[u_{A_{1kk'}}(x_{i1}), \ u_{A_{2kk'}}(x_{i2}), \ \cdots, \ u_{A_{skk'}}(x_{is})] \qquad (6\text{-}8)$$

式（6-8）中，w_{ik} 表示对于样本 x_i 第 k 个线性模型的权重，x_i 隶属于簇 $X^{(k)}$，$\tilde{w}_{ikk'}$ （$k' = 1, 2, \cdots, K'$）表示对于该样本二次划分所得第 k' 个模型的权重。$A_{jkk'}(j = 1, 2, \cdots, s)$ 表示对 $X^{(k)}$ 中各样本第 j 个属性进行模糊划分形成的模糊子集，$u_{A_{jkk'}}(x_{ij})(j = 1, 2, \cdots, s)$ 表示样本 x_i 的第 j 个属性对 $A_{jkk'}$ 的隶属度。基于上述权重对各线性模型的输出加权求和即可得到强化 TS 模型的最终输出。

　　TS 模型通过模糊规则的组合来处理非线性问题，具备表达连续非线性函数的能力，已在多个研究和实践领域得到广泛应用。例如，在控制领域，将 TS 模型与预测函数控制相结合，从而实现结构简单的非线性预测控制[8]。在医学领域，使用 TS 模型对代表公共卫生问题的肝炎疾病进行医学诊断[9]。在航空领域，基于 TS 模型对航空发动机数控系统进行建模，并将其用于传感器的故障检测[10]。考虑不完整数据集属性可能具备非线性回归关系，6.3 节将使用 TS 模型对不完整数据建模，并将其用于缺失值填补。

6.3　基于 TS 模型的填补方法

本节首先概述基于 TS 模型的填补方法，以便于读者对方法结构形成整体性认知，随后详细介绍该方法中各步骤，包括前提参数获取、结论参数获取和缺失值填补。

6.3.1　基于 TS 模型的填补方法概述

处理非线性问题的一种有效途径是将数据集划分为若干个子集，然后用简单的线性模型逼近每个子集中的数据。TS 模型能够用少量的规则以较高的精度逼近任意的非线性系统，因而已被广泛应用于非线性系统建模。TS 模型由前提和结论两部分组成，TS 模型参数获取通常分为前提参数获取和结论参数获取两个步骤。模糊聚类算法能够在无先验数据标签的情况下自动地将数据集划分为若干个模糊子集，并使得每个子集内的输入和输出变量具有相同或相似的依赖关系，而不同子集间的依赖关系则存在较大差异，因而已被广泛应用于 TS 模型前提参数获取。最小二乘法能够简便地求出回归模型的未知参数，并使填补结果尽可能逼近真实值，已被广泛应用于 TS 模型结论参数获取。

基于 TS 模型的缺失值填补方法使用 TS 模型对不完整数据进行建模，并将其应用于缺失值填补。建模时，首先利用不完整数据模糊聚类算法将数据集划分为若干个模糊子集，以此实现前提参数获取，并为每个子集建立关于输入和输出变量间关系的局部线性回归模型。然后，采用常见的缺失值填补方法进行预填补，如均值填补法、K 最近邻填补法等，并基于该预填补后的数据集求解结论参数。

由于缺失值填补是一个多入多出问题，可将其看作是若干个多入单出子问题的组合。因此，在基于 TS 模型处理随机缺失的不完整数据集时，可以依次将每个不完整属性列作为输出变量，其余属性作为输入变量分别建模，如图 6-3 所示。

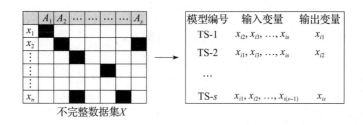

图 6-3　MISO 方式建模框架

图 6-3 中，左侧为不完整数据集 X 的示意图，右侧为缺失值填补时采用 MISO 方式建模

的示意图。其中，TS-j(j = 1, 2, …, s) 表示以第 j 个属性为输出，其余属性为输入建立的 TS 模型，x_i 表示数据集 X 中的样本，其中 i = 1, 2, …, n。

下面介绍采用 MISO 方式基于 TS 模型的缺失值填补方法，如图 6-4 所示。

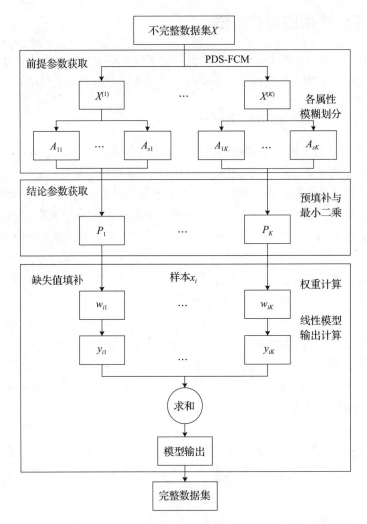

图 6-4　基于 TS 模型的缺失值填补方法

给定一个不完整数据集 X，基于 TS 模型填补缺失值包括 3 个步骤，即前提参数获取、结论参数获取和缺失值填补。在前提参数获取中，首先基于 PDS-FCM（局部距离策略的 FCM）算法将其划分为若干个模糊子集，记为 $X^{(1)}$, $X^{(2)}$, …, $X^{(K)}$。随后，根据样本模糊聚类结果分别推导各属性的模糊划分（A_{jk}(j = 1, 2, …, s; k = 1, 2, …, K) 表示对数据集中各样本第 j 个属性进行模糊划分形成的模糊子集），得到单属性在各模糊集的隶属度，该隶属度即前提参数。在结论参数获取中，预填补不完整数据集中的缺失值，并基于该重构数据集利用最小二乘法求解每条规则中的结论参数，图 6-4 中 P_k 表示第 k 条规则的结论参数，其中 $k = 1, 2, \cdots, K$。在缺失值填补中，假设不完整数据集 X 中的第 j 个属性存在缺失数据，则建立如图 6-3 所示的模型 TS-j。依次寻找在该属性中不完整的样本，假设第 i 个样本 x_i 的第 j 个属性不完整，基于式（6-5）计算各线性模型输出的权重，计算各线性模型的输出并进行加权求和得到 TS 模型全局输出。将该模型的输出作为该属性的预填补值，至此，该属性填补完成。依次替换各不完整属性中的预填补值，当且仅当所有预填补值都替换完毕后，基于不完整数据 TS 建模的缺失值填补方法得以实现，输出最终填补后的完整数据集。下面对基于 TS 模型的缺失值填补方法进行详细说明。

6.3.2　前提参数获取

3.1.4 节已经简单介绍过局部距离策略，为了使本节介绍的缺失值填补方法更加清晰，下面首先在 FCM 算法的基础上对 PDS-FCM 算法进行详细介绍，随后介绍基于 PDS-FCM 算法获取前提参数的过程。

1.PDS-FCM 算法

假设 $X = \{x_i \mid x_i \in \mathbb{R}^s, i = 1, 2, \cdots, n\}$ 表示样本数量为 n，属性数量为 s 的数据集，其中第 i 个样本为 $x_i = [x_{i1}, x_{i2}, \cdots, x_{is}]^T (i = 1, 2, \cdots, n)$。采用 FCM 算法对该数据集进行模糊划分的聚类模型如式（6-2）所示。为了寻找目标函数 $J(U, V)$ 的极小值，考虑模型的等式约束 $\sum_{k=1}^{K} u_{ik} = 1 (i = 1, 2, \cdots, n)$。采用拉格朗日乘子法，其增广函数如式（6-9）所示：

$$J_\lambda(U, V) = \sum_{k=1}^{K} \sum_{i=1}^{n} u_{ik}^z d_{\text{Euc}}(x_i, v_k)^2 + \sum_{i=1}^{n} \lambda_i \left(\sum_{k=1}^{K} u_{ik} - 1 \right) \tag{6-9}$$

式（6-9）中，$\lambda = [\lambda_1, \lambda_2, \cdots, \lambda_n]^T$ 为拉格朗日乘子。使目标函数 $J(U, V)$ 达到极小值的必要条件如式（6-10）和式（6-11）所示：

$$v_k = \frac{\sum_{i=1}^{n} u_{ik}^z x_i}{\sum_{i=1}^{n} u_{ik}^z}, \quad k = 1, 2, \cdots, K \tag{6-10}$$

$$u_{ik} = \left[\sum_{t=1}^{K} \left(\frac{d_{\text{Euc}}(x_i, v_k)^2}{d_{\text{Euc}}(x_i, v_t)^2} \right)^{\frac{1}{z-1}} \right]^{-1}, \quad k = 1, 2, \cdots, K; \ i = 1, 2, \cdots, n \tag{6-11}$$

对式（6-10）和式（6-11）交替迭代求解，当相邻两次迭代中原型矩阵或划分矩阵的改变量小于某一预先设定的阈值时，迭代停止。最终所得划分矩阵 U 即聚类结果，原型矩阵 V 记录了划分结束后各簇的原型。

假设数据集 X 中存在不完整样本，在聚类过程中可基于现有数据计算样本的局部距离。采用 $\boldsymbol{I} = [I_{ij}] \in \mathbb{R}^{n \times s}$ 描述数据的缺失情况，定义如式（6-12）所示：

$$I_{ij} = \begin{cases} 0, & x_{ij} = ? \\ 1, & \text{其他} \end{cases} \tag{6-12}$$

则不完整数据集 X 中的样本 $\boldsymbol{x}_i$ 和原型 v_k 间的局部距离如式（6-13）所示：

$$d_{\text{Part}}(x_i, x_k) = \sqrt{\frac{s \sum_{l=1}^{s} I_{il} \mid x_{il} - v_{kl} \mid^2}{\sum_{l=1}^{s} I_{il}}}, \quad k = 1, 2, \cdots, K \tag{6-13}$$

基于该局部距离，PDS-FCM 算法的聚类模型如式（6-14）所示：

$$\begin{cases} \min \; J_2(\boldsymbol{U}, \boldsymbol{V}) = \sum_{k=1}^{K} \sum_{i=1}^{n} u_{ik}^z d_{\text{Part}}(\boldsymbol{x}_i, v_k)^2 \\ s.t. \quad \sum_{k=1}^{K} u_{ik} = 1, \; i = 1, 2, \cdots, n \end{cases} \tag{6-14}$$

采用拉格朗日乘子法，其增广函数如式（6-15）所示：

$$J_{2\lambda}(\boldsymbol{U}, \boldsymbol{V}) = \sum_{k=1}^{K} \sum_{i=1}^{n} u_{ik}^z d_{\text{Part}}(\boldsymbol{x}_i, v_k)^2 + \sum_{i=1}^{n} \lambda_i \left(\sum_{k=1}^{K} u_{ik} - 1 \right) \tag{6-15}$$

式（6-15）中，$\boldsymbol{\lambda} = [\lambda_1, \lambda_2, \cdots, \lambda_n]^{\mathrm{T}}$ 为拉格朗日乘子，则在关于隶属度 u_{ik} 的等式约束条件下，基于式（6-12）所定义的数据缺失情况描述方式，聚类目标函数 J_2 达到极小的必要条件如式（6-16）、式（6-17）所示：

$$v_{kj} = \frac{\sum_{i=1}^{n} u_{ik}^z I_{ij} x_{ij}}{\sum_{i=1}^{n} u_{ik}^z I_{ij}}, \quad j = 1, 2, \cdots, s; \; k = 1, 2, \cdots, K \tag{6-16}$$

$$u_{ik} = \left[\sum_{t=1}^{K} \left(\frac{d_{\text{Part}}(\boldsymbol{x}_i, v_k)^2}{d_{\text{Part}}(\boldsymbol{x}_i, v_t)^2} \right)^{\frac{1}{z-1}} \right]^{-1}, \quad i = 1, 2, \cdots, n; \; k = 1, 2, \cdots, K \tag{6-17}$$

PDS-FCM 方法通过执行式（6-16）和式（6-17）的交替迭代，即可获得各簇原型以及完整样本和不完整样本相对于各簇的隶属度。以下为 PDS-FCM 算法的具体步骤。

步骤 1：设定模糊化参数 z，聚类数 K 和阈值 ε，$\varepsilon > 0$，随机初始化划分矩阵 $\boldsymbol{U}^{(0)}$。

步骤 2：当迭代次数为 l，$l \geqslant 1$ 时，基于 $\boldsymbol{U}^{(l-1)}$，使用式（6-16）更新原型矩阵 $\boldsymbol{V}^{(l)}$。

步骤 3：基于 $\boldsymbol{V}^{(l)}$，使用式（6-17）更新划分矩阵 $\boldsymbol{U}^{(l)}$。

步骤 4：若满足条件 $\forall k, i : \max |u_{ik}^{(l)} - u_{ik}^{(l-1)}| < \varepsilon$，其中 $k = 1, 2, \cdots, K; \; i = 1, 2, \cdots n$，则算法停止，输出划分矩阵 $\boldsymbol{U}$ 和原型矩阵 $\boldsymbol{V}$；否则 $l \leftarrow l+1$，返回步骤 2。

最终所得划分矩阵 U 即聚类结果，原型矩阵 V 记录了划分结束后各簇的原型。

2. 基于 PDS-FCM 算法的前提参数获取

目前，一种常用的、基于模糊聚类的前提参数获取方法是，直接将聚类获得的模糊隶属度矩阵作为前提参数，即使用多变量隶属度进行计算。该方法的模糊规则可表示为式（6-18）：

$$
\begin{aligned}
R_k &: \text{IF } x_i \text{ is } A_k \\
&\quad \text{THEN } y_{ik} = P_{0k} + P_{1k}x_{i1} + \cdots + P_{sk}x_{is}
\end{aligned}
\tag{6-18}
$$

式（6-18）中，$A_k(k=1,2,\cdots,K)$ 表示对数据集中各样本进行模糊划分形成的模糊子集，记录属性模糊划分结果的划分矩阵被称为前提参数。P_{0k}，P_{1k}，$\cdots$，P_{sk} 表示第 k 条规则的结论参数，$x_{ij}(j=1,2,\cdots,s)$ 表示数据集中第 i 个样本 x_i 的第 j 个属性，y_{ik} 表示该样本对应第 k 条模糊规则的输出。

尽管该方法操作简单易于实现，但导致所建模型较为粗糙。因此，本节将隶属度矩阵中各样本的多属性隶属度逐一投影到每个前提参数所在的坐标轴上，得到单属性隶属度。相比于式（6-18）所示同等对待样本各属性的模糊规则，经过投影所得模糊规则考虑了属性间的差异性。针对每个属性分别生成模糊划分，所得前提参数更加明确，有利于获得高精度的模型。下面具体介绍该投影方法。

通过 PDS-FCM 算法将数据集划分为若干个模糊子集，可以得到完整的隶属度矩阵，矩阵中元素 $u_{ik}(i=1,2,\cdots,n; k=1,2,\cdots,K)$ 表示第 i 个样本隶属于第 k 个簇的程度。为了获得每个变量各自对应的单变量模糊集，可以将隶属度 u_{ik} 逐一投影到前提参数所在的各坐标轴上，如式（6-19）所示：

$$
u_{A_{jk}(x_{ij})} = \text{Pro}_j(u_{ik})
\tag{6-19}
$$

式（6-19）中，$\text{Pro}_j(u_{ik})$ 表示隶属度 u_{ik} 在 A_{jk} 对应坐标轴上的投影，Pro 是投影（Project）的缩写。

此投影可视作低维空间到高维空间的投影，通过核函数投影是一种行之有效的方法。正如 3.1.3 节所述，核函数蕴含着一个从低维空间到高维空间的映射。本节采用高斯核函数对隶属度进行投影，如式（6-20）所示：

$$
\text{Pro}_j(u_{ik}) = \exp\left[-\frac{1}{2}\left(\frac{u_{ik}-\mu_{kj}}{\sigma_{kj}}\right)^2\right]
\tag{6-20}
$$

式（6-20）中，μ_{kj} 表示高斯函数中心，σ_{kj} 表示标准差，计算公式分别如式（6-21）和式（6-22）所示：

$$
\mu_{kj} = \frac{\sum_{i=1}^{n} u_{ik} x_{ij}}{\sum_{i=1}^{n} u_{ik}}
\tag{6-21}
$$

$$\sigma_{kj} = \left(\frac{\sum\limits_{i=1}^{n} u_{ik} (x_{ij} - \mu_{kj})^2}{\sum\limits_{i=1}^{n} u_{ik}} \right)^{\frac{1}{2}} \tag{6-22}$$

在投影过程中，如果样本中某个属性上的值缺失，无法计算其所在的模糊集，则认为其可能归属为任意一类，因而将对应隶属度全部赋值为 1。由式（6-5）可知，根据各属性的最小隶属度求解线性模型权重，而隶属度取值范围为 [0, 1]，故将不完整属性隶属度设为 1，不会对权重计算结果产生影响。

6.3.3　结论参数获取

本节基于 6.3.2 节获取的前提参数，采用最小二乘法获取 TS 模型结论参数。最小二乘法通过最小化模型输出与其对应真值之间的误差平方和来建立能够与实验数据最佳匹配的函数模型，已被广泛应用于曲线拟合和优化问题的求解。其在回归模型中的具体应用详见 3.2.1 节。本节采用该方法求解 TS 模型的结论参数，TS 模型的全局输出如式（6-23）所示：

$$
\begin{aligned}
\boldsymbol{y}_i &= \sum_{k=1}^{K} w_{ik} y_{ik} \\
&= \sum_{k=1}^{K} w_{ik} (P_{0k} + P_{1k} x_{i1} + \cdots + P_{sk} x_{is}) \\
&= w_{i1} P_{01} + w_{i1} P_{11} x_{i1} + \cdots + w_{i1} P_{s1} x_{is} + \cdots + w_{iK} P_{0K} + w_{iK} P_{1K} x_{i1} + \cdots + w_{iK} P_{sK} x_{is}
\end{aligned}
\tag{6-23}
$$

式（6-23）中，$w_{ik}(k=1,\ 2,\ \cdots,\ K)$ 可根据前提参数采用式（6-5）求得。此处使用 K 最近邻填补法预填补不完整数据集中的缺失值，然后基于填补后的数据集，利用最小二乘法求解结论参数。该方法的目标函数如式（6-24）所示：

$$L = \frac{1}{n} \sum_{i=1}^{n} (\hat{\boldsymbol{y}}_i - \boldsymbol{y}_i)^2 \tag{6-24}$$

式（6-24）中，$\hat{\boldsymbol{y}}_i$ 表示样本 $\boldsymbol{x}_i$ 的期望输出，$\boldsymbol{y}_i$ 表示该样本对应的实际输出。根据 3.2.1 节所述的最小二乘法，将式（6-23）写成如式（6-25）所示的矩阵形式：

$$\boldsymbol{Y} = \boldsymbol{H} \cdot \boldsymbol{P} \tag{6-25}$$

式（6-25）中，$\boldsymbol{Y} = [y_1,\ y_2,\ \cdots,\ y_n]^{\mathrm{T}}$ 表示各样本输出组成的矩阵。$\boldsymbol{H}$ 如式（6-26）所示：

$$\boldsymbol{H} = \begin{bmatrix} w_{11} & w_{11} x_1 & \cdots & w_{1K} & w_{1K} x_1 \\ w_{21} & w_{21} x_2 & \cdots & w_{2K} & w_{2K} x_2 \\ \vdots & \vdots & \ddots & \vdots & \vdots \\ w_{n1} & w_{n1} x_n & \cdots & w_{nK} & w_{nK} x_n \end{bmatrix} \tag{6-26}$$

式（6-26）中，$\boldsymbol{x}_i = [x_{i1},\ x_{i2},\ \cdots,\ x_{is}]^{\mathrm{T}}$，$i = 1,\ 2,\ \cdots,\ n$。$\boldsymbol{P}$ 如式（6-27）所示：

$$P = [P_{01}, P_{11}, \cdots, P_{s1}, \cdots, P_{0k}, P_{1K}, \cdots, P_{sK}]^T \tag{6-27}$$

记 $\hat{Y} = [\hat{y}_1, \hat{y}_2, \cdots, \hat{y}_n]^T$ 表示各样本期望输出组成的集合，式（6-24）所示的误差平方和可改写为式（6-28）中的形式：

$$
\begin{aligned}
L &= \frac{1}{n} \| HP - \hat{Y} \|^2 \\
&= \frac{1}{n} (HP - \hat{Y})^T (HP - \hat{Y}) \\
&= \frac{1}{n} (P^T H^T HP - P^T H^T \hat{Y} - \hat{Y}^T HP + \hat{Y}^T \hat{Y})
\end{aligned} \tag{6-28}
$$

根据最小二乘法的规则，计算式（6-28）关于结论参数 P 的导数，令其等于 0。接着通过式（6-29）所示的推导过程即可求解模型参数。

$$
\begin{aligned}
\frac{\partial L}{\partial P} &= 2P^T H^T H - 2\hat{Y}^T H = 0 \\
&\Rightarrow P^T H^T H = \hat{Y}^T H \\
&\Rightarrow P = (H^T H)^{-1} H^T \hat{Y}
\end{aligned} \tag{6-29}
$$

即参数 P 可以通过最小二乘公式（6-30）求出：

$$P = (H^T H)^{-1} H^T \hat{Y} \tag{6-30}$$

6.3.4　缺失值填补

对于采用 MISO 方式的 TS 模型，当完成前提参数和结论参数获取后，则可计算各规则输出并进行加权求和获得全局输出，如式（6-31）所示：

$$y_i = \sum_{k=1}^{K} w_{ik} y_{ik} = H_i \cdot P \tag{6-31}$$

式（6-31）中，H_i 表示式（6-26）中矩阵 H 的第 i 行数据。

首先，以第一个不完整属性列为输出建立 MISO 结构的 TS 模糊模型，求解模型参数并计算该属性对应的模型输出。然后，使用缺失值位置对应的输出值替换预填补数据集中已有的预填补值，至此，该不完整属性填补完成。同样，分别将数据集的每一个不完整属性列作为输出进行建模，获得相应属性对应的模型输出，并用其替换该属性中的预填补值。当所有不完整属性中的预填补值全部更新完毕后，基于 TS 建模的缺失值填补得以实现，输出更新后的数据集。

下面介绍该方法的具体实现步骤。

步骤 1：采用 PDS-FCM 算法将不完整数据集划分为若干个模糊子集，得到样本对各模糊集的隶属度，并通过高斯投影获得样本各属性在相应模糊集的隶属度，从而获取前提参数。

步骤 2：预填补缺失值，并基于该预填补数据集，利用最小二乘法求解结论参数，其中，基于式（6-5）计算各线性模型的权重。

步骤 3：前提、结论参数获取完成后，基于上述预填补数据集分别计算各个属性对应的模型输出，并将缺失位对应的输出值作为最终填补值。

6.4   基于特征选择的 TS 模型填补法

在采用多入单出方式的 TS 模型填补缺失值时，通常以数据集中单一属性为输出，其余属性为输入。然而，在真实数据集中，两属性之间并不总是相关的，若输入属性与待填补属性无关，不仅会增大计算量和分析问题的复杂性，还会导致模型拟合能力下降。通常称与预测目标无关的属性为样本的无关特征，或称冗余特征。特征选择算法可以有效处理回归建模中存在的冗余特征。TS 模型的规则库中包含一系列线性回归模型，因而通过特征选择进行模型优化不仅能够大幅度降低模型复杂度，而且能够有效提升模型拟合能力。本节首先对机器学习领域的特征选择算法进行系统介绍，随后详细说明基于特征选择的 TS 模型填补法。

6.4.1   特征选择算法概述

目前，常用的特征选择算法包括过滤式特征选择、包裹式特征选择和嵌入式特征选择 3 类。下面分别介绍各类特征选择算法。

1.过滤式特征选择算法

过滤式特征选择算法是一类依靠数据本身的数值特性进行特征选择的算法。此类算法通常独立于后续模型，在其使用过程中，特征选择步骤将作为训练模型的预处理步骤执行。其通过计算每个特征的得分对特征的重要程度进行排名，排名较高或得分超过阈值的特征被选中。基于方差的特征选择是一种常见的过滤式特征选择算法。假设 $X = \{x_i \mid x_i \in \mathbb{R}^s,\ i = 1,\ 2,\ \cdots,\ n\}$ 表示样本数量为 n，属性数量为 s 的数据集，其中第 i 个样本为 $x_i = [x_{i1},\ x_{i2},\ \cdots,\ x_{is}]^T$，其中 $i = 1,\ 2,\ \cdots,\ n$。分别计算数据集中各属性的方差，对于第 j 个属性，其方差如式（6-32）所示：

$$\mathrm{Var}_j = \frac{1}{n}\sum_{i=1}^{n}\left(x_{ij} - \frac{1}{n}\sum_{i=1}^{n}x_{ij}\right)^2 \qquad (6\text{-}32)$$

属性方差越小，表示各样本在该属性中取值的差别越小，对模型输出的贡献也越低。

基于互信息（Mutual Information）的特征选择同样是一种常见的过滤式特征选择算法。互信息是信息论领域一种常用的信息度量，用于描述确定某一条件后，因变量不确定性减少的程度。通常可采用熵（Entropy）衡量变量的不确定性，当变量所有可能取值发生概率相近时，熵较高；当发生概率相差较大时，则熵较低。下面首先给出此方法的公式推导，随后结合公式解释其特征选择原理。设 $\hat{Y} = [\hat{y}_1,\ \hat{y}_2,\ \cdots,\ \hat{y}_n]^T$ 表示模型的期望输出，则 $\hat{Y}$ 的熵如式（6-33）所示：

$$H(\hat{\boldsymbol{Y}}) = -\sum_{i=1}^{n} p(\hat{y}_i)\log_2(p(\hat{y}_i)) \tag{6-33}$$

式（6-33）中，$p(\hat{y}_i)$ 表示类别标签为 $\hat{y}_i$ 的样本在数据集中的比例。数据集中第 j 个属性对应的条件熵如式（6-34）所示：

$$H(\hat{\boldsymbol{Y}} \mid \boldsymbol{X}_{*j}) = \sum_{i=1}^{n} p(x_{ij})H(\hat{\boldsymbol{Y}} \mid x_{ij}) \tag{6-34}$$

式（6-34）中，$\boldsymbol{X}_{*j} = [x_{1j},\ x_{2j},\ \cdots,\ x_{nj}]^{\mathrm{T}}$ 表示各样本第 j 个属性值组成的向量。将式（6-33）代入式（6-34）得式（6-35）：

$$H(\hat{\boldsymbol{Y}} \mid \boldsymbol{X}_{*j}) = \sum_{i=1}^{n} p(x_{ij})\left(-\sum_{i=1}^{n} p(\hat{y}_i \mid x_{ij})\log_2(p(\hat{y}_i \mid x_{ij}))\right) \tag{6-35}$$

则第 j 个属性 $\boldsymbol{X}_{*j}$ 与期望输出 $\hat{\boldsymbol{Y}}$ 的互信息如式（6-36）所示：

$$I(\hat{\boldsymbol{Y}};\ \boldsymbol{X}_{*j}) = H(\hat{\boldsymbol{Y}}) - H(\hat{\boldsymbol{Y}} \mid \boldsymbol{X}_{*j}) \tag{6-36}$$

由式（6-36）可知，二者的互信息可理解为 $\hat{\boldsymbol{Y}}$ 原熵值与加入 $\boldsymbol{X}_{*j}$ 后 $\hat{\boldsymbol{Y}}$ 熵值之差，即 $\boldsymbol{X}_{*j}$ 在期望输出 $\hat{\boldsymbol{Y}}$ 熵值的影响力。属性与期望输出的互信息越小，表明此属性在降低期望输出熵值中的贡献越显著，该特征越重要，排序越高。

基于相关系数的特征选择同样是较为常见的过滤式特征选择方法。此方法通过计算属性间的相关系数，选择与目标属性相关性较高的属性作为模型输入。皮尔森相关系数（Pearson Correlation Coefficient）是一种常用的相关性度量指标。期望输出 $\hat{\boldsymbol{Y}} = [\hat{y}_1,$ $\hat{y}_2,\ \cdots,\ \hat{y}_n]^{\mathrm{T}}$ 与 $\boldsymbol{X}_{*j} = [x_{1j},\ x_{2j},\ \cdots,\ x_{nj}]^{\mathrm{T}}$ 的皮尔森相关系数如式（6-37）所示：

$$\text{Pearson} = \frac{\sum_{i=1}^{n}(x_{ij} - \bar{x}_j)(\hat{y}_i - \bar{\hat{y}})}{\sigma(\boldsymbol{X}_{*j}) \cdot \sigma(\hat{\boldsymbol{Y}})} \tag{6-37}$$

式（6-37）中，$\bar{x}_j$ 表示数据集中各样本第 j 个属性值的平均值，$\bar{\hat{y}}$ 表示各期望输出值的平均值。$\sigma(\boldsymbol{X}_{*j})$、$\sigma(\hat{\boldsymbol{Y}})$ 分别表示两向量内元素的标准差。以 $\sigma(\boldsymbol{X}_{*j})$ 为例，其计算方式如式（6-38）所示：

$$\sigma(\boldsymbol{X}_{*j}) = \sqrt{\frac{1}{n}\sum_{i=1}^{n}\left(x_{ij} - \bar{x}_j\right)^2} \tag{6-38}$$

分别计算各属性与期望输出的皮尔森相关系数。该相关系数的绝对值越大，表明该属性与期望输出的相关性越高，该属性重要程度越高。

2. 包裹式特征选择算法

包裹式特征选择算法在执行过程中考虑后续的模型，将模型的性能作为特征选择的评价标准。通常称数据集中所有特征组成的集合为该数据集的特征集。此类算法将特征集的各子集传入模型中，通过模型输出性能指标评估子集。流程如图 6-5 所示。

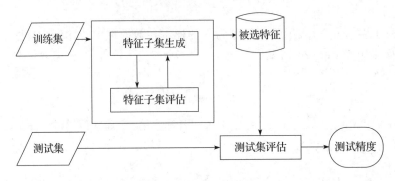

图 6-5　包裹式特征选择算法

包裹式特征选择算法通常分为训练阶段和测试阶段。在训练阶段，根据训练集样本选择特征，首先在训练集中生成特征子集，一种最简单的方式是随机生成，也可根据实际应用需要改进生成方式；随后，通过模型进行特征子集评估，重复子集生成与评估的过程以不断搜索表现较好的子集。当所选特征子集使得模型性能达到预期后，输出当前子集内特征并将其作为被选特征，训练阶段结束。在测试阶段，根据特征选择结果，选出测试集内的相应特征输入模型，根据模型的输出计算测试精度。

逐步回归法（Stepwise Regression）是一种常用于回归模型的包裹式特征选择方法。该方法通过显著性检验，将对输出影响显著的变量按照重要性依次引入回归模型，且每选入一个新的变量后都要对全部被选变量重新进行显著性检验，以剔除由于新变量引入而变得不显著的因子。通过逐步回归进行特征选择能够保证模型中的变量均为显著变量，而不在模型中的变量均为不显著变量。下面首先介绍显著性检验的基本原理，随后详细介绍逐步回归法。

在许多实际问题中，人们事先并不能断定每个特征是否真的与目标输出存在线性回归关系。因此，在回归建模之前，输出变量 y_i 和样本 x_i 间的线性关系实际上是一种假设，如式（6-39）所示：

$$y_i = P_0 + P_1 x_{i1} + \cdots + P_s x_{is} \tag{6-39}$$

式（6-39）中，$x_{ij}(i = 1, 2, \cdots, n; \ j = 1, 2, \cdots, s)$ 表示数据集中第 i 个样本的第 j 个属性，$P_0, P_1, \cdots, P_s$ 为模型参数。因此，在建立回归方程后需要进行显著性检验。显著性检验的原假设为 $H_0: P_1 = 0, \cdots, P_s = 0$，如果某个输入变量 x_{ij} 对输出变量 y_i 的影响不显著，那么它在模型中对应的回归系数 P_j 就可以取值为 0，即其对应的原假设成立，即 $P_j = 0$，记第 j 个属性对应的显著性检验原价假设为 H_{0j}。

根据 F 分布计算各属性参与检验的统计量。F 分布是统计学中一常用的分布形式，其定义如式（6-40）所示：

$$F = \frac{\dfrac{B_1}{\beta}}{\dfrac{B_2}{\gamma}} \qquad (6\text{-}40)$$

式（6-40）中，B_1 和 B_2 分别为两个独立变量，β 和 γ 称为该 F 分布的自由度（Degree of Freedom），即式（6-40）所示的分布为服从自由度 (β, γ) 的 F 分布。

在原假设 $H_0: P_1 = 0,\ \cdots,\ P_s = 0$ 成立的条件下，第 j 个属性参与检验的统计量如式（6-41）所示：

$$F_j = \frac{\Delta \text{ESS}(\boldsymbol{X}_{*j})}{\text{RSS}/(n-m-1)} \qquad (6\text{-}41)$$

该统计量服从自由度 $(1,\ n-m-1)$ 的 F 分布。式（6-41）中，n 表示数据集中样本数量，m 表示已引入回归模型的属性数量。回归平方和（Explained Sum of Squares，ESS），用于反映输入 – 输出变量间相关程度，计算公式如式（6-42）所示：

$$\text{ESS} = \sum_{i=1}^{n}(y_i - \overline{y})^2, \quad \overline{y} = \frac{1}{n}\sum_{i=1}^{n} y_i \qquad (6\text{-}42)$$

式（6-42）中，y_i 表示样本 x_i 对应的模型输出，$\overline{y}$ 表示数据集中各样本对应模型输出的均值。$\Delta \text{ESS}(x_{ij})$ 表示在引入或剔除变量 x_{ij} 后回归平方和的变化量，称为输入变量 x_{ij} 的偏回归平方和，计算方法如式（6-43）所示：

$$\Delta \text{ESS}(x_{ij}) = \text{ESS}_j - \text{ESS} \qquad (6\text{-}43)$$

式（6-43）中，ESS_j 表示加入样本第 j 个属性后的回归平方和，ESS 表示未加入样本第 j 个属性的回归平方和。

RSS 表示未引入或删除变量 x_{ij} 时模型输出的残差平方和，是实际值与估计值之差平方的总和，用于反映已有线性模型的拟合程度，其计算方式如式（6-44）所示：

$$\text{RSS} = \sum_{i=1}^{n}(y_i - \hat{y}_i)^2 \qquad (6\text{-}44)$$

通常定义显著水平为拒绝原假设的概率，对于给定的显著性水平 α，从 F 分布表中查找临界值 $F_\alpha(1,\ n-m-1)$。若 $F_j > F_\alpha(1,\ n-m-1)$，则拒绝原假设 $H_{0j}: P_j = 0$，认为输入变量 x_{ij} 对输出变量 y_i 有显著性影响。反之，接受原假设 $H_{0j}: P_j = 0$，认为输入变量 x_{ij} 对输出变量 y_i 没有显著性影响。通过对回归系数进行显著性检验来控制选入模型的输入变量，能够消除不显著变量的干扰，从而提高模型的准确性。

逐步回归算法是建立"最优"回归方程的一种特征选择算法，其基本思想是将对目标输出影响显著的变量按照重要性逐一引入回归模型，且每引入一个新的变量都要对全部被选变量重新进行显著性检验。若模型中已有变量由于新变量的引入而变得不显著，则将最不显著的变量删除。当既没有新的变量能够选入模型，也没有不显著变量可以从模型中剔除时，算法终止。其基本流程如图 6-6 所示。

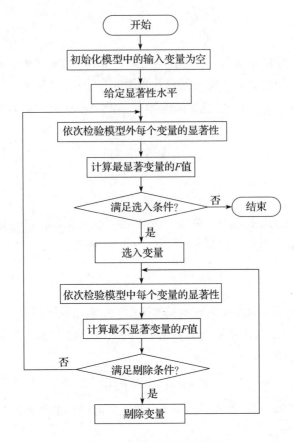

图 6-6 逐步回归算法流程

在循环开始之前，首先初始化一个空集 Q 用于存放已选入模型的属性，然后给定引入和剔除的显著性水平 α_{in} 和 α_{out}，并据此设定对应的临界值 $F_{\alpha_{in}}$ 和 $F_{\alpha_{out}}$。对于 α_{in}，取值越小，选取自变量的标准越严格，被引入回归模型的变量越少。对于 α_{out}，取值越大，剔除的变量越少。

在变量引入阶段，依次计算每个变量被引入模型后回归平方和的变化量。对于 $\boldsymbol{X}_{*p} \notin Q$，假定 $\boldsymbol{X}_{*p}$ 对应的偏回归平方和 $\Delta \mathrm{ESS}(\boldsymbol{X}_{*p})$ 最大，则对引入 $\boldsymbol{X}_{*p}$ 后的回归系数进行显著性检验，新的统计量如式（6-45）所示：

$$F_p = \frac{\Delta \mathrm{ESS}(\boldsymbol{X}_{*p})}{\mathrm{RSS}/(n-(l-1)-1)} \tag{6-45}$$

该统计量服从自由度为 $(1, n-l)$ 的 F 分布。式（6-45）中，l 表示当前迭代次数，由于模型中初始变量数为 0，且每次只引入一个变量，因此 $l-1$ 为模型中已有变量的数目。

若 $F_p > F_{\alpha_{in}}(1, n-l)$，则将 $\boldsymbol{X}_{*p}$ 引入回归模型，并对模型中已有变量重新进行显著性检

验；否则，不引入。

在变量剔除阶段，分别计算将各个输入变量剔除后回归平方和的变化量。对于 $\boldsymbol{X}_{*q} \in Q$，假设 $\boldsymbol{X}_{*q}$ 对应的偏回归平方和 $\Delta\text{ESS}(\boldsymbol{X}_{*q})$ 最小，则对删除 $\boldsymbol{X}_{*q}$ 后的回归系数进行显著性检验，新的统计量如式（6-46）所示：

$$F_q = \frac{\Delta\text{ESS}(\boldsymbol{X}_{*q})}{\dfrac{\text{RSS}}{(n-l-1)}} \tag{6-46}$$

若 $F_q < F_{\alpha_{\text{out}}}(1,\ n-l-1)$，则将变量 $\boldsymbol{X}_{*q}$ 从回归模型中剔除；否则，不剔除。

当既没有新的变量能够选入模型，也没有不显著变量可以从模型中剔除时，算法终止。此时，参与建模的样本特征即特征选择结果。

3. 嵌入式特征选择算法

嵌入式特征选择算法通过将特征选择嵌入模型训练过程，在包裹式特征选择的基础上加入特征排序，同时返回学习所得模型和所选特征。

多重聚类特征选择（Multi-Cluster Feature Selection，MCFS）是一种基于聚类的嵌入式特征选择算法[11]。在该算法中，特征选择问题被转化为组合优化问题，在聚类算法所得类别标签的基础上，在学习器的损失函数中加入 l_1 正则项，从而选择能够保留样本间多集群结构的特征。

算法首先采用谱聚类将原始样本分为不同的簇。矩阵作为一种线性算子，其所有的特征值统称为矩阵的谱。谱聚类是一种基于图的聚类方法，通过对样本对应的拉普拉斯矩阵（Laplacian Matrix）的特征向量聚类达到对原始样本聚类的目的。假设数据集 X 中样本数量为 n，聚类中首先计算样本的相似度矩阵 $\boldsymbol{S}$，其中第 i 行第 k 列元素 s_{ik} 的计算方式如式（6-47）所示：

$$s_{ik} = \exp\left(\frac{-d_{\text{Euc}}\left(x_i,\ x_k\right)^2}{2\sigma^2}\right),\quad i=1,\ 2,\ \cdots,\ n;\ k=1,\ 2,\ \cdots,\ n \tag{6-47}$$

式（6-47）中，x_i、x_k 分别为数据集的第 i 个和第 k 个样本。参数 σ 控制样本点的邻域宽度，σ 越大，表示样本点与其他样本的相似度越高。之后计算样本对应的拉普拉斯矩阵，如式（6-48）所示：

$$\textbf{Lap} = \boldsymbol{D} - \boldsymbol{S} \tag{6-48}$$

式（6-48）中，$\boldsymbol{D}$ 为中间变量矩阵，该矩阵是一个大小为 $n \times n$ 的对角矩阵，其中对角线上的元素如式（6-49）所示：

$$d_{ii} = \sum_{j=1}^{n} s_{ij},\ i=1,\ 2,\ \cdots,\ n \tag{6-49}$$

对于矩阵 **Lap**，计算其特征值。将特征值从小到大排序，取前 p 个特征值，并计算前 p

个特征值的特征向量 h_1, h_2, $\cdots$, h_p。其排列组成的矩阵如式（6-50）所示：

$$H =[h_1,\ h_2,\ \cdots,\ h_p]^{\mathrm{T}} \tag{6-50}$$

对矩阵 $\boldsymbol{H}$ 按行进行 K 均值聚类，聚类结果即对应原始样本的谱聚类结果。谱聚类可以理解为，首先将高维空间的样本映射到低维空间，然后用 K 均值聚类等算法对低维空间的样本进行聚类，从而反映高维空间样本的集群结构。

在利用谱聚类得到原始样本簇的结构后，算法利用 l_1 范数稀疏化权重矩阵的特性，在嵌入式特征选择的损失函数中添加 l_1 正则化项。此时，算法的优化目标如式（6-51）所示：

$$\min L = d_{\mathrm{Euc}}(Y,\ XW)^2 + \beta \parallel W \parallel_1 \tag{6-51}$$

式（6-51）中，Y 表示样本的聚类标签，$\boldsymbol{W}$ 表示权重矩阵，$\parallel W \parallel_1$ 表示权重矩阵的 l_1 范数，$\beta \parallel W \parallel_1$ 表示损失函数的 l_1 正则化项，β 表示正则化项参数。根据嵌入式特征选择算法原理，通过训练集样本训练学习器，并获取各特征在学习器中的权重，较大权重对应的样本特征即特征选择结果。

在多重聚类特征选择算法的基础上，为了在保持特征稀疏性的同时筛选出其中的冗余特征，研究者设计了一种名为稀疏和低冗余特征子集（Feature subset with Sparsity and Low Redundancy，FSLR）的特征选择方法[12]。该算法首先通过谱聚类获取原始样本在空间中的簇分布，然后将嵌入式特征选择表示为约束优化问题。其目标函数及约束条件可表示为式（6-52）：

$$\min L(Y,\ \boldsymbol{W}) = \min_{Y,\ W} \tau(Y) + \alpha[L(Y,\ XW) + \beta\Omega(\boldsymbol{W})] \\ s.t.\ Y \geqslant 0,\ \boldsymbol{W} \geqslant 0 \tag{6-52}$$

式（6-52）中，Y 表示样本的聚类标签，$\boldsymbol{W}$ 表示嵌入式特征选择中的权重矩阵，$\tau(Y)$ 表示对当前谱聚类结果的评分，α 表示损失函数的权重参数，$\Omega(\boldsymbol{W})$ 表示为保持特征稀疏性和低冗余性设计的正则化项，β 为正则化项的系数。在聚类标签和权重矩阵的非负约束下，损失函数的主体如式（6-53）所示：

$$L(Y,\ \boldsymbol{W}X) = d_{\mathrm{Euc}}(Y,\ XW)^2 \tag{6-53}$$

正则化项可表示为式（6-54）：

$$\Omega(\boldsymbol{W}) = \frac{1}{2}\left(\parallel WW^{\mathrm{T}} \parallel_1 - \mathrm{tr}(WW^{\mathrm{T}})\right) \tag{6-54}$$

式（6-53）中，$\mathrm{tr}(\cdot)$ 表示矩阵的迹（Trace），数值上等于矩阵主对角线上各元素的和。对式（6-54）化简得式（6-55）：

$$\Omega(\boldsymbol{W}) = \frac{1}{2}\left(\parallel WW^{\mathrm{T}} \parallel_1 - \parallel WW^{\mathrm{T}} \parallel_2^2\right) \tag{6-55}$$

将式（6-53）、式（6-54）代入式（6-55），所得结果如式（6-56）所示：

$$\min L(Y, \boldsymbol{W}) = \min_{Y,W} \tau(Y) + \alpha\left[\|X\boldsymbol{W} - Y\|_2^2 + \frac{\beta}{2}\left(\|\boldsymbol{W}\boldsymbol{W}^{\mathrm{T}}\|_1 - \|\boldsymbol{W}\boldsymbol{W}^{\mathrm{T}}\|_2^2\right)\right] \tag{6-56}$$

$$s.t.\ Y \geqslant 0,\ \boldsymbol{W} \geqslant 0$$

与多重聚类特征选择算法类似，根据式（6-56）的损失函数完成模型训练后，选择较大权值对应的特征作为特征选择结果。

上述 3 类特征选择方法各具特点，由于算法原理不同，选择特征和适用领域也不尽相同，在应用时可根据实际数据选择适用的算法。

6.4.2　基于特征选择的 TS 模型填补法

多元线性回归法是多元回归分析中一种简单易用的方法，绝大多数非线性回归模型都可以转化为线性回归模型进行处理。在多元回归分析中，往往希望可以通过较少的变量来建立较为准确的预测模型。一般来讲，选入多元回归模型中的特征越多，剩余平方和就越小，模型精度也就越高。然而，如果有所用特征对计算目标输出的贡献较低，不仅会影响模型精度，还会增加模型复杂程度。因此，对含有多个属性特征的数据集进行回归分析时，要求能够将所有的相关特征选入回归模型，而将无关特征或冗余特征排除在模型之外，即建立最优回归方程。

TS 模型由一系列"IF-THEN"模糊规则构成，每条规则对应一个模糊子集，而且由"THEN"表示的结论部分通常为多元线性回归模型。因此，在基于 TS 模型对不完整数据建模时，可采用特征选择算法筛选输入特征，以此确定回归模型中的输入变量。根据结论部分的输入变量，删除对应前提部分的无关项，得到优化后的模糊规则，从而以提升模型精度的方式实现高精度缺失值填补。

下面举例说明加入特征选择后不完整数据 TS 建模方法。假设不完整数据集 X 中包含 6 个属性，其中第 6 个属性为不完整属性，采用多入单出方式建立模型 TS-6。该方式具体介绍见 6.3.1 节。假设 TS-6 中包含两条模糊规则，即该模型通过两个线性模型描述非线性关系，若不执行特征选择直接建模，模糊规则 R_1 和 R_2 如式（6-57）所示：

$$R_1 : \text{IF } x_{i1} \text{ is } A_{11} \text{ and } x_{i2} \text{ is } A_{21} \text{ and } x_{i3} \text{ is } A_{31} \text{ and } x_{i4} \text{ is } A_{41} \text{ and } x_{i5} \text{ is } A_{51}$$
$$\text{THEN } y_{i1} = P_{01} + P_{11}x_{i1} + P_{21}x_{i2} + P_{31}x_{i3} + P_{41}x_{i4} + P_{51}x_{i5}$$
$$R_2 : \text{IF } x_{i1} \text{ is } A_{12} \text{ and } x_{i2} \text{ is } A_{22} \text{ and } x_{i3} \text{ is } A_{32} \text{ and } x_{i4} \text{ is } A_{42} \text{ and } x_{i5} \text{ is } A_{52} \tag{6-57}$$
$$\text{THEN } y_{i2} = P_{02} + P_{12}x_{i1} + P_{22}x_{i2} + P_{32}x_{i3} + P_{42}x_{i4} + P_{52}x_{i5}$$

假定通过特征选择算法得出，第 1 条规则中与输出变量有关的属性编号为 1、2、4、5，第 2 条规则中与输出变量有关的属性编号为 3、5。那么，优化后的模糊规则 R_1 和 R_2 如式（6-58）所示：

$$R_1 : \text{IF } x_{i1} \text{ is } A_{11} \text{ and } x_{i2} \text{ is } A_{21} \text{and } x_{i4} \text{ is } A_{41} \text{ and } x_{i5} \text{ is } A_{51}$$
$$\text{THEN } y'_{i1} = P'_{01} + P'_{11}x_{i1} + P'_{21}x_{i2} + P'_{41}x_{i4} + P'_{51}x_{i5}$$
$$R_2 : \text{IF } x_{i3} \text{ is } A_{32} \text{ and } x_{i5} \text{ is } A_{52} \tag{6-58}$$
$$\text{THEN } y'_{i2} = P'_{02} + P'_{32}x_{i3} + P'_{52}x_{i5}$$

式（6-58）中，y'_{ik} $(k-1, 2)$ 表示优化后的模型输出，P'_{01}, P'_{11}, P'_{21}, P'_{41}, P'_{51}, P'_{02}, P'_{32}, P'_{52} 表示优化后的结论模型参数。添加特征选择后各规则的权重如式（6-59）所示：

$$w'_{i2} = \frac{\tilde{w}'_{i1}}{\sum_{k=1}^{2} \tilde{w}_{ik}}, \ \tilde{w}'_{i1} = \min[u_{A_{11}}(x_{i1}), \ u_{A_{21}}(x_{i2}), \ u_{A_{41}}(x_{i4}), \ u_{A_{51}}(x_{i5})]$$

$$w'_{i2} = \frac{\tilde{w}'_{i2}}{\sum_{k=1}^{2} \tilde{w}'_{ik}}, \ \tilde{w}'_{i2} = \min[u_{A_{32}}(x_{i3}), \ u_{A_{52}}(x_{i5})] \quad (6\text{-}59)$$

TS 模型的最终输出可表示为式（6-60）：

$$y_i = \sum_{k=1}^{2} w'_{ik} y'_{ik} \quad (6\text{-}60)$$

在对样本属性执行特征选择后，每条规则中仅包含在计算模型输出时贡献较大的特征。各规则中输入变量的数目减少，计算复杂度相应减小。而且，将贡献较小的属性移出模型，降低了由于对应回归系数太小而导致的建模误差，使得模型拟合性能提升。TS 模型通过模糊隶属度将各规则中的线性回归模型平滑地连接起来计算全局输出，因此模型复杂度明显降低，且模型拟合性能有效提升，模型得以优化。

6.5　TS 模型填补方法实验

本节以多元线性回归填补法、基于 TS 模型的填补方法为例，对两种模型的缺失值填补精度进行实验分析。为了方便描述，两种方法分别简称为回归填补法（Regression Imputation, REGI）、TS 填补法（TS Imputation, TSI）。此外，为了检验特征选择算法对回归模型的优化效果，并验证其在缺失值填补中的作用，首先直接基于完整数据集分别建立传统多元线性回归模型和 TS 模型，观察各个模型特征选择前后模型拟合性能变化。随后，基于不完整数据集进行实验，分别将特征选择算法与 REGI 和 TSI 结合，从而分析加入特征选择算法前后两种填补方法的精度。

6.5.1　实验设计

本节选用 8 个真实数据集设计实验，下面给出各数据集的详细信息，并通过实验确定各数据集所需模糊规则数目。

1. 数据集与评价指标

从 UCI 机器学习数据库中选取 8 个完整数据集来生成不完整数据集，并根据生成的不完整数据集验证各方法的可行性和有效性。各数据集的简要描述如表 6-1 所示。

表 6-1　基准数据集简要描述

数据集	样本数量	属性数量
Seeds	210	7
Yacht	308	7
Liver Disorders	345	7
Ecoli	336	8
Yeast	1 484	8
Glass	214	9
Forest Fires	517	9
Wine	178	13

设定缺失率的取值范围为 5%～50%，且相邻缺失率之间的间隔为 5%。对于任意一个数据集，在每个缺失率下分别进行 5 次随机缺失试验，以生成 5 个与原始数据集属性数量、样本数量完全一致的不完整数据集。也就是说，生成的不完整数据集需要满足以下两个条件：第一，每个属性至少有一个值存在；第二，各样本至少存在一个属性值。生成不完整数据集后，使用相同的方法分别进行填补实验，计算每次实验中各个评价指标的值，并取最小值作为该缺失率下的实验结果。

2. 评价指标

本节采用均方根误差 RMSE 评价不完整数据模型的拟合效果，计算方法如式（6-61）所示：

$$\text{RMSE}=\sqrt{\frac{1}{|\hat{X}_m|}\sum_{\hat{x}_{ij}\in\hat{X}_m}(r_{ij}-\hat{x}_{ij})^2} \qquad (6\text{-}61)$$

式（6-61）中，$\hat{X}_m$ 表示数据集中填补值构成的集合，r_{ij} 表示模型输出 $\hat{x}_{ij}$ 对应的真实值。该评价指标的详细介绍见 2.3.3 节。

3. 模糊规则数目的确定

TS 模型结构辨识需要确定模糊规则的数量，即确定模糊聚类所得簇的数量。假定各数据集在不同缺失率下所需簇数量范围为 2 到 10，依次计算现有值及其对应模型输出值之间的 RMSE，并取 RMSE 最小时对应的聚类数目作为 TS 模型的模糊规则数目。采用相同的方法分别对各个不完整数据集进行实验并观察实验结果，得到各个 TS 模型实际采用的规则数目，如表 6-2 所示。

表 6-2　不完整数据 TS 建模中实际采用的模糊规则数目

缺失率	规则数目（聚类数目）							
	Seeds	Yacht	Liver Disorders	Ecoli	Yeast	Glass	Forest Fires	Wine
5%	3	3	3	2	3	3	3	3
10%	2	4	2	2	4	3	4	4
15%	2	5	2	3	3	2	2	2
20%	2	3	3	2	2	4	3	2
25%	2	4	2	3	3	3	4	4
30%	3	4	3	3	3	2	3	2
35%	3	5	3	3	4	3	3	3
40%	2	4	3	3	4	3	4	4
45%	2	6	2	2	3	2	3	4
50%	3	4	3	3	3	2	4	3

6.5.2　TS 模型与回归模型的填补效果对比

本节分别将 TS 模型和传统多元线性回归模型的填补结果与真实值进行对比，并通过

RMSE 评价各模型的填补效果。具体实现方法如下。

回归填补法（REGI）：对不完整数据集建立一个整体的线性回归模型，并基于预填补的数据集利用最小二乘法求解模型参数。之后，根据求解出的参数计算缺失位对应的模型输出，并将其作为回归填补的填补值。

TS 填补法（TSI）：通过 PDS-FCM 算法将不完整数据集划分为若干个模糊子集，并针对每个子集建立一个局部线性回归模型。之后，基于 REG 中预填补的数据集，利用最小二乘法求解各模型参数并计算缺失位对应的模型输出。得到各模型输出后，通过隶属度加权求和得到全局输出并将其作为 TS 模型的填补值。

分别将回归模型和 TS 模型获得的填补值与其对应真值进行对比，计算 RMSE 值，实验结果如图 6-7 所示，坐标表示缺失率，纵坐标表示 RMSE。

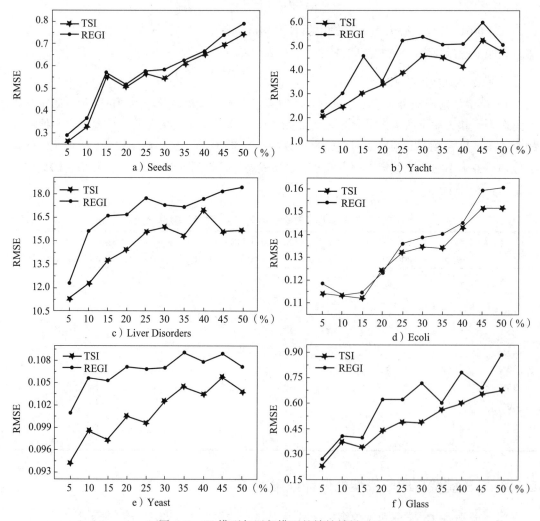

图 6-7　TS 模型与回归模型的填补效果对比

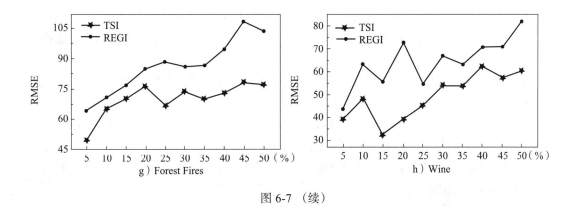

图 6-7　（续）

由图 6-7 可见，基于 TS 模型填补计算出的 RMSE 值普遍小于传统回归填补计算出的 RMSE 值，这表明基于模糊划分对各个子集分别建模能够更加准确地描述输入 – 输出变量间的关系，从而使所建模型拟合能力更强，相应的填补精度更高。观察图 6-7 中 80 组实验结果，仅有为数不多的几组结果是二者填补效果基本相同，其余实验结果均为基于 TS 模型的填补效果更好。例如，对于任意缺失率下的 Liver Disorders 数据集、Yeast 数据集、Forest Fires 数据集以及 Wine 数据集，TS 模型计算出的 RMSE 值明显小于传统多元线性回归模型计算得到的 RMSE 值。而且，对于缺失率为 15% 的 Yacht 数据集，TS 模型相较于传统多元线性回归模型的精度提升高达 50%。

通过以上实验结论可得，相较于传统回归填补，基于 TS 模型对不完整数据建模能够取得更好的填补效果，其原因在于 TS 模型的拟合能力更强。不同于传统线性回归模型使用单一的回归方程描述属性间的回归关系，TS 模型以模糊划分为前提，分别研究每个子集中输入 – 输出变量间的关系，以建立各自的回归方程。通过 PDS-FCM 算法实现不完整数据的模糊划分，能够使每个子集内样本属性间具有相同或相似的回归关系。因而，针对各个子集建立的局部线性回归模型拟合能力更强，模型输出更准确，填补精度随之提升。

传统的多元线性回归以数据集为整体来分析属性间的关系，并以此建立单一的回归模型，并根据得到的模型估计缺失值。然而，在实际数据集中，不同样本属性间可能包含两个或两个以上的回归关系。因此，传统的回归建模无法准确拟合具有不同回归关系的样本。相较而言，TS 模型以模糊划分为前提，将属性间具有相同或相似依赖关系的样本划入同一个子集，然后针对每个子集建立各自的线性回归模型。因而，TS 模型能更准确地描述属性间的相关关系，拟合能力更强。此外，TS 模型本质上是一种逼近能力较强的非线性回归模型。它以局部线性化为基础，实现了非线性问题的线性描述。因此，使用 TS 模型对不完整数据建模，能够更恰当地描述不同样本中属性间的回归关系，从而得到高精度填补结果。

6.5.3　特征选择对 TS 模型拟合精度的影响

为了验证特征选择对回归模型精度的影响，基于表 6-1 中的完整数据集分别建立传统多元线性回归模型和 TS 模型，并分别比较特征选择前后各模型拟合性能的变化。由于 TS 模型为多元线性回归模型，故根据 6.4.1 节的描述，采用逐步回归算法进行特征选择。该算法简写为 SW，具体实验方案如下。

回归建模（REG）：基于所有变量建立多元线性回归模型并求解模型参数，然后根据求出的模型参数计算相应的模型输出。

基于逐步回归算法的回归建模（REG-SW）：采用特征选择算法选取显著变量作为模型输入变量，并基于特征选择后的回归模型计算相应的模型输出。

TS 模糊建模（TS）：基于所有变量建立 TS 模型并求解模型参数，然后根据求出的模型参数计算相应的模型输出。

基于逐步回归算法的 TS 模糊建模（TS-SW）：使用特征选择算法选取 TS 模型中每条模糊规则的输入变量，并基于特征选择后的 TS 模型求解相应的模型输出。

将各方法中模型输出值分别与其对应真值进行比较，计算 RMSE，并由此评价特征选择算法对模型精度的影响。

实验结果如图 6-8 所示，横坐标依次为 REG、REG-SW、TS 和 TS-SW。由图 6-8 可知，在大多数情况下，基于特征选择后的模型具有更强的拟合能力。例如，基于 Ecoli 数据集的回归建模在执行特征选择后，RMSE 值从 0.12 下降到 0.08，精度大约提升 33.3%；基于 Yeast 数据集的回归建模在执行特征选择后，RMSE 值从 0.10 下降到 0.04，精度提升 6%；基于 Yeast 数据集的 TS 模糊建模的 RMSE 值也从 0.09 下降到 0.04，精度提升 55.6%；基于 Glass 数据集的回归建模在执行特征选择后，RMSE 值从 0.09 下降到 0.03，精度提升高达 66.7%；基于 Forest Fires 数据集的 TS 模糊建模在特征选择后，RMSE 值从 19.8 下降到 9.4，精度提升 52.5%。基于 Seeds 数据集、Liver Disorder 数据集和 Glass 数据集的 TS 模糊建模，以及基于 Liver Disorder 数据集的回归建模，执行特征选择后模型精度也有不同程度的提升。

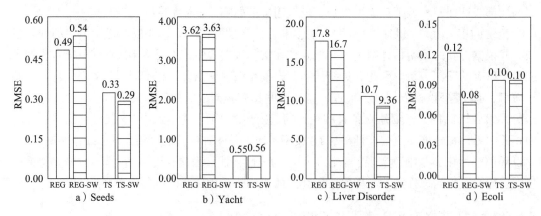

图 6-8   特征选择对完整数据建模精度的影响

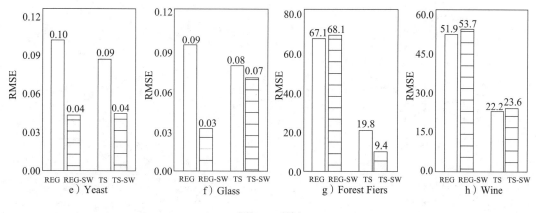

图 6-8 （续）

执行特征选择能够提高模型精度的原因在于，特征选择算法能够使得选入回归模型的变量均对模型输出产生较大的贡献。这不仅避免了由于无关变量对应回归系数太小而导致的模型误差，而且增强了相关变量间的关联。因此，通过特征选择算法选择输入变量能够有效提升模型拟合性能。在其余几种情况下，尽管特征选择后的模型精度有所下降，但都非常小，有些甚至可以忽略。例如，基于 Yacht 数据集、Forest Fires 数据集和 Wine 数据集的回归建模，以及基于 Wine 数据集的 TS 模糊建模，执行特征选取后模型精度下降都不足 1%。然而，尽管这些情况下模型拟合性能没有得到提升，但特征选择缩减了输入变量的数量，从而降低了模型复杂度和计算成本。

6.5.4　特征选择对 TS 模型填补精度的影响

为了验证特征选择对缺失值填补精度的影响，本节基于不完整数据集分别建立多元线性回归模型和 TS 模型，由此分析特征选择前后回归填补法和 TS 填补法的精度变化。下面分别给出两种方法特征选择前后的填补精度及相关分析。

1. 特征选择算法对回归填补法的影响

回归填补法（REGI）：基于所有变量建立多元线性回归模型，使用 K 最近邻填补法预填补缺失值，并基于预填补的数据集求解模型参数。之后，根据求出的模型参数计算不完整数据集中现有数据对应的模型输出。

基于逐步回归算法的回归填补法（REGI-SW）：在回归填补法的基础上使用特征选择算法选取对模型输出贡献显著的变量并将其作为输入，根据特征选择后的回归模型计算不完整数据集中现有数据对应的模型输出。

将两种方法所求填补值与其真值进行比较，计算 RMSE，并由此获得特征选择对不完整数据多元线性回归建模的影响。实验结果如图 6-9 所示。

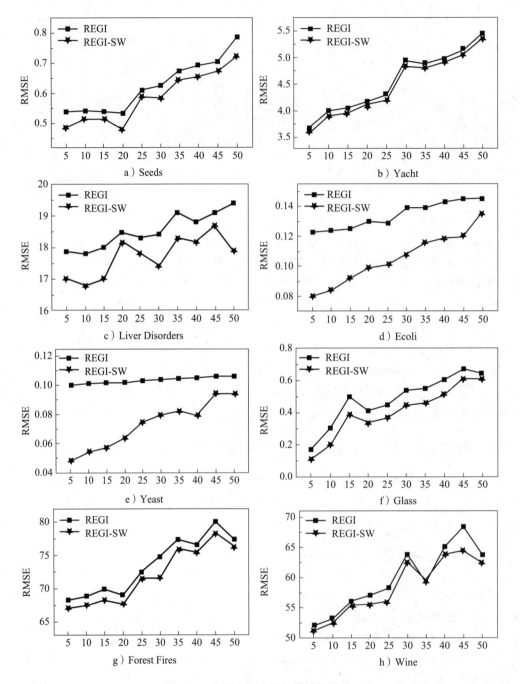

图 6-9　特征选择对回归填补的影响

　　从图 6-9 中可以看出，在绝大多数情况下 REGI-SW 对应的 RMSE 值更小，模型拟合性能更高，而且，在 Liver Disorder、Ecoli、Yeast 数据集上表现尤其突出。上述结果表明加入特征选择算法能够提高回归模型的拟合性能，从而使模型输入更接近其对应真值。一个主要原因在于，逐步回归算法通过分析属性间的关系并对回归系数进行显著性检验来确定模型的输入，能够保证将所有显著变量都选入回归模型，而将不显著变量剔除在模型之外。

2. 特征选择算法对 TS 填补法的影响

TS 填补法（TSI）：基于所有变量建立 TS 模型，并基于预填补数据集求解结论参数，然后根据求出的参数计算模型输出。

基于逐步回归算法的 TS 填补法（TSI-SW）：在 TS 填补法的基础上使用特征选择算法对每条规则选出对输出贡献显著的输入变量，然后基于特征选择后的 TS 模型计算模型输出。

将两种方法所求填补值与其真值进行比较，计算 RMSE，并由此获得特征选择对不完整数据多元线性回归建模的影响。实验结果如图 6-10 所示。

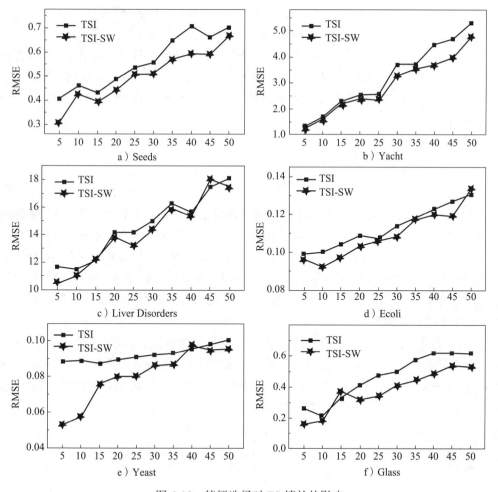

图 6-10　特征选择对 TS 填补的影响

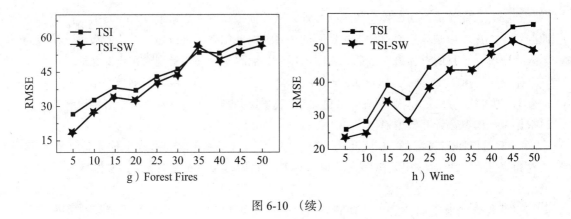

图 6-10 （续）

从图 6-10 中可以看出，TSI-SW 对应的 RMSE 值普遍小于 TSI，表明采用逐步回归算法进行特征选择后能够提升 TS 模型的拟合性能，相应模型输出更加准确。在个别几组实验结果显示，在特征选择后的模型精度略有下降。但除缺失率为 15% 的 Glass 数据集外，精度下降均不超过 5%。实际上，TS 模型由若干条模糊规则构成，且每条规则用一个局部线性回归模型描述。通过逐步回归算法来确定每条规则中的输入，能够保证各规则中仅包含所有显著变量。当每条规则中回归模型的准确性都提升后，TS 模型拟合性能相应增强，模型输出更加准确。

6.6 本章小结

本章介绍了一种以 TS 模型为基础的非线性回归填补方法。文中介绍了模糊数学理论基础，并详细说明了基于 TS 模型的缺失值填补方法。该方法首先基于不完整数据获取模型前提参数，并根据预填补数据集采用最小二乘法获取结论参数，根据得到的不完整数据模型依次求解各个属性中缺失位对应的模型输出，从而得到填补值。TS 模型是一种逼近能力较强的非线性模型，针对不完整数据建模，能够有效描述不同样本中属性间的非线性回归关系，从而获得高精度填补结果。

为了在建模过程中排除冗余特征的干扰，将特征选择算法引入 TS 模型。针对 TS 模型中的各线性回归模型分别执行特征选择，找出对模型输出贡献显著的特征参与建模。冗余特征的剔除能够提升模型对属性间回归关系的拟合精度，同时，特征选择算法能够缩减输入变量的数量，降低模型复杂度，从而提升填补效率。

参考文献

［ 1 ］ 何昆第. 模糊数学的兴起与发展 ［J］. 乐山师范学院学报，2001, 17(4): 74-78.

［ 2 ］ 瞿军锋，张林锋，王海军，吕辉. 基于最大隶属度在航迹相关算法中的研究［J］. 弹箭与制导学报，2006, 26(16): 1230-1232.

［ 3 ］ 丁盛，马小利. 基于模糊数学理论的既有桥梁综合利用方案评估［J］. 福建交通科技，2020, 39(01): 54-59+63.

［ 4 ］ 查道欢，钟文，罗建林，柯俞贤. 基于 AHP-FUZZY 的某锌金多金属矿采矿方法优选［J］. 矿业研究与开发，2019, 39(09): 6-11.

［ 5 ］ Bezdeck J C. Pattern Recognition with Fuzzy Objective Function Algorithms［M］. New York: Plenum Press, 1981.

［ 6 ］ Fantuzzi C, Rovatti R. on the Approximation Capabilities of the Homogeneous Takagi-Sugeno Model［J］. Proceedings of IEEE 5th International Fuzzy Systems, 1996, 2:1067-1072.

［ 7 ］ Eun-Hu Kim, Sung-Kwun Oh, Witold Pedrycz. Reinforced Rule-based Fuzzy Models: Design and Analysis［J］. Knowledge-Based Systems, 2017, 119: 44-58

［ 8 ］ 苏成利，王树青. 基于 T-S 模型的自适应模糊预测函数控制［J］. 浙江大学学报（工学版），2007,51 (03):390-395.

［ 9 ］ SALIM R. Takagi-Sugeno-Kang (zero-order) Model for Diagnosis Hepatitis Disease［J］. Kufa for Mathematics and Computer, 2015, 2(3): 73-84.

［10］ 刘春娟，宋华，邱红专. 航空发动机数控系统多故障识别［J］. 航空动力学报,2009,23(06):236-241.

［11］ Cai D, Zhang C Y, He X F. Unsupervised Feature Selection for Multi-cluster Data［C］. Proceedings of the 16th ACM SIGKDD International Conference on Knowledge Discovery and Data Mining, 2010, 333-342.

［12］ Han J, Sun Z, Hao H. Selecting Feature Subset with Sparsity and Low Redundancy for Unsupervised Learning［J］. Knowledge-based Systems. 2015, 86:210-223.

第7章

TS模型填补方法的优化设计

为提高 TS 建模的准确性，以改善缺失值的填补质量，本章将从前提参数优化和结论参数优化两个角度改进 TS 模型。在前提参数优化部分，首先分析 FCM 算法处理类不均衡数据集时面临的问题，接着根据多代表点的聚类思路提出相应解决方案。在结论参数优化部分，基于交替学习策略对填补值和结论参数进行协同式学习。该策略首先随机初始化填补值，接着根据填补后的数据集调整结论参数，并基于调整后的参数更新填补值。结论参数和填补值交替学习，直到迭代结束。

TS 模型的优化能够提高对不完整数据的建模精度，进而达到理想的填补性能。在应用期间，可根据数据集特点对 TS 模型进行相应改进，使其更适用于实际场景下的填补任务。

7.1 面向类不均衡数据的 TS 模型优化

7.1.1 TS 模型中的 FCM 算法

正如第 6 章所述，TS 模型是由若干"IF-THEN"模糊规则所表征的非线性模型，能够对数据属性间的非线性关系进行高效建模。假设 $X = \{x_i \mid x_i \in \mathbb{R}^s,\ i = 1,\ 2, \cdots,\ n\}$ 表示样本数量为 n，属性数量为 s 的数据集，第 i 个样本为 $x_i = [x_{i1},\ x_{i2},\ \cdots,\ x_{is}]^T (i = 1,\ 2,\ ...,\ n)$，$K$ 表示模糊规则的数量。TS 模型的第 $k(k = 1,\ 2,\ \cdots,\ K)$ 条规则 R_k 如式（7-1）所示：

$$R_k : \text{IF } x_{i1} \text{ is } A_{1k} \text{ and} \cdots \text{and } x_{is} \text{ is } A_{sk}$$
$$\text{THEN } y_{ik} = P_{0k} + P_{1k} x_{i1} + \cdots + P_{sk} x_{is} \tag{7-1}$$

式（7-1）中，$A_{jk}(j = 1,\ 2,\ \cdots,\ s;\ k = 1,\ 2,\ \cdots,\ K)$ 表示模糊集合，称为 R_k 的前提参数或前件参数；$P_k = [P_{0k},\ P_{1k},\ \cdots,\ P_{sk}]$ 表示第 k 条规则的结论参数，也称后件参数；y_{ik} 表示第 k

条规则的输出。

TS 模型的最终输出如式（7-2）所示：

$$y_i = \sum_{i=1}^{K} w_{ik} y_{ik} \tag{7-2}$$

式（7-2）中，w_{ik} 表示在计算输出 y_i 时，第 k 条规则输出所占权重。

TS 建模期间，前提参数通常由模糊聚类算法获取。在求解前提参数时，首先对数据集进行模糊划分，得到模糊集合 A_k，以及样本 $x_i(i=1, 2, \cdots, n)$ 属于模糊集合 A_k 的隶属度 $u_{A_k}(x_i)$，接着将隶属度 $u_{A_k}(x_i)$ 投影到各属性维度，进而得到单变量隶属度 $u_{A_k}(x_{ij})(j=1, 2, \cdots, s)$。投影后的模糊集合记为 A_{jk}，即前提参数。若 X 是完整数据集，可采用 FCM 算法，获取前提参数。若 X 是不完整数据集，则需在 FCM 算法的基础上，结合局部距离公式求解前提参数。具体的计算过程已在 6.3 节详细介绍。

总体而言，FCM 算法是将数据集划分为多个簇，求出每个簇的聚类中心，并根据取值范围在 (0,1) 内的数值表征样本属于某个簇的隶属程度。FCM 的数学模型如式（7-3）所示：

$$\begin{cases} \min J(U, V) = \sum_{k=1}^{K} \sum_{i=1}^{n} u_{ik}^z d_{\text{Euc}}(x_i, v_k)^2 \\ s.t.\ u_{ik} \in [0, 1], \quad i=1, 2, \cdots, n;\ k=1, 2, \cdots, K \\ \quad \sum_{k=1}^{K} u_{ik} = 1, \quad i=1, 2,\cdots, n \\ \quad 0 < \sum_{i=1}^{n} u_{ik} < n, \quad k=1, 2, \cdots, K \end{cases} \tag{7-3}$$

式（7-3）中，K 表示聚类数量，u_{ik} 表示第 i 个样本对第 k 个簇的隶属度，$U=[u_{ik}] \in \mathbb{R}^{n \times K}$，称为划分矩阵；$v_k=[v_{k1}, v_{k2}, \cdots, v_{ks}]^{\text{T}}$ 表示第 k 个簇的聚类中心；$V=[v_{kj}] \in \mathbb{R}^{K \times s}$，称为原型矩阵。$z$ 是模糊化参数，也称为平滑因子，控制样本在各簇的分享程度。$d_{\text{Euc}}(x_i, v_k)$ 表示第 i 个样本与第 k 个聚类中心的欧式距离，当样本中包含缺失值时，可采用局部距离公式替代欧式距离公式，以展开后续求解。模型参数求解期间，计算 $J(U,V)$ 关于 v_{kj} 和 u_{ik} 的偏导数，并令偏导数为 0，即可得到隶属度和聚类中心取值，如式（7-4）和式（7-5）所示：

$$v_{kj} = \frac{\sum_{i=1}^{n} u_{ik}^z x_{ij}}{\sum_{i=1}^{n} u_{ik}^z}, \quad j=1, 2, \cdots, s;\ k=1, 2, \cdots, K \tag{7-4}$$

$$u_{ik} = \left[\sum_{t=1}^{K} \left(\frac{d_{\text{Euc}}(x_i, v_k)^2}{d_{\text{Euc}}(x_i, v_t)^2} \right)^{\frac{1}{z-1}} \right]^{-1}, \quad i=1, 2, \cdots, n;\ k=1, 2, \cdots, K \tag{7-5}$$

在 FCM 算法运行期间，首先需确定聚类数目 K、模糊化参数 z 及迭代次数。聚类数目作为先验条件，可根据数据集的特征确定。z一般取值为2，迭代次数一般选为100。FCM的模型求解是一个迭代式的更新过程，首先需初始化隶属度矩阵U，使其各列相加为1，每个样本对所有簇的隶属度之和为1，随后根据式（7-4）确定聚类中心，根据式（7-5）计算新的隶属度以及相应的聚类中心，由此反复迭代直至满足终止条件。

7.1.2　FCM算法存在的问题

下面介绍FCM算法的优缺点，以及该方法在处理类不均衡数据集时存在的问题。FCM算法的时间复杂度为$O(LnsK^2)$，其中，L表示迭代次数，s表示数据集的属性个数，K表示聚类数目，n表示样本总数。由于L、s和K一般远小于样本总数，因此FCM算法的时间复杂度主要受n的影响，并随着样本总数的增加呈线性增长。鉴于FCM算法的时间复杂度属于线性函数，算法运行快速简单，适合处理大规模数据集的聚类问题。然而，FCM算法主要适用于超球体分布的数据集，例如，若某超球体分布的数据集存在三维属性，则其中的样本基本分布在以聚类中心为球心，以一定数值为半径的球体内。并且，FCM算法在处理类不均衡数据集时，往往无法有效地识别小数据类。同时，FCM算法的有效性取决于初始聚类中心的确定，如果初始的聚类中心并不合理，则可能导致较差的运行效率和聚类结果。

以图7-1a）所示的N50500S2C2数据集为例，简要分析FCM算法对类不均衡数据集的处理效果。图7-1a）中，横坐标和纵坐标分别表示样本的第一维属性A_1和第二维属性A_2。该数据集为人工方式产生，数据集名称为"N50500S2C2"，其中"N50500"表示共50 500个数据，"S2"表示二维，"C2"表示数据集可分为两类。后续的人工数据集均采用此命名格式。

FCM算法对N50500S2C2数据集的聚类结果如图7-1b）所示。基于所展示的聚类结果可知，当聚类数目设为2时，图7-1a）中的大类被拆分为图7-1b）中的两个大小一致的类，而图7-1a）中的小类在图7-1b）中被融入距其较近的一个类内，这表明FCM算法在处理类不均衡数据集时存在"大类吃小类"现象。为了得到更合理的划分结果，需思考如何解决FCM算法对于均匀数据集的依赖，进而提高小类的识别率。

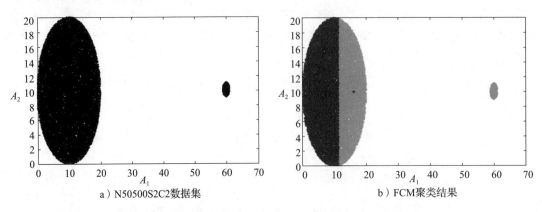

a）N50500S2C2数据集　　　　　　　　　b）FCM聚类结果

图7-1　面向类不均衡数据的FCM聚类结果示意图

接下来，设计 N101500S2C5 和 N10400S3C2 两个人工数据集，对 FCM 算法存在的问题展开进一步验证。为了使聚类结果更加直观，人工数据集均是能够作图展示的二维或三维数据集。

1. N101500S2C5 数据集

根据前文提及的人工数据集命名规则可知，N101500S2C5 数据集是包含 101 500 个样本的二维人工数据集，可划分为 5 个类。该数据集的可视化展示见图 7-2a)，横坐标表示第一维属性，纵坐标表示第二维属性，数据集内共存在两个大类和 3 个小类，每个大类各有 50 000 个样本，每个小类各有 500 个样本。对该数据集进行 FCM 聚类，可得到如图 7-2b) 所示的聚类结果。

由图 7-2b) 可明显地看出，基于该数据集的 FCM 聚类结果并不是很理想，3 个小类没有得到正确划分，而是被错误地划分到几个大类中。此外，两个大类也没有得到正确划分，而是被拆分成了几部分。该现象与 FCM 算法自身倾向于分割均匀数据集的特点是吻合的。

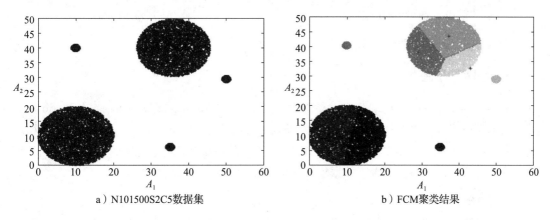

a) N101500S2C5数据集　　　　　　　　　b) FCM聚类结果

图 7-2　面向 N101500S2C5 数据集的 FCM 聚类结果

2. N10400S3C2 数据集

N10400S3C2 数据集是包含 10 400 个样本的三维人工数据集。如图 7-3a) 所示，3 个坐标轴分别表示数据集的 3 个属性，即 A_1、A_2 和 A_3。该数据集存在两个类，大类有 10 000 个样本，小类有 400 个样本。基于可视化信息可知，该数据集具有鲜明的类不均衡结构。对 N10400S3C2 数据集进行 FCM 聚类后的结果如图 7-3b) 所示，数据集被划分为样本数量依次是 4533、5867 的两个类。这表明 FCM 算法在类不均衡数据集上的表现效果并不理想，存在比较严重的"大类吃小类"现象。

根据上述分析可知，FCM 算法无法较好地应用于类不均衡数据集的聚类任务，该算法易产生"均匀效应"，即将多数类中的样本划分到少数类中，进而使每个类的样本数量大致相同。鉴于 FCM 算法在 TS 建模中的重要地位，对不均衡数据集的合理划分能够在一定程度上提高建模准确性，以及回归质量，由此提高后续缺失值的填补精度。

针对类不均衡数据集，本节将介绍一种基于多代表点融合的聚类方法。该方法的核心是，对原始数据集进行 FCM 聚类时采用多个代表点来进行划分，随后借助密度峰值聚类

（Density Peak Clustering，DPC）算法将本属于同一类的各代表点所在类进行融合。在分析多代表点融合聚类方法前，首先介绍 DPC 算法。

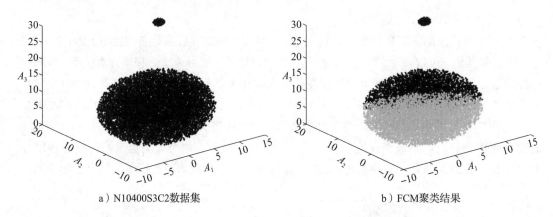

a）N10400S3C2数据集　　　　　　　　　　b）FCM聚类结果

图 7-3　面向 N10400S3C2 数据集的 FCM 聚类结果

7.1.3　DPC 算法

2014 年 6 月，在 *Science* 杂志上，意大利学者 Alex Rodriguez 和 Alessandro Laio 发表了一篇基于密度聚类算法的文章，即 DPC 算法[1]，该算法作为一种新型的聚类算法，引起了学者们的广泛关注。下文将先详细介绍 DPC 算法的基础知识，包括算法所使用的两个度量以及实现流程，随后基于人工数据集评估该算法的实际可行性。

1. DPC 算法原理

DPC 算法根据聚类中心的刻画进行聚类分析。聚类中心需要具备以下两个条件：聚类中心自身密较度大；与其他密度更大的数据点之间的距离相对更大。该算法的独到之处在于，通过确定数据集中的密度峰值来描绘最佳的聚类中心。DPC 算法依赖于两个参数，即对于每个样本 x_i，DPC 算法需要计算其局部密度 ρ_i 和 Delta 距离 δ_i。此外，为确定这两个参数，还需要设定超参数截止距离 d_c。

局部密度 ρ_i 的计算公式如式（7-6）所示：

$$\rho_i = \sum_j O(d_{ij} - d_c) \tag{7-6}$$

式（7-6）中，d_{ij} 是样本点 x_i 和 x_j 间的距离，d_c 表示截止距离。$O(d)$ 的定义见式（7-7）：

$$O(d) = \begin{cases} 1, & d < 0 \\ 0, & \text{其他} \end{cases} \tag{7-7}$$

根据式（7-6）和式（7-7）可知，ρ_i 表示到 x_i 的距离小于截止距离的样本总数。截止距离 d_c 是局部密度计算的一个重要参数，DPC 算法的聚类结果理想与否和 d_c 密不可分。

距离 δ_i 的计算方式是，当 x_i 为所有样本中局部密度最大的样本时，δ_i 表示与 x_i 距离最远样本之间的距离。在计算距离 δ_i 时，首先需找出比 $\boldsymbol{x}_i$ 局部密度大的所有样本，然后计算这些样本与 $\boldsymbol{x}_i$ 的距离，并将其中最小的距离记为样本 $\boldsymbol{x}_i$ 的 Delta 距离 δ_i，如式（7-8）所示：

$$\delta_i = \begin{cases} \min\limits_{j:\rho_j > \rho_i} d_{ij}, & \text{若 } \exists\, j \\ \max\limits_{j} d_{ij}, & \text{其他} \end{cases} \qquad (7\text{-}8)$$

接下来，以样本的局部密度为横坐标，以距离 δ 为纵坐标绘制相应的决策图。决策图中的每个数据点表示数据集内的一个样本，所有数据点描述了数据集在局部密度 ρ 和距离 δ 约束下的样本分布情况。根据决策图中的样本分布，可选择出合适的聚类中心以及孤立点。一般来说，聚类中心与其他样本相比具有较大的局部密度 ρ 和距离 δ，而孤立点通常具有较小的 ρ 值和较大的 δ 值。从上述 DPC 算法对聚类中心的定义可以看出，该算法求出的聚类中心具有一定主观性，需根据对数据集的了解情况选择合适的聚类中心。在选择完聚类中心后，将其他样本分配给相应的聚类中心，即通过计算各个样本与聚类中心的距离，选择与其最近的聚类中心为一类。

根据以上分析，DPC 算法只需一步即可分配样本的归属，相较于 FCM 算法的迭代分配方法，具有简单高效的优势。此外，DPC 算法无须提前确定聚类数目，相较于需要先验知识的 FCM 算法，具有超参数方面的优势。

为了直观地解释 DPC 算法，下面以如图 7-4a）所示的数据集为例，对算法展开进一步描述。图 7-4a）是二维数据集的分布图，图 7-4b）是根据 DPC 算法得到的决策图，图中横坐标表示样本的局部密度，纵坐标表示距离 δ，每个数据点代表一个样本，为清晰地描述聚类中心的选择方法，对图中每个数据点依次进行编号。从图 7-4b）所示决策图中可以看出，点 1 与点 10 的 ρ 和 δ 值相较于别的样本点均较大，可以选作两个聚类中心。点 9、点 10 虽然有相同的 ρ 值，但点 9 因具有较小的 δ 值而无法作为聚类中心。根据图 7-4a）中原始数据集的分布可知，点 9 并非聚类中心，其属于以点 1 为聚类中心的类，而点 10 属于以自身为聚类中心的类。因此，只有 ρ 和 δ 值均较大的点才可作为聚类中心。此外，对于图 7-4b）所示决策图中，像点 26、27 和 28 这种 ρ 很小但 δ 较大的点，与其他样本点相比，周围没有距离很近的点，因此称为孤立点，或者异常点。这类点通常不属于任何一类，需要人为确定是否保留或者做相应的处理。根据以上分析可以得出，采用决策图确定的聚类中心对于数据集是有解释性的，由此证明了 DPC 算法的可行性。

DPC 算法流程如下。

步骤 1：设置超参数截止距离 d_c。

步骤 2：通过式（7-6）计算局部密度 ρ_i，并对其降序排列。

步骤 3：通过式（7-8）计算 Delta 距离 δ_i。

步骤 4：分别以局部密度 ρ 和 Delta 距离 δ_i 为横纵坐标绘制决策图。

步骤 5：选择聚类中心和孤立点。

步骤 6：对孤立点做相应的处理。

步骤 7：将非孤立点和聚类中心的其他样本点划分至不同的聚类中心，以此实现聚类。

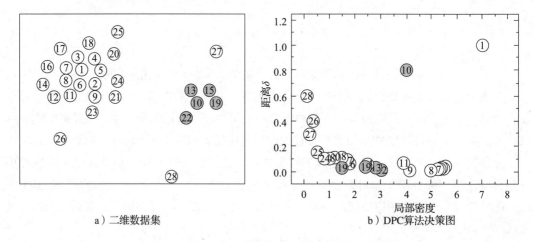

a）二维数据集　　　　　　　　　　b）DPC算法决策图

图 7-4　二维数据集与其决策图

2. DPC 算法存在的问题

由于 DPC 算法基于局部密度 ρ 和距离 δ 来确定聚类中心点和孤立点，因此该算法对于形状复杂的数据集有良好的聚类能力。并且，该算法无须知晓数据的先验知识，对于实际数据的处理具有良好的执行力。然而，DPC 算法需要计算的两个参数，即局部密度 ρ 和距离 δ，均和样本规模存在较大联系，因此大规模的数据集将会导致算法的执行时间过长。

接下来，分析 DPC 算法的时间复杂度。DPC 算法需要计算局部密度，即各个数据点之间的距离，这部分的计算占据了程序运行很长一段时间。假设数据总个数为 n，则 DPC 算法的时间复杂度为式（7-9）：

$$T(n) = O(n^2) \qquad (7\text{-}9)$$

FCM 算法的时间复杂度为式（7-10）：

$$T(n) = O(LnsK^2) \qquad (7\text{-}10)$$

式（7-10）中，L 表示迭代次数，s 表示维度，K 表示聚类数。一般情况下，$LsK^2 << n$，因此当数据量很大时，DPC 算法所需的运行时间较长。在对大规模数据集进行聚类时，FCM 算法具有更好的优势，而 DPC 算法明显耗时较长。

3. DPC 算法实验研究

为了使实验结果直观可读，设计了二维人工数据集。如图 7-5 所示，N420S2C3 数据集总共包含 420 个数据样本，其中两个大类各有 200 个数据，小类有 20 个数据。

针对 N420S2C3 数据集，DPC 算法的决策图如图 7-6 所示，横坐标表示样本的局部密度 ρ，纵坐标表示距离 δ，每个星形点代表一个样本。从图 7-6 中可以看出，两个样本点具

有较大的 ρ 和 δ 值，可以作为数据集中两个大类的中心点；一个数据点具有明显的孤立点特征，可作为数据集中小类的中心。

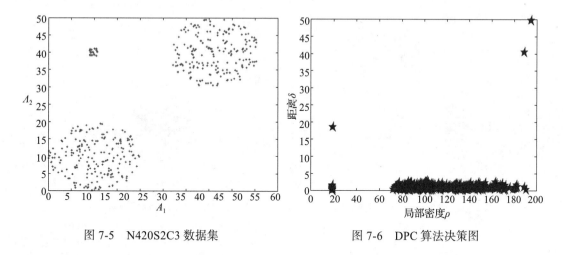

图 7-5   N420S2C3 数据集   图 7-6   DPC 算法决策图

在得到 3 个聚类中心后，对其他的样本点进行簇分配，进而得到 3 类数据，如图 7-7 所示。从图 7-7 中可知，DPC 算法能够较好地划分出 3 个类，进而处理类不均衡数据集，这验证了 DPC 算法的可行性。

7.1.4   类不均衡数据的 MDF 算法

针对 FCM 算法处理类不均衡数据集时的问题，可利用多代表点思想对数据进行划分。在多代表点思路中，小类数据要尽可能单独且正确地划分出来，而大类数据则可能被划分成多个类。下面采用图 7-2a）所示的 N101500S2C5 数据集和图 7-3a）所示的 N10400S3C2 数据集，验证多代表点划分的合理性。图 7-8a）和

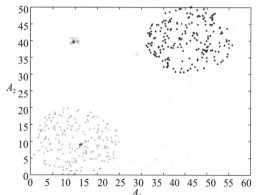

图 7-7   基于 N420S2C3 数据集的最终聚类结果

图 7-8b）分别展示了针对上述两个数据集的 FCM 算法的划分结果。

根据图 7-8a）可知，当聚类数目设为 15，即 $K=15$ 时，N101500S2C5 数据集中的 3 个小类能够被单独划分，两个大类各自被划分为几个类。同样，由图 7-8b）可知，当聚类数目设为 11，即 $K=11$ 时，N10400S3C2 数据集中的小类不会被大类包含，并能够被独立地划分。以上结果证明，多代表点方法在处理类不均衡数据划分时的可行性。

根据以上分析可知，FCM 算法不能够有效地处理类不均衡数据集问题，往往表现出聚类结果的均匀化现象；而 DPC 算法在处理大规模的数据集时表现出时间较长的劣

势，无法适用于大数据处理。因此，下面介绍一种基于 DPC 算法的多代表点融合（Multi-representation Point DCP Fusion，MDF）算法。

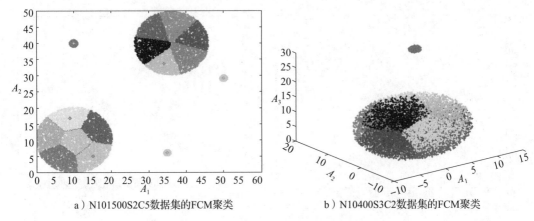

a）N101500S2C5数据集的FCM聚类　　　　b）N10400S3C2数据集的FCM聚类

图 7-8　基于多代表点的 FCM 聚类

　　MDF 算法结合了 FCM 和 DPC 算法的优势，是一种比较新型的多代表点融合聚类方法。该方法首先确定待处理的类不均衡数据集的多代表点数目，例如将 K 作为模糊 C 均值的类别数目，进行 FCM 聚类，由此得到一组数据集的划分结果。接着，对 K 个代表点执行 DPC 算法，从该算法得到的决策图中可以找到局部密度和 Delta 距离均较大的数据点，即原始数据集中的大类中心点；而决策图中局部密度较小，但 Delta 距离较大的孤立点，则作为原始数据集中的小类中心点，然后将大类和小类的中心点作为整体的聚类中心点输出。由此，MDF 算法在对孤立点的处理上选择了保留，这也说明了 DPC 算法需要根据实际情况选择孤立点的存在与否。最后将原始数据集按照聚类中心点集合进行分配，将各个数据点选择离其最近的中心归为一类，输出最终的聚类结果。

　　根据以上 MDF 算法的整体描述可知，FCM 和 DPC 算法结合解决了 FCM 算法无法有效处理类不均衡数据集的问题，同时缓解了 DPC 算法时间复杂度较高的问题，因此具有很好的应用性。

　　MDF 算法的具体流程如下：

　　步骤 1：导入原始数据集，确定多代表点的数目 K。

　　步骤 2：基于聚类数目 K，对原始数据进行 FCM 聚类，由此得到 K 个簇和 K 个聚类中心。

　　步骤 3：对步骤 2 中的 K 个聚类中心执行 DPC 算法，从决策图中选择合适的数据点作为聚类中心。

　　步骤 4：将原始样本点分配给聚类中心，并得到最终的划分结果。

7.1.5　MDF 算法实验

　　下面采用人工数据集和真实数据集两类数据进行多代表点融合算法的实验研究。选择人工数据集是为了检测算法的可行性，即能否对类不均衡数据集有良好的聚类效果。选择真实数据集则是测试聚类算法在实际应用中的执行能力。

1. 基于人工数据集的实验

本节人工数据集共使用了两组数据，均为 7.1.2 节中所包含的数据集。首先，N20500S2C2 数据集的可视化描述如图 7-9 所示。该数据集共包含 2 类数据，其中，大类包含 20 000 个数据点，小类包含 500 个数据点，具有明显的类不均衡结构。

实验中，多代表点数目设置为 9，即 $K = 9$。基于此参数的 FCM 算法对数据集实行聚类，并对得到的 9 个聚类中心进行 DPC，由此绘制出图 7-10 所示的决策图。从图 7-10 中可以看出，最右侧数据点有较大的局部密度和距离，可作为数据集中大类数据的聚类中心；最左侧数据点具有较小的局部密度和较大的距离，可视作孤立点并作为数据集中小类的聚类中心，由此共得到两个聚类中心。

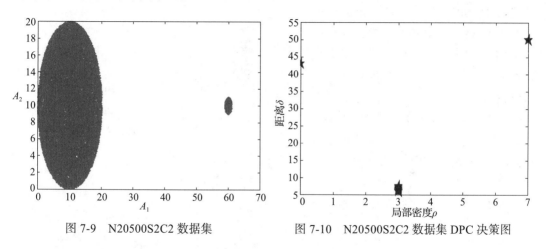

图 7-9　N20500S2C2 数据集　　　　图 7-10　N20500S2C2 数据集 DPC 决策图

根据上述两个聚类中心对数据集进行划分，即依次比较样本与两个聚类中心的距离，从而将样本划入距其最近的聚类中心所属类中。划分结果如图 7-11 所示，由图可知，原始数据集中的大类和小类均得到了合理划分。MDF 算法结合了 FCM 算法效率高的特性，以及 DPC 算法处理类不均衡数据的优势，在此基础上，该算法能够有效处理类不均衡且规模大的数据集，故具有实际可行性。

MDF 算法用时为 3.68 秒，DPC 算法用时平均值为 28.627 分钟，具

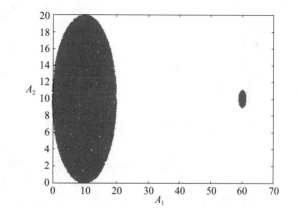

图 7-11　N20500S2C2 数据集的 MDF 聚类结果

体见表 7-1。虽然两者的聚类结果相同，但是 MDF 算法明显用时短，更适合大规模的数据聚类。

表 7-1　密度峰值运行时间

数据集耗时（分钟）	第一次	第二次	第三次	第四次	第五次	平均值
N20500S2C2 数据集	28.164	28.472	29.412	29.191	27.899	28.627

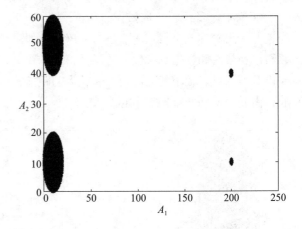

　　N20200S2C4 数据集的可视化描述如图 7-12 所示，其中，两个大类各包含 1000 个数据点，小类各包含 100 个数据点，具有明显的类不均衡结构。

　　在下面的实验中，多代表点数目设置为 21，即 $K = 21$。基于此参数的 FCM 算法对数据集实行聚类，并对得到的 21 个聚类中心展开 DPC 聚类，接着绘制出图 7-13 所示的决策图。从图 7-13 中可以看出，最右侧局部密度和距离均较大的两个数据点可作为聚类中心，同时最左侧局部密度较小但距离较大的两个数据点也可作为聚类中心，由此共得到 4 个聚类中心。

图 7-12　N20200S2C4 数据集

　　接着，根据上述 4 个聚类中心对其他样本进行类分配，并得到如图 7-14 所示的划分结果。由图 7-14 可知，MDF 算法能够较好地划分数据集内的大类和小类。

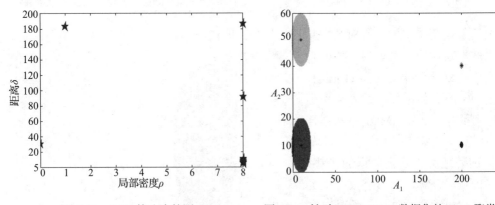

图 7-13　DPC 算法决策图　　　　　图 7-14　针对 N20200S2C4 数据集的 MDF 聚类结果

　　MDF 算法用时为 4.37 秒，DPC 算法用时平均值为 26.608 分钟，具体见表 7-2。虽然两者的聚类结果相同，但是 MDF 算法明显用时短，更适合大规模的数据聚类。

表 7-2 密度峰值运行时间

数据集耗时（分钟）	第一次	第二次	第三次	第四次	第五次	平均值
N20200S2C4 数据集	26.852	25.588	27.121	26.538	26.942	26.608

2. 基于真实数据集的实验

以下介绍实验所用的 3 种真实数据集。

① Haberman 数据集包含 306 个数据，其中每个数据有 3 个维度的属性值。该数据集记录了 1958 年到 1970 年间，对乳腺癌手术患者的生存情况研究。它的维度属性信息包括：手术时患者年龄、患者的手术年份、检测到的阳性腋窝淋巴结数量。根据患者在 5 年内是否死亡进行类别划分。

② CMC（Contraceptive Method Choice）数据集包含 1473 个数据，包含 9 个属性维度。该数据集是 1987 年印度尼西亚避孕普及率调查的一个子集，是根据妇女的人口统计和社会经济特征预测妇女目前的避孕方法选择。它的维度属性信息包括：妻子的年龄、妻子的教育、丈夫的教育、出生的孩子数、妻子的宗教、妻子是否有工作、丈夫的职业、生活标准指数、媒体曝光。

③ HTRU2 数据集共包含有 17 898 个数据，并包含 9 个维度的属性值。该数据集是描述在高时间分辨率宇宙测量期间收集的脉冲星候选物样本的数据集。脉冲星是一种罕见的中子星，能够发射在地球上可探测到的电磁脉冲信号。它的维度信息包括：综合概况的平均值、集成配置文件的标准偏差、集成轮廓的过度峰度、集成配置文件的偏差、DM-SNR 曲线的平均值、DM-SNR 曲线的标准偏差、DM-SNR 曲线的过度峰度、DM-SNR 曲线的偏斜以及类别归属。

表 7-3 是对上述真实数据集进行聚类所得的实验结果。数据集大小的格式为：样本数量 × 属性数量，原划分对应数值表示数据集中各类样本数量，FCM 划分和 MDF 划分对应数值表示聚类后所得各类样本数量，FCM 错分数和 MDF 错分数表示聚类算法错误划分的样本数量。

表 7-3 真实数据集 FCM 算法与 MDF 算法对比

UCI 数据集	Haberman	Cmc	HTRU2
数据集大小	306 × 3	1473 × 9	17898 × 9
原划分	81，225	333，511，629	1639，16259
FCM 划分	145，161	365，546，562	3987，13911
FCM 错分数	150	896	5544
MDF 划分	56、250	323，501，649	975，16923
MDF 错分数	77	714	2298

从表 7-3 中可以看出，在聚类不均衡 Haberman 数据集时，MDF 错分数明显少于 FCM 错分数，证明了 MDF 算法在真实类不均衡数据集中有良好的聚类能力。而且从 FCM 划分结果可得出，模糊 C 均值算法将聚类数据均匀化，反观 MDF 算法则具有聚类复杂数据集的能力。在聚类 Cmc 数据集时，MDF 和 FCM 的错分数相差 182 个样本数量，并且从划分结果可以看出，MDF 所得 3 个类的样本数量更接近真实数据集。同样，在聚类 HTRU2 数

据集时，MDF 错分数较 FCM 少 3246 个样本数量，且 MDF 与原数据集的划分结果更接近。因此，从真实数据集的实验结果可知，MDF 算法在处理类不均衡数据集时能够有较好的划分能力。

3. 基于疏密不均衡数据集的实验

类不均衡数据集除了类内存在形态差异外，还可能存在类形态类似，但类中数据量差异较大的现象。下面通过人工数据集 N15800S2C2 分析此类数据集的聚类效果。N15800S2C2 数据集包含 15800 个二维属性样本，可划分为两个类。图 7-15 所示，图中左侧类有 15000 个数据，右侧类有 800 个数据，组成了类形态相似，但类内数据差异较大的"类不均衡"数据集。

图 7-16 展示了 FCM 聚类的结果，由图可知，FCM 算法对于此类不均衡数据同样存在"大类吃小类"的现象。

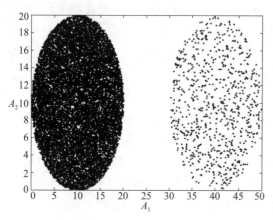

图 7-15　N15800S2C2 数据集

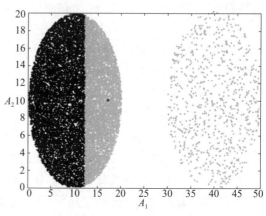

图 7-16　N15800S2C2 数据集的 FCM 聚类结果

根据 MDF 算法对 N15800S2C2 数据集进行聚类，首先将多代表点数目设置为 $K=11$，并执行 FCM 算法。图 7-17 是 $K=11$ 时的 FCM 聚类结果，右侧类能够被正确地划分为 1 类，左侧类可被划分为多个类别。

接着，对 FCM 算法得到的 11 个聚类中心进行 DPC。图 7-18 是 DPC 算法的决策图。图 7-19 是 MDF 算法的聚类结果。

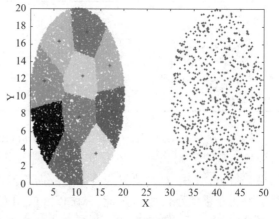

图 7-17　$K=11$ 时，N15800S2C2 数据集的 FCM 聚类结果

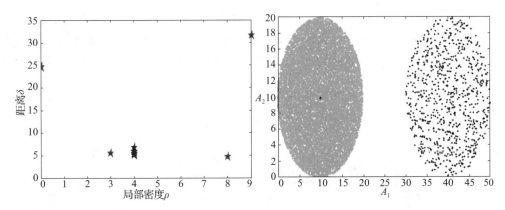

图 7-18　N15800S2C2 数据集的 DPC 决策图　　图 7-19　N15800S2C2 数据集的 MDF 聚类结果

根据图 7-18 所示的 DPC 决策图，将最右侧局部密度和距离均较大的数据点以及最左侧局部密度较小但距离较大的数据点作为聚类中心，由此得到两个聚类中心。

基于图 7-19 可知，MDF 算法能够正确地划分出两种类，具有理想的聚类效果。此外，MDF 算法用时为 3.56 秒，DPC 算法用时为 16.42 分钟。由此可见，MDF 算法的时间效率明显更好。

4. 半月状和环状类不均衡数据集实验

下面对半月状、环状数据集进行聚类分析，区别于欧式距离，此处引入测地线距离[3]度量样本间的距离。

（1）N3300S2C2 数据集

N3300S2C2 数据集是一种典型的半月状数据集，包含 3300 个二维属性样本，可划分为两个类。其可视化展示见图 7-20，大类有 3000 个数据，小类有 300 个数据，组成了类形态相同，但类内数据差异较大的类不均衡数据集。图 7-21 展示了 FCM 聚类的结果。由图 7-21 可知，应用 FCM 聚类对类不均衡数据聚类时，存在"大类吃小类"现象。

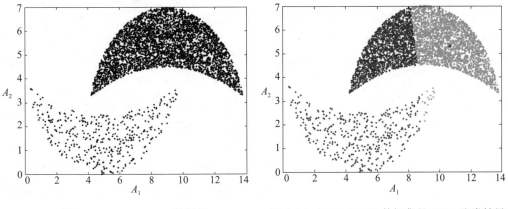

图 7-20　N3300S2C2 数据集　　　　图 7-21　N3300S2C2 数据集的 FCM 聚类结果

根据 MDF 算法对 N3300S2C2 数据集执行聚类，首先将多代表点数目设置为 $K=11$，执行 FCM 算法。图 7-22 是 $K=11$ 时的 FCM 聚类结果。由图 7-22 可知，两个半月状的类被各自划分为多个类。接着，将所得 11 个聚类中心进行 DPC，并得到如图 7-23 所示的 DPC 决策图。

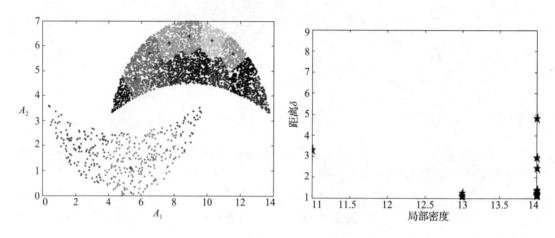

图 7-22　K=11 时 N3300S2C2 数据集的 FCM 聚类结果　图 7-23　N3300S2C2 数据集 DPC 决策图

接着，将图 7-23 中最右侧和最左侧的数据点作为两个聚类中心，对数据集进行划分，由此得到如图 7-24 所示的聚类结果。由图 7-24 可知，MDF 算法能够较好识别并划分出两个半月状类。

（2）N5000S2C2 数据集

N5000S2C2 数据集为一种典型的环状数据集，包含 5000 个 2 维属性样本，可划分为 2 个类。其可视化展示见图 7-25，外环有 4000 个数据，内环有 1000 个数据，组成了环状的类不均衡数据集。图 7-26 是 FCM 的聚类结果。由图 7-26 可知，在应用 FCM 算法聚类后，内环和外环被分为两半，环中相邻部分被划入一类。该聚类结果表明 FCM 算法无法较好地聚类此种环状数据。

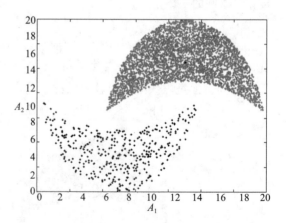

图 7-24　基于 N3300S2C2 数据集的 MDF 算法聚类结果

图 7-27 是 $K=11$ 时的 FCM 聚类结果。由图 7-27 可知，小环和大环中均具有多个聚类中心。接着，对所得 11 个聚类中心执行 DPC 算法，并绘制图 7-28 所示的 DPC 决策图。

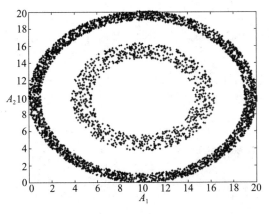

图 7-25　N5000S2C2 数据集

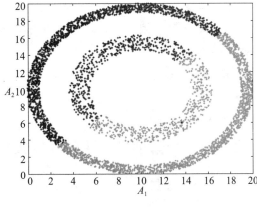

图 7-26　N5000S2C2 数据集的 FCM 聚类结果

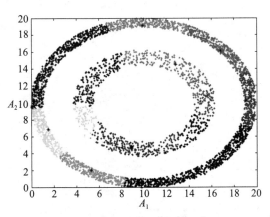

图 7-27　N5000S2C2 数据集的 FCM 聚类结果

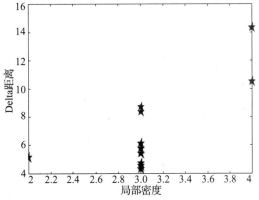

图 7-28　N5000S2C2 数据集的 DPC 决策图

将图 7-28 中最右侧的两个数据点作为聚类中心，对数据集进行划分，进而得到图 7-29 所示的聚类结果。由最终的聚类结果可知，MDF 算法能够合理划分出外环和内环两种形态的类。

基于上述理论和实验分析可知，FCM 算法和 DPC 算法在处理大规模类不均衡数据集时，难以达到理想效果。MDF 算法能够处理大规模类不均衡数据集的聚类问题。由于最终的聚类数目可根据决策图确定，因此该算法无须提前知晓数据集的类别数，解决了 FCM 算法要求预设聚类数目这一问

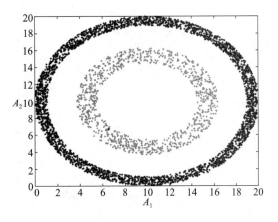

图 7-29　N5000S2C2 数据集的 MDF 算法聚类结果

题。实验结果发现，MDF 算法在划分类不均衡数据集时，划分结果优于 FCM 算法，聚类效率优于 DPC 算法。因此，MDF 算法在解决类不均衡数据的聚类问题时具有理想的聚类效果与较高的执行效率。

　　鉴于 MDF 算法在处理大规模类不均衡数据集时的优势，可将其应用于 TS 模型的前件辨识。由此优化 TS 模型的前提参数，进而对不完整数据进行更为准确、高效的建模。

7.2　基于交替学习策略的 TS 模型填补方法

　　与 6.3.1 节相同，本节同样采用多输入单输出（MISO）方式进行不完整数据 TS 建模，如图 7-30 所示。

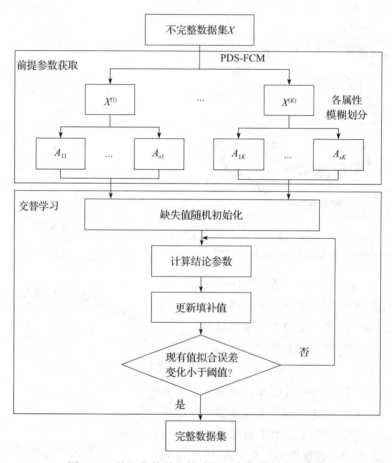

图 7-30　基于交替学习策略的不完整数据 TS 建模

　　如图 7-30 所示，基于交替学习策略的不完整数据 TS 建模分为两个步骤，即前提参数获取、基于交替学习的结论参数获取。在前提参数获取中，采用 PDS-FCM 将不完整数据集

X 划分为若干模糊子集，记为 $X^{(1)}$, $X^{(2)}$, $\cdots$, $X^{(K)}$，根据样本模糊聚类结果分别推导各属性的模糊划分，$A_{jk}(j=1,\ 2,\ \cdots,\ s;\ k=1,\ 2,\ \cdots,\ K)$ 表示对数据集中各样本第 j 个属性进行模糊划分形成的模糊子集，得到单属性在各模糊集的隶属度，该隶属度即前提参数获取的结果。当所有线性模型的前提参数确定后，随机初始化缺失值，并根据生成的填补数据集求解模型结论参数。填补缺失值采用随机初始化而非预填补方法，是因为交替迭代可以消除初始填补值不准确而影响最终填补结果。结论参数和填补值交替学习并动态更新的过程可视作一种迭代过程。每一轮迭代中，首先基于填补后的数据集计算模型参数，随后根据求出的参数计算模型输出以更新填补值。同时，对数据集中的现有值，根据模型参数计算相应位置的输出，从而计算模型输出与现有值的误差。若两次迭代间现有值拟合误差变化幅度小于阈值，则交替学习结束。衡量模型对现有值拟合误差的方法详见 7.2.2 节。采用最后一轮迭代所得填补值作为最终填补结果，输出填补后的完整数据集。下面详细说明基于交替学习策略的不完整数据集 TS 建模。

1. 前提参数获取

采用 PDS-FCM 算法将不完整数据集划分为若干个模糊子集，并获得各样本隶属于各个子集的模糊隶属度。

通过 PDS-FCM 算法划分不完整数据集，能够得到各样本的完整隶属度矩阵。而且，使用模糊聚类算法划分模糊子集时，考虑了输入 - 输出变量间关联，因而模糊聚类数目 K 即 TS 模型需要建立的规则数目。

PDS-FCM 聚类得到的划分矩阵可以直接作为各模糊规则前提参数组成的矩阵。假设聚类所得划分矩阵为 $\boldsymbol{U} = [u_{ik}] \in \mathbb{R}^{n \times K}$，则第 $k(k=1,\ 2,\ \cdots,\ K)$ 个模糊规则前提参数的矩阵如式（7-11）所示：

$$A_k = U_k \tag{7-11}$$

式（7-11）中，$\boldsymbol{U}_k = [u_{ik}] \in \mathbb{R}^{n \times 1}$ 为划分矩阵 $\boldsymbol{U}$ 的第 k 列，记录了第 $i(i=1,\ 2,\ \cdots,\ n)$ 个样本隶属于第 k 个模糊子集的隶属度。假设不完整数据集 X 的第 j 个属性存在缺失，以 MISO 方式下的填补模型 TS- j 为例，其中第 k 个模糊规则的形式如式（7-12）所示：

$$R_k : \text{IF } \boldsymbol{x}_i \text{ is } \boldsymbol{A}_k$$
$$\text{THEN } y_{ik} = P_{0k} + P_{1k}x_{i1} + \cdots + P_{(j-1)k}x_{i(j-1)} + P_{(j+1)k}x_{i(j+1)} + \cdots + P_{sk}x_{is} \tag{7-12}$$

式（7-12）中，y_{ik} 表示第 k 个规则 R_k 中第 j 个属性对应的输出；$\boldsymbol{P}_k = [P_{0k},\ \cdots,\ P_{(j-1)k},\ P_{(j+1)k},\ \cdots,\ P_{sk}]^{\mathrm{T}}$ 表示未知的结论参数。考虑属性间的差异性，对于样本在各簇的隶属度 $u_{ik}(i=1,\ 2,\ \cdots,\ n,\ k=1,\ 2,\ \cdots,\ K)$，通过高斯函数将其投影到高维空间中各属性所在的坐标轴上，得到各属性独立的规则描述，如式（7-13）所示：

$$R_k : \text{IF } x_{i1} \text{ is } A_{1k} \text{ and} \cdots \text{and } x_{i(j-1)} \text{ is } A_{(j-1)k} \text{ and } x_{i(j+1)} \text{ is } A_{(j+1)k} \text{ and} \cdots \text{and } x_{is} \text{ is } A_{sk}$$
$$\text{THEN } y_{ik} = P_{0k} + P_{1k}x_{i1} + \cdots + P_{(j-1)k}x_{i(j-1)} + P_{(j+1)k}x_{i(j+1)} + \cdots + P_{sk}x_{is} \tag{7-13}$$

式（7-13）中，A_{0k}，$\cdots$，$A_{(j-1)k}$，$A_{(j+1)k}$，$\cdots$，A_{sk} 即模型 TS-j 中第 k 个模糊规则的前提参数。

2. 基于交替学习的结论参数获取

对于不完整数据集 X，假设第 j 个属性存在缺失，其中对应填补模型 TS-j 中第 k 个模糊规则如式（7-13）所示。式中，前提参数已通过样本隶属度投影求得。在基于交替学习的结论参数获取过程中，首先随机初始化填补值。基于填补后的数据集采用最小二乘法求解模型参数。对于模型 TS-j，样本 x_i 在该模型的输出如式（7-14）所示：

$$y_i = \sum_{k=1}^{K} w_{ik} y_{ik} = \sum_{k=1}^{K} w_{ik} (P_{0k} + P_{1k} x_{i1} + \cdots + P_{(j-1)k} x_{i(j-1)} + P_{(j+1)k} x_{i(j+1)} + \cdots + P_{sk} x_{is}) \quad （7\text{-}14）$$

式（7-14）中，w_{ik} 的计算方法如式（7-15）所示：

$$w_{ik} = \frac{\tilde{w}_{ik}}{\sum_{k=1}^{K} \tilde{w}_{ik}}, \quad \tilde{w}_{ik} = \min[u_{A_{1k}}(x_{i1}), \cdots, u_{A_{(j-1)k}}(x_{i(j-1)}), u_{A_{(j+1)k}}(x_{i(j+1)}), \cdots, u_{A_{sk}}(x_{is})] \quad （7\text{-}15）$$

根据 3.2.1 节所述的最小二乘法，将式（7-14）写成如式（7-16）所示的矩阵形式：

$$Y = H \cdot P \quad （7\text{-}16）$$

式（7-16）中，$Y = [y_1, y_2, \cdots, y_n]^T$，$H$ 和 P 分别如式（7-17）和式（7-18）所示：

$$P = [P_{mk}]^T, m = 1, 2, \cdots, s, m \neq j, k = 1, 2, \cdots, K \quad （7\text{-}17）$$

$$H = \begin{bmatrix} w_{11} & w_{11} x_1' & \cdots & w_{1K} & w_{1K} x_1' \\ w_{21} & w_{21} x_2' & \cdots & w_{2K} & w_{2K} x_2' \\ \vdots & \vdots & \ddots & \vdots & \vdots \\ w_{n1} & w_{n1} x_n' & \cdots & w_{nK} & w_{nK} x_n' \end{bmatrix} \quad （7\text{-}18）$$

式（7-18）中，$x_i' = [x_{im}]$（$i = 1, 2, \cdots, n$; $m = 1, 2, \cdots s, m \neq j$）。记 $\hat{Y} = [\hat{y}_1, \hat{y}_2, \cdots, \hat{y}_n]^T$ 表示各样本期望输出组成的集合，则参数 P 可以通过最小二乘公式求解出，如式（7-19）所示：

$$P = (H^T H)^{-1} H^T \hat{Y} \quad （7\text{-}19）$$

在此步骤中，首先使用随机数初始化缺失值以生成一个完整数据集，然后基于该填补数据集求解初始结论参数，并根据求解出的参数计算模型输出。之后，使用缺失位对应的模型输出更新已有填补值，并基于更新后的填补数据集调整结论参数，使模型拟合性能增强。相应地，利用新的回归方程重新计算模型输出，得到更加准确的模型输出值，填补精度随之提升。结论参数和填补值的精度在交替学习过程中逐渐提高，迭代收敛，并且模型拟合能力趋于稳定。此时，参数训练完成，基于交替学习策略的不完整数据集 TS 建模结束。

7.2.1 TS 结论参数与填补值的交替学习策略

本节采用 TS 模型与填补值的交替学习策略来降低预填补值对模型参数的影响。该策略首先随机初始化缺失值，生成填补数据集并将其用于参数求解，之后模型参数和填补值交替学习，通过迭代动态更新。每次迭代中，首先基于填补数据集求解模型参数，然后根据所求参数计算缺失位对应的模型输出并用其更新已有填补值，之后继续基于更新后的填补数据集调整模型参数。填补值更新完毕后，基于更新后的数据集重新开始下一次迭代。若当前迭代产生的模型误差与上一次迭代产生的误差小于一定阈值，则认为模型参数和填补值交替学习完成，输出最近更新的数据集作为填补数据集。

在参数求解过程中，为了充分利用现有数据，更精确地挖掘属性间的相关关系，将不完整样本与完整样本共同用于模型训练。基于缺失值的不确定性，该策略能够实现模型参数与填补值精度的协同提升。交替学习具体流程如图 7-31 所示。

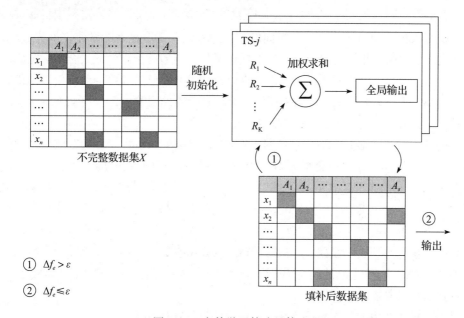

图 7-31　交替学习策略具体流程

在图 7-31 中，不完整数据集 X 中白色方块为现有值，全部现有值的集合记为 X_p；黑色方块为缺失值，全部缺失值的集合记为 X_m；填补后数据集中的灰色方块为本轮交替学习所得填补值，全部填补值的集合记为 $\hat{X}_m$。定义模型拟合优度为 TS 模型表达属性间非线性关系的精确程度，Δf_e 表示参数更新前后的模型拟合优度的变化量。其计算公式如式（7-20）所示：

$$\Delta f_e = |f_e^{(l)} - f_e^{(l-1)}| \tag{7-20}$$

式（7-20）中，$f_e^{(l)}$ 表示本轮迭代中模型的拟合优度，$f_e^{(l-1)}$ 表示上一轮迭代中模型的拟合优度。

使用随机数代替缺失值初始化一个完整数据集用于求解模型参数，在随机初始化过程中，每列属性中随机数的大小介于该属性的最大值和最小值之间，用 $\mathrm{rd}_i(j)(j=1, 2, \cdots, s)$ 表示第 i 个样本第 j 个属性随机初始化的填补值，则对于所有 $\mathrm{rd}_i(j)$ 均有 $\mathrm{rd}_i(j) \in [\min(\boldsymbol{X}_{*j}), \max(\boldsymbol{X}_{*j})]$，

$(i = 1, 2, \cdots, n)$，$\boldsymbol{X}_{*j} = [x_{1j}, x_{2j}, \cdots, x_{nj}]^{\mathrm{T}}$ 表示数据集中 n 个样本的第 j 个属性组成的集合。初始化完成后，分别以每个不完整属性列作为输出建立 MISO 结构的 TS 模型，并基于填补后的重构数据集求解每个模型中未知的模型参数。然后，基于求解出的模型参数计算相应的模型输出，并用缺失位对应的输出值代替当前填补值。当所有属性中的填补值全部更新完毕后，通过不完整数据集中现有数据对应的模型输出值计算模型拟合优度，并将其与上一次迭代计算出的拟合优度进行比较，以判断交替学习是否完成。如果参数更新前后的模型拟合优度小于给定的阈值，则终止迭代；否则进入下一次交替学习。

每次交替学习可视为一步迭代，其包含参数调整和填补值更新两个步骤。假定第 j 个属性为不完整属性，则首先建立以 $\boldsymbol{X}_{*j}$ 为输出变量的 TS 模型。在 TS 建模过程中，通过逐步回归算法分析每条规则中输入 – 输出变量间的相关关系，以选取显著变量建立最优回归方程，并删除规则前件中的不相关变量及其对应的模糊子集。当所有规则的形式全部确定后，基于当前填补所得重构数据集，利用最小二乘法求解模型参数。然后，将当前重构数据集中显著变量对应的属性列输入该参数下的 TS 模型，求出对应的模型输出，并用缺失位对应的输出值代替原有填补值。至此，第 j 个属性填补完毕。

以相同的方式依次建立 MISO 结构的 TS 模型，求解模型参数并更新对应属性列中填补值。当所有属性列中的缺失值全部更新完毕后，得到新的重构数据集，用于下一次迭代的参数调整。此外，记现有值 X_p 对应的模型输出为 $\hat{X}_p$，根据 $\hat{X}_p$ 与 X_p 的误差计算模型拟合优度，对比相邻两次迭代模型的拟合优度，以判断交替学习是否完成。如果迭代前后模型拟合优度的变化量大于给定的阈值，即 $\Delta f_e = |f_e^{(l)} - f_e^{(l-1)}| > \varepsilon$，则进入下一次交替学习，即基于更新后的数据集重新计算模型参数，并根据调整后的模型参数计算新的模型输出并将其作为填补值；否则，参数和填补值交替学习完成，迭代终止，输出当前填补获得的重构数据集并将其作为目标填补数据集。

根据以上描述，模型参数与填补值交替学习的过程描述如下。

步骤 1：针对不完整数据集 X 中的缺失值，随机初始化填补值，初始化阈值 ε。

步骤 2：在第 l, $l \geqslant 1$ 轮迭代中，针对数据集中各不完整属性计算对应 TS 模型的参数。

步骤 3：根据各 TS 模型更新填补值，所得填补值的集合记为 $\hat{X}_m^{(l)}$，同时，计算现有值 X_p 对应位置的输出，记为 $\hat{X}_p^{(l)}$。

步骤 4：根据式（7-20）计算两轮迭代模型拟合优度之差，若 $\Delta f_e = |f_e^{(l)} - f_e^{(l-1)}| \leqslant \varepsilon$，结束交替学习，将 $\hat{X}_m^{(l)}$ 与 X_p 的并集作为最终输出；否则，$l \leftarrow l+1$，返回步骤 2。

7.2.2   交替学习策略的迭代收敛性

为了验证交替学习策略的可行性，首先需要对其进行迭代收敛性分析。如果收敛，则说明该策略可行；反之，则不可行。考虑到真实存在的不完整数据集中缺失值对应的真值是无法获得的，因而通过现有数据分析不完整数据模型的拟合优度，并以此讨论交替学习策略的收敛性。本节采用 RMSE（均方根误差）评价不完整数据模型的拟合效果。以不同缺失率下的 Seeds 数据集为例，实验结果如图 7-32 所示。

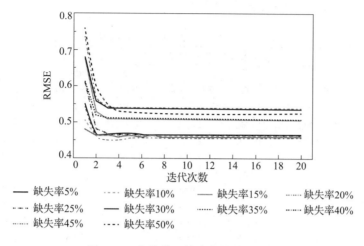

图 7-32　交替学习策略的收敛性分析

　　由图 7-32 可知，所有曲线首先快速下降，随后趋于平稳。具体来说，对于任意给定的缺失率，经过少数几次迭代，RMSE 值就能迅速下降到较小的值，然后趋于平稳并基本保持不变，由此可以看出交替学习策略具有良好的收敛性。此外，RMSE 值在迭代过程中迅速下降，这就表明模型输出与其对应真值之间的误差减小，模型拟合度提升。也就是说，随着模型参数和填补值的交替学习，能够实现模型精度的有效提升。相应地，填补值在交替学习过程中也变得更加准确，算法收敛。

7.2.3　交替学习策略下线性回归填补法实验

　　为了验证交替学习策略的有效性，本节基于不完整数据建立传统多元线性回归模型，并比较回归填补法（REGI）和 REGI-AL 交替学习策略回归填补法（Regression Imputation-Alternative，REGI-AL）得到的填补值与其对应真值。基于回归模型的直接填补和迭代填补的具体实现如下。

　　REGI：分别以每个不完整属性列为输出建立多元线性回归模型，并使用逐步回归算法选取每个模型中的显著输入变量，得到最优回归方程。然后，使用随机数代替不完整数据集中的缺失值，并基于该重构数据集逐一求解每个模型中未知的回归系数。模型参数求解完成后，基于已知系数的回归方程估计缺失位对应的模型输出，并将其作为填补值。

　　REGI-AL：在直接填补的基础上，参数和填补值交替学习并通过迭代动态更新。也就是说，将填补后的数据集重新作为输入，用于调整回归系数；反过来，根据调整后的回归系数重新计算缺失位对应的模型输出，并将其作为新的填补值。当迭代收敛时，将最后的模型输出值作为最终的填补值。

本节选用与 6.5 节相同的实验数据集，采用 RMSE 作为评价指标，实验结果如表 7-4 所示。从表 7-4 中可以看出，REGI-AL 的 RMSE 值均小于 REGI 的 RMSE 值，这表明经过交替学习后的回归模型填补精度更高，拟合能力更强。

表 7-4　交替学习对回归填补精度的影响

缺失率	各数据集在不同缺失率下的均方根误差（RMSE）							
	Seeds		Yacht		Liver Disorders		Ecoli	
	REGI	REGI-AL	REGI	REGI-AL	REGI	REGI-AL	REGI	REGI-AL
5%	0.697	0.633	8.466	8.157	19.30	18.69	0.111	0.697
10%	0.684	0.578	8.755	8.270	18.95	18.08	0.152	0.684
15%	0.744	0.658	10.01	9.600	17.97	16.35	0.146	0.744
20%	0.700	0.606	9.024	8.878	22.76	19.38	0.132	0.700
25%	0.804	0.648	10.57	9.843	22.61	16.81	0.151	0.804
30%	0.861	0.798	8.268	7.633	25.78	16.37	0.147	0.861
35%	1.079	0.966	11.25	10.63	27.31	21.40	0.138	1.079
40%	0.965	0.890	10.97	10.69	27.30	20.49	0.154	0.965
45%	0.893	0.752	10.31	9.609	28.80	18.83	0.156	0.893
50%	1.001	0.764	9.623	8.371	27.31	19.99	0.166	0.160
缺失率	各数据集在不同缺失率下的均方根误差（RMSE）							
	Yeast		Glass		Forest Fires		Wine	
	REGI	REGI-AL	REGI	REGI-AL	REGI	REGI-AL	REGI	REGI-AL
5%	0.092	0.091	0.610	0.469	79.61	76.48	69.61	67.91
10%	0.103	0.100	0.663	0.597	75.75	74.80	74.81	72.74
15%	0.099	0.095	0.689	0.597	79.91	78.99	88.65	86.03
20%	0.109	0.105	0.709	0.681	87.29	83.64	79.49	76.34
25%	0.111	0.103	0.860	0.788	90.45	85.65	99.50	94.59
30%	0.113	0.105	0.866	0.791	93.09	90.20	98.64	95.42
35%	0.118	0.104	0.771	0.758	94.12	91.32	89.94	87.60
40%	0.124	0.106	0.941	0.820	92.57	87.23	96.59	94.76
45%	0.120	0.105	0.989	0.935	90.47	87.09	88.65	86.03
50%	0.129	0.107	0.940	0.900	90.90	85.35	86.23	81.52

综合比较各个数据集的实验结果可以得出，交替学习策略不仅适用于缺失率小的数据集，而且在缺失率较大时同样有效，甚至性能更好。其原因在于，参数和填补值通过交替学习降低了由于数据缺失导致的建模误差，使得模型拟合效果更好，相应的模型输出更加准确，这也意味着所得填补值与实际值之间的偏差更小。事实上，当填补值更接近真实值时，求出的模型参数也就能更恰当地反映属性间的回归关系，进一步提升模型拟合能力。因此，模型拟合性能和填补精度在交替学习过程中能够实现协同提升。

7.2.4　交替学习策略下 TS 模型填补法实验

为了进一步验证交替学习策略的有效性，本节基于不完整数据集建立 TS 模型，并比较 TS 填补法（TSI）和交替学习策略 TS 填补法（TS Imputation-Alternative，TSI-AL）得到的填补值与其对应真值，计算 RMSE 值。下面给出两种方法的具体描述。

TSI：通过 POS-FCM 算法将不完整数据集划分为若干个模糊子集，由此确定模糊规则数目并获得相应的前提参数。之后，使用逐步回归算法分析每条模糊规则中输入 - 输出变量的相互依赖关系，建立关于显著变量的局部线性回归模型，并根据获得的显著变量优化规则前件。至此，模糊规则的形式及前提参数得以确定。接下来，使用随机数初始化缺失值，并基于该重构数据集求解结论参数。求出结论参数后，计算缺失位对应的模型输出，并将其直接作为填补值。

TSI-AL：在直接填补的基础上，结论参数和填补值交替学习并通过迭代动态更新。也就是说，使用填补后的数据集重新计算结论参数，并基于调整后的参数重新估计缺失位对应的模型输出，得到新的填补值。然后，根据新的重构数据集继续调整结论参数并重新计算模型输出以更新填补值。当迭代满足终止条件时，交替学习结束，模型训练完成，得到最终的填补值。

以 RMSE 为评价指标，实验结果如表 7-5 所示。观察表 7-5 中数据可以得出：TSI-AL 求出的 RMSE 值均小于 TSI，而且随着缺失率的增大填补精度提升更明显。经过统计计算，当缺失率达到 20% 时，采用交替学习策略可以使大部分填补结果的精度提升 10% 以上，且最高达到 30%。

表 7-5　交替学习对 TS 填补精度的影响

| 缺失率 | 各数据集在不同缺失率下的均方根误差（RMSE） | | | | | | | |
| | Seeds | | Yacht | | Liver Disorders | | Ecoli | |
	TSI	TSI-AL	TSI	TSI-AL	TSI	TSI-AL	TSI	TSI-AL
5%	0.524	0.501	5.234	5.137	17.90	17.08	0.107	0.101
10%	0.553	0.537	5.691	5.590	19.87	17.87	0.154	0.143
15%	0.614	0.602	5.309	4.995	22.89	22.08	0.132	0.128
20%	0.768	0.635	4.778	4.740	20.87	19.42	0.130	0.124
25%	0.806	0.606	4.603	4.370	25.81	23.62	0.152	0.145
30%	0.684	0.636	5.855	5.594	26.57	22.85	0.142	0.138
35%	0.858	0.763	5.430	4.806	26.67	24.01	0.134	0.131
40%	0.911	0.753	6.546	5.401	26.93	23.76	0.148	0.144
45%	0.947	0.654	5.779	4.511	26.86	23.96	0.151	0.146
50%	1.067	0.851	6.356	5.464	25.28	23.24	0.173	0.165

| 缺失率 | 各数据集在不同缺失率下的均方根误差（RMSE） | | | | | | | |
| | Yeast | | Glass | | Forest Fires | | Wine | |
	TSI	TSI-AL	TSI	TSI-AL	TSI	TSI-AL	TSI	TSI-AL
5%	0.104	0.102	0.545	0.493	64.96	59.86	35.48	30.85
10%	0.109	0.106	0.488	0.443	70.49	68.04	49.29	43.86
15%	0.109	0.107	0.570	0.479	73.77	70.45	65.60	60.90
20%	0.118	0.115	0.606	0.553	72.52	69.90	62.70	60.43
25%	0.123	0.114	0.767	0.571	73.38	68.59	57.93	55.30
30%	0.124	0.119	0.758	0.612	75.87	72.24	74.80	60.84
35%	0.124	0.115	0.773	0.591	75.98	74.44	72.68	66.94
40%	0.133	0.118	0.864	0.717	78.79	72.95	91.82	75.45
45%	0.132	0.123	0.971	0.751	88.29	79.79	86.27	67.51
50%	0.132	0.122	0.958	0.691	85.20	77.80	80.40	67.16

　　TSI-AL 本质上是一个迭代模型，且每次迭代包含两个步骤：一是基于当前的重构数据集计算模型参数，然后根据求出的模型参数产生新的填补值，并用现有数据计算模型当前的拟合性能；二是基于更新后的重构数据集调整模型参数，使新的模型能够更加准确地描述属性间的回归关系。基于此，由于数据缺失导致的模型误差在交替学习过程中不断减小，迭代收敛。当模型拟合优度收敛时，迭代终止，模型拟合性能明显提高，填补精度随之提升。

7.3　本章小结

　　本章从前提参数和结论参数两个角度对 TS 模型进行优化，旨在提高 TS 建模的准确性以及 TS 填补模型的填补精度。在前提参数优化部分，本章介绍了一种基于多代表点的 MDF 算法。该算法结合了 FCM 算法和 DPC 算法的优势，首先根据 FCM 算法将数据集划分为具有多个代表点的若干类，然后利用 DPC 算法对这些代表点进行融合，从决策图中找到聚类中心，并根据所得聚类中心进行最后的数据点分配。经多个数据集实验研究表明，MDF 算法不仅能正确地划分大类与小类数据，而且具有较高的计算效率，因此在类不均衡数据集的聚类方面具有可行性。将 MDF 算法应用于 TS 建模，能够合理改善前提参数的质量。

　　在结论参数优化部分，根据交替学习策略展开模型参数求解以及缺失值填补。为了降低预填补值对填补精度产生的影响，在基于 TS 模型的缺失值填补方法的基础上，基于交替学习策略进行不完整数据集建模和填补值的协同训练。该策略不仅可以实现现有数据的充分利用，而且能够逐步降低由于数据缺失导致的建模误差，从而使模型参数和填补值的准确性协同提升。在交替学习过程中，模型参数拟合优度不断提升，从而更恰当地描述属性间的关系。随着模型拟合能力的增强，模型输出更加准确，填补精度随之提升。

　　TS 模型是非线性回归分析的有效工具，能够合理挖掘数据属性间的非线性关联，进而保障缺失值的填补精度。在实际应用过程中，可针对具体场景，从不同角度对 TS 模型展开优化，使其达到更好的填补效果。

参考文献

［1］　Rodriguez A, Laio A. Clustering by Fast Search and Find of Density Peaks［J］. Science, 2014, 344(6191): 1492.

［2］　刘方舟. DPC 算法研究［D］. 大连：大连理工大学，2017.

［3］　郭展扩. 基于测地线距离变换的桥梁裂缝检测算法研究［D］. 西安：西安电子科技大学，2018.

第8章

基于缺失值填补的中国贫困家庭特征分析

随着机器学习、深度学习等人工智能技术的发展，越来越多的研究人员正致力于挖掘与释放人工智能在扶贫中的巨大潜力。面向贫困问题的科学研究归根于对贫困数据的分析，而我国贫困家庭分布覆盖范围广，数据统计难度大，其中数据缺失问题无法避免，为后续的研究与分析带来了诸多不便。本章基于前文介绍的缺失值填补方法，针对上述问题提供解决方案，为缺失值填补的研究工作赋予现实意义，体现其应用价值。

8.1 精准扶贫过程中的数据缺失问题

8.1.1 我国贫困问题研究

贫困是制约人类社会发展的重要因素，消除贫困是各个国家和地区所面临的历史性任务。随着机器学习等人工智能技术的发展，如何将机器学习算法应用于解决贫困这一人类发展的基本问题，具有重要的时代意义。我国作为世界上最大的发展中国家，扶贫工程为全球减贫事业做出了巨大贡献。关于人工智能如何赋能新时代的话题已上升到国家发展的战略高度。

面向贫困问题的科学研究可以归根于对贫困数据的分析。我国的贫困数据一般来源于国家、社会、高校等机构开展的人口普查活动。由于人口覆盖范围广，以及个体在文化程度、心理方面的差异，受访者未必愿意对全部问题作答，故问卷数据不可避免地存在数据缺失问题。此外，在数据录入、存储等环节的失误也会导致缺失数据。本章采用中国家庭追踪调查（China Family Panel Studies，CFPS）提供的数据，对其中的缺失值进行有效填补，在此基础上对其中的各类贫困家庭进行精准识别，并对其典型特征进行分析，从而为针对性地解决各类贫困家庭面临的主要问题提供依据。本章主要内容包括以下4项。

第一，CFPS 数据集缺失值填补。针对 2016 年中国家庭追踪调查中的数据缺失问题，选择前面章节中提到的填补方法对其进行填补，为后续的研究和分析打下基础。

第二，贫困家庭识别。以填补后的 2016 年中国家庭追踪调查数据为基础数据集，综合考量各家庭的收入、健康、教育和生活水平，采用 A-F 法从多个维度识别贫困家庭。

第三，贫困家庭类别划分。采用机器学习算法对贫困家庭的所属类别进行精细化分。将数据集中每个贫困家庭视为一个待归类的样本，其包含的数值特征表示家庭的贫困现状。通过聚类算法将特征相似度较高的样本归为一类，从而将贫困现状相似的家庭划分为相同的类别。

第四，贫困家庭典型特征分析。利用特征选择等机器学习方法分析各类贫困家庭的典型特征，并根据实验和研究结果找出各类贫困家庭面临的主要问题。特征选择方法可以凸显导致各类家庭贫困的主因，进而供决策者有针对性地设计解决方案。

8.1.2　中国家庭追踪调查中的数据缺失问题

中国家庭追踪调查是由北京大学设计并执行的全国首个综合性跟踪调查，在社区、家庭、个人 3 个层面展开，涉及教育、社区、健康、人口等方面，为众多学术研究提供第一手资料。2010 年首次开展调查，2012 年、2014 年、2016 年分别进行跟踪调查。CFPS 采用计算机辅助调查，2010 年使用了计算机辅助面访调查模式，从 2012 年开始又增加了计算机辅助电访调查模式。这些计算机辅助调查方式的使用保证了调查的效率与质量。CFPS 的主体问卷包括村居问卷、家庭成员问卷、家庭问卷、少儿问卷和成人问卷 5 类。该调查的研究主体是家庭，具体地说，居住在传统居民住宅内且家中至少有一人拥有中国国籍的一个独立经济单元，便可视为一个满足项目访问条件的家庭。该调查重点关注我国居民的经济与非经济福利，以及包括经济活动、教育获得、家庭关系与家庭动态、人口迁移、身心健康等在内的诸多研究主题。本章采用 2016 年 CFPS 所得数据集。

CFPS 具有诸多优点。

①调查属性多，且划分细致。宏观上，数据集涉及家庭、成人、儿童三大方面的属性共计 302 项，其中 54 项因个体情况而造成属性名重复。微观上，数据集划分细致，例如：与收入相关联的属性包括：工资性收入、全部家庭纯收入、家庭人均纯收入、人均家庭纯收入分位数、经营性收入、财产性收入、转移性收入等共计 28 项内容。从现实意义上对数据集属性进行分类，其中，家庭方面包含家庭基本信息、收入、支出、资产 4 个属性类；成人方面包含成人的基本情况、健康、教育、评价、日常生活、实习与工作 6 个属性类；儿童方面包含儿童的基本情况、健康、教育 3 个属性类。CFPS 的属性划分情况如表 8-1 所示。

表 8-1　CFPS 属性类划分情况

方面	属性类
家庭	基本信息、收入、支出、资产
成人	基本情况、健康、教育、评价、日常生活、实习与工作
儿童	基本情况、健康、教育

②覆盖范围广。CFPS 的样本覆盖 25 个省 / 市 / 自治区（不含中国香港、中国澳门、中国台湾以及新疆维吾尔自治区、西藏自治区、青海省、内蒙古自治区、宁夏回族自治区、海南省），代表了我国 95% 的人口，其中将上海、辽宁、河南、甘肃、广东作为 5 个独立子样本框（称为"大样本"）实行抽样，而将其他 20 个省份作为一个独立子样本框（称为"小样本"）实行抽样。

③受访家庭数量多，且对各家庭样本的追踪时间长。2010 年调查样本 12625 户，2012 年调查样本 13315 户，2014 年调查样本 13946 户，2016 年调查样本 14 019 户。CFPS 对样本展开长期的追踪调查，是国内第一个大规模的、综合性的、以学术为目的的社会追踪调查项目。虽然其设计、执行以及数据库都相对复杂，使用起来具有一定的难度，但是其收集的数据足够全面，具有较高的使用价值。

由于 CFPS 中的个体数量众多，数据采集周期较长，且调查的属性细致，很多受调查家庭无法及时提供完备的信息，导致数据集中存在一定的缺失数据。如图 8-1 所示，用方框括起的空白位置为缺失值。

fincome1	fincome2	fincome1	fincome1	fincome2	fincome2	foperate	foperate	fproperty	fproperty	ftransfer	ftransfer	subpopula	subsample	fswt_natc	fswt_resc	fswt_natp	fswt_resp
180000	23000	60000	最高25%	7666.667	最高25%	0	0	10000	10000	0	0	其他省市	是	26150	10100	17651	6075
85000	85000	85000	最高25%	85000	最高25%	0	0	0	0	0	0	其他省市	是	43633	14917	29728	10430
70700	70700	70700	最高25%	70700	最高25%	20700	20700	0	0	1000	1000	其他省市	是	57505	18841	40471	13785
76000	76000	38000	最高25%	38000	最高25%	0	0	0	0	0	0	其他省市	是	66410	21672	67423	23843
50000	50000	12500	中下25%	12500	中上25%	0	0	0	0	0	0	其他省市	是	42174	12536	42396	14017
700000	198000	33333.33	最高25%	33000	最高25%	0	0	0	0	54000	54000	其他省市	是	75233	23783	51342	17376
28500	28500	28500	最高25%	28500	最高25%	8500	8500	0	0	0	0	其他省市	是	43067	13162	32795	10887
80000	80000	26666.67	最高25%	26666.67	最高25%	0	0	0	0	0	0	其他省市	是	69259	21390	49952	16677
1800	870	900	最低25%	435	最低25%	0	0	0	0	150	150	其他省市	是	37036	12668	24569	8450
20000		10000	中下25%			0	0	0	0	0	0	其他省市	是	35818	11069	27167	9316
80000	80000	40000	最高25%	40000	最高25%	0	0	0	0	0	0	其他省市	是	59534	18158	45384	15052
200000	200000	200000	最高25%	200000	最高25%	0	0	0	0	0	0	其他省市	是	32606	9971	88936	32039
40000		40000	最高25%		36000	0	0	0	0	0	0	其他省市	是	47905	15645	48452	17353
30000	30000	15000	中上25%	15000	中上25%	0	0	0	0	0	0	其他省市	是	48010	14756	36685	12269
53000	53000	17666.67	中上25%	17666.67	中上25%	3000	3000	0	0	0	0	其他省市	是	43666	13487	88936	46355
60000	60000	60000	最高25%	60000	最高25%	0	0	0	0	15000	15000	其他省市	是	55166	19923	42108	15000
80000	72000	80000	最高25%	72000	最高25%	0	0	0	0	0	0	其他省市	是	52663	20365	37357	15167
30000	30000	30000	最高25%	30000	最高25%	0	0	0	0	0	0	其他省市	是	66176	25600	64372	26804
32005	32005	8001.25	最高25%	8001.25	中下25%	0	0	0	0	0	0	其他省市	是	50140	15360	36664	12241
36000	36000	36000	最高25%	36000	最高25%	0	0	0	0	0	0	其他省市	是	46443	16985	34879	13908
80000	48220	16000	中上25%	9644	中上25%	0	0	1400	1400	720	720	其他省市	是	49425	14808	37827	12567
20000	20000	20000	中上25%	20000	中上25%	0	0	0	0	0	0	其他省市	是	26014	7927	19182	6343
50000	50000	25000	中上25%	25000	中上25%	0	0	0	0	0	0	其他省市	是	45249	17501	32087	13025
25000	25000	25000	中上25%	25000	最高25%	0	0	0	0	0	0	其他省市	是	42536	16450	28850	11477
113200	63220	22640	中上25%	12640	中上25%	50000	0	2000	2000	1200	1200	其他省市	是	49890	21411	81969	42800
20000		10000	中下25%			0	0	0	0	0	0	其他省市	是	38768	11421	37668	12139
50000	37000	50000	最高25%	37000	最高25%	0	0	0	0	0	0	其他省市	是	54855	21214	38678	15579
100000	36000	100000	最高25%	36000	最高25%	0	0	0	0	10000	10000	其他省市	是	77170	44330	88936	41324
40000	10000	13333.33	中下25%	3333.333	最低25%	30000	0	1000	1000	0	0	河南省子	否	21887		23657	
15000	15000	15000	中上25%	15000	中上25%	0	0	0	0	0	0	河南省子	否	12103		11002	
41000	41000	13666.67	中上25%	13666.67	中上25%	0	0	0	0	0	0	辽宁省子	否	9422		12598	
107500	107500	107500	最高25%	107500	最高25%	0	0	0	0	0	0	辽宁省子	否	9899		8290	
42000	42000	42000	最高25%	42000	最高25%	0	0	0	0	0	0	辽宁省子	否	7327		6053	
10000	300	3333.333	最低25%	100	最低25%	0	0	0	0	300	300	辽宁省子	否	7944		6958	
50000	40000	25000	中上25%	20000	中上25%	0	0	0	0	0	0	辽宁省子	否	10105		8212	
40000	34000	20000	中上25%	17000	中上25%	0	0	0	0	0	0	辽宁省子	否	6839		8233	

图 8-1　CFPS 中的数据缺失问题

据统计，在 2016 年中国家庭追踪调查的全部 14 019 个受调查样本中，虽然在 320 个属性上的数据缺失率仅为 1.34%，但是不完整样本数量为 7054 个，占全部受调查样本的 50% 以上。在对家庭的每月消费情况进行调查时，有 133 户受访家庭未提供每月水费，81 个家庭未提供每月电费，120 户家庭未提供每月本地交通费。在对各家庭的住房情况进行调查时，有 763 户受访家庭未对房屋当前市价做出答复，484 户受访家庭未提供房屋购买建造年份，100 户受访家庭未提供房屋大小的具体数值。当调查涉及家庭财产时，对于"您家现金及存款总额"调查，有 127 户受访家庭选择"拒绝回答"，383 户受访家庭回答"不知道"。除上述列出的调查属性外，在诸如"定期存款总额""待偿银行贷款""家庭成员婚姻状态"等属性上同样存在不同程度的数据缺失问题。

上述数据缺失问题对该数据集的研究和应用造成了显著的影响，在采用机器学习算法对贫困家庭进行识别和分析时，大部分算法无法有效地处理缺失值，导致无法正常开展工作。对不完整样本简单删除会造成数据集中样本数量的减少，以及数据集中有效信息的缺失，对后续数据分析的精度造成影响。因此，在基于 CFPS 提供的数据开展对贫困家庭的研究前，必须对其中的缺失数据进行填补。

8.2　CFPS 数据集缺失值填补

针对 2016 年中国家庭追踪调查（CFPS2016）中的数据缺失问题，根据前文提供的实验结果与分析，采用基于去跟踪自编码器的动态缺失值填补方法进行填补。下面将对具体实施方案详细介绍。

8.2.1　基于去跟踪自编码器的动态缺失值填补

去跟踪自编码器是一种基于自编码器的改进模型。该模型重新设计了自编码器隐藏神经元的计算规则，从而去除了输出神经元对相应输入神经元的自跟踪性，使网络更有效地挖掘数据集中每个属性和其他属性间的互相关性，具体介绍见 4.5.1 节。CFPS2016 数据集中不完整样本较多，但各不完整样本的数据缺失率较低。本节在采用去跟踪自编码器进行缺失值填补时，为合理利用全部现有数据，将不完整样本纳入网络训练过程，采用 5.3 节设计的基于缺失值变量的神经网络动态填补方案，将缺失值视为代价函数的变量并基于优化算法动态调整。此方案简记为 MVPT。缺失值变量的建模思路不仅有效提高了不完整数据集中的数据利用率，而且使缺失值的估计误差随着迭代式优化的深入而渐进降低。模型的准确性和填补精度也得以协同提升。

基于去跟踪自编码器以及 MVPT 方案进行缺失值填补时，模型训练和缺失值填补同时进行，具体流程如下。

①开始训练时，不完整数据集被直接输入填补模型。

②模型基于随机梯度下降法等优化算法对模型参数、填补值进行动态调整。

③数据集中的缺失数据由每次迭代过程中求解的动态填补值进行实时更新。

④更新完成的数据集将被输入网络以进行下一次迭代。

⑤当训练满足终止条件时，模型计算输出，并将缺失数据对应的网络输出作为最终填

补值。

此训练方案实现了已知信息的最大化利用。此外，考虑到由少量完整样本训练的网络往往存在较大泛化误差，因此使不完整样本参与训练，以便有效改善此问题。随着迭代式学习的深入，模型的训练精度将不断提高，填补值与真实值的误差也将逐渐缩小。

在本节中，将 CFPS2016 数据集中的完整样本集划分为训练集和测试集，在不同的缺失率下检验上述去跟踪自编码器 TRAE 和训练方案 MVPT 的有效性。基于 TRAE 和 MVPT 的填补方法（TRAEI+MVPT）的具体实验方案如表 8-2 所示。实验过程中，测试集的缺失率设置为 CFPS2016 数据集的真实缺失率 1.34%，此外，分别在真实缺失率向上和向下浮动 0.5% 的前提下进行实验，进一步验证上述方法的缺失值填补精度。

表 8-2　TRAEI+MVPT 的实验方案

输入：完整数据集
输出：在每个缺失率下的填补指标值
1.　$i=0$，missing_rates={0.0084，0.0134，0.0184}
2.　**For** missing_rate in missing_rates **do**
3.　　将缺失率设为 missing_rate，并随机删除部分现有值以构成不完整数据集
4.　　从完整样本中抽取 20% 的样本作为测试集
5.　　将 missing_rate 设为缺失率，并随机删除测试集内的部分现有值
6.　　根据 TRAEI+MVPT 的超参数个数和取值范围，确定其超参数组合总个数
7.　　**While** i < 超参数组合总个数
8.　　　选取一套超参数组合，并根据此套超参数搭建去跟踪自编码器填补模型
9.　　　step=0
10.　　**For** step < 10000 **do**
11.　　　采用优化算法调整模型参数与测试集中的缺失值，并计算测试集的填补误差
12.　　　根据提前终止原则，在测试集填补误差最小时刻结束训练
13.　　　step=step+1
14.　　**End**
15.　　将训练结束时得到的填补误差作为当前超参数组合下的测试集填补误差
16.　　**End**
17.　　根据测试集填补误差最小所对应的超参数组合，重新搭建去跟踪自编码器填补模型
18.　　将缺失率设为 missing_rate，随机删除现有值以构成不完整数据集
19.　　利用不完整数据集训练网络
20.　　计算填补性能指标 MAPE
21. **End**
22. **Return** 在每个缺失率下求得的填补性能指标

8.2.2　缺失值填补精度

本节分别采用基于去跟踪自编码器 TRAE 和训练方案 MVPT 的填补方法（TRAEI+MVPT）、均值填补法（MEANI）、基于自编码器的填补方法（AEI）对 CFPS2016 数据集中的缺失数据进行填补。实验以平均绝对百分比误差（MAPE）为评价指标，该指标用于计算填补值与真实值间的误差，进而衡量对比方法的填补精度，详见 2.3.3 节。

1. 对比方法

两种对比方法描述如下。

①均值填补法：该方法以不完整属性列中全部现有值的平均值填补该属性列的缺失值，详见 3.1.1 节。

②基于自编码器的填补方法：该方法包括训练和填补两个阶段。训练阶段，数据集中的完整样本用于求解网络参数；填补阶段，首先对不完整样本进行预填补，接着将样本输入训练完成的模型，并将缺失值对应的网络输出作为填补值，详见 4.4.1 节。

2. CFPS2016 数据集的缺失值填补结果

各方法基于 CFPS2016 数据集所获得的填补精度如表 8-3 所示。其中，最优结果已加粗显示。

表 8-3　CFPS2016 数据集的 MAPE 填补指标

缺失率	MEANI	AEI	TRAEI+MVPT
0.0084	3.757	3.630	**3.281**
0.0134	4.085	4.099	**3.889**
0.0184	4.535	4.384	**4.213**

由表 8-3 可知，TRAEI+MVPT 在 3 个缺失率下的填补精度均优于其他对比算法。这得益于网络去除了输出神经元对相应输入神经元的自跟踪性，使网络能够更有效地挖掘属性间的相关性。同时，训练方案 MVPT 的应用使得模型在填补过程中对现有数据的利用更加充分，提高了缺失值填补的精度。

基于上述填补精度与相关分析，采用填补模型 TRAE 和训练方案 MVPT 对 CFPS2016 数据集进行缺失值填补。以填补结果统计，本次缺失值填补共处理 60 222 项缺失数据；从样本角度分析，共处理 7054 个不完整样本。图 8-2 为填补结果示例，方框括起部分为填补值，其中，处理编号"101130"的家庭 43 项缺失值填补；处理编号"110050"的家庭 39 项缺失值填补，此外为其他含有缺失值的样本提供了相应数量的填补值。由此可见，缺失值填补能够使大量的不完整家庭样本参与到后续研究当中。

从属性角度分析，本次缺失值填补共处理了 255 项不完整属性，观察其中缺失率较高的"工作安全满意度"属性可以发现，共有 1625 个家庭在该属性上存在缺失值。该属性的合理取值范围为 1 ～ 5，经由 TRAEI+MVPT 所得填补值的范围为 1.200 ～ 3.988，各填补值均落在合理的取值范围内，可见填补结果具有合理性。通过以上分析可见，基于去跟踪自编码器的动态缺失值填补方法能够为 CFPS2016 数据集中的缺失数据提供有效的填补结果，从而为后续贫困问题的研究和分析提供基础。

	pq1101_2	qn1101	qn6012	qn6013	qn6014	qn6015	qn6016	qn6017	qn6018	qn6011
	1	3	4	5	5	4	5	7.5	6.5	5
	1	3	8	7	8	7	9	9	10	8
	1	2.25	6.5	8	6	6.75	7.5	6.25	7	6.75
	0	1	6	7	8	8	8	5	9	10
101130	1	1.82353	8.27785	5.08364	7.26986	5.98323	7.00358	8.65209	5.68104	7.29381
	0	3	10		10	10		8	10	6	9
	1	1.5	10	8	7.5	6.5	5.5	4	6	7.5
	1	2	9	10	10	10	10	10	5	7.5
	1		5.5	3.5	4	5.5	4.5	6.5	6.5	4
	1	2.13121	7	7	5	7	5	5	5	5
	1	2	6	7	5.66667	5	5.66667	8	5.33333	8.33333
110050	1	2.31672	6.21586	6.28387	5.58846	7.29044	5.96014	5.62414	6.09113	7.63294
	0	2.25	8	8	7	5.25	5.6	8.6	5.2	7.2
	1	3	2	3	4	4	3	3	2	3
	0	3	6	10	7	6.5	6.5	5.5	6.5	10
	1	3	10	10	5	4.5	4.5	3	4	4
	1	1.5	10	9	9	10	9.5	7.5	10	10
	1		6	7	6	6		7	8	6
	1	2.94748	9.5205	7.93681	6.7435	7.71012	9.84736	6.55664	7.945	5.89561
	1	2.5			8	9.5	9.5	9	4	9
	1	2.66667	7.66667	9.66667	6.33333	6	4.33333	4.33333	7	6.66667
	0.993049	1.79228	6.02044	6.54486	6.08711	5.98581	4.45336	7.19479	5.48904	7.51412

图 8-2　部分缺失值填补结果展示

8.3　贫困家庭识别

在落实精准扶贫政策的过程中，制定合理的贫困标准并精准识别贫困家庭是解决贫困的首要工作。精准识别依托于具体贫困形式，而随着脱贫进程的不断推进，贫困形式也在不断发生改变，贫困问题逐渐变得复杂，呈现出分布广、程度深、脱贫难度大、内生动力不足等特点。因此，不能单以收入的水平来衡量贫困的现状，因其无法全面真实地度量贫困的深度和强度，对个体贫困的复杂性解释力不足。随着人类对贫困问题认识不断深化，贫困的内涵和外延得以丰富，针对贫困问题的研究逐渐从单维分析转向各项因素的多维分析。多维贫困是由诺贝尔经济学奖获得者 Sen 于 2007 年提出的概念，随后多维贫困指数（Multidimensional Poverty Index，MPI）于 2010 年正式成形。MPI 综合考量健康、教育和生活水平等多方面因素，以判断个人或家庭是否处于贫困状态。本节对多维贫困指数进行详细介绍，并基于层次分析法对 CFPS2016 数据集中的多维贫困家庭进行识别。

8.3.1　多维贫困测度

最早关注贫困多元性特征的当属社会学家和人类学家。例如，Morris 较早提出了具有多维贫困思想的物质生活质量指数，Hagenaars 从收入和闲暇两个维度对贫困进行了评价。但是，真正引起人们高度关注多维贫困的则是阿马蒂亚·森，他在著作《贫困与饥荒——论权利与剥夺》中首次提出"多维贫困"的概念，认为贫困不单是指经济上的贫困，还应当包含健康、教育等多个方面[1]。

随后，在阿马蒂亚·森的理论基础上，联合国开发署（United Nations Development Programme，UNDP）开发出人类发展指数（Human Development Index，HDI）和人类贫困指数（Human Poverty Index，HPI）。这两个指数大体相似，细节略有不同。相同之处在于，两个指数都包含了健康、教育、生活水平这3个贫困维度；不同之处在于，HDI采用预期寿命、成人识字率、人均GDP的对数衡量，HPI则用预期寿命40岁以下人群、成年人口不识字人群、不能获得医疗服务人群、不能安全饮水人群和5岁以下儿童营养不良人群所占比例来衡量。除此之外，使用比较广泛的多维贫困指数还有UNDP与牛津大学合作开发的多维贫困指数UNDP-MPI和经Morduce简化过的多维贫困指数Watts。

随着对贫困问题研究的深入，研究者提出了许多用于测度多维贫困的指数和方法。文献［2］总结了目前比较常用的多维贫困指数和方法：HPI人类贫困指数、Ch-M指数、F-M指数以及最近发展起来的MPI指数、A-F法等。其中，A-F法是Alkire和Foster提出的多维贫困测度方法。其通过双重临界法来测度贫困[3]。根据家庭在不同贫困指标下的状态进行加权求和，以确定各家庭是否处于多维贫困。该方法涉及多维贫困的识别、加总及分解等一系列步骤，具备可操作性强、易于量化和分解等优点。本节基于缺失值填补后的CFPS2016数据集，采用A-F法识别其中的贫困家庭。

在贫困识别阶段，A-F法采用"双重识别"：第一重基于单个指标识别家庭是否处于单维贫困，第二重基于全体指标识别家庭是否处于多维贫困，如图8-3所示。

首先，根据设定的贫困临界剥夺值对每个家庭样本数据进行分析。贫困临界剥夺值是综合考虑受调查样本的指标取值而制定的贫困与非贫困间的临界值。当一个家庭样本在某个指标达到临界值时，将家庭的该指标赋值为1；否则，赋值为0。如果赋值为1，则意味着该家庭在这一指标上没有达到脱离贫困的标准，也可以说是该

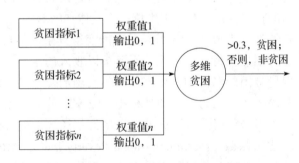

图8-3　A-F多维测度方法原理

指标的福利被剥夺，即该指标被剥夺。随后，各个测量指标输出上述赋值与权重的乘积，进行加和，记作各个家庭的多维贫困剥夺分值。当一个家庭的多维贫困剥夺分值大于贫困临界值ε时，即确定其为多维贫困家庭。按照联合国对MPI指数的建议，本节将贫困临界值ε取为0.3。

8.3.2　贫困的维度指标及临界剥夺值

维度指标以及临界剥夺值的选取需兼顾CFPS数据集属性、我国政策导向、易于操作这

3 项要素，故参考了 CFPS 数据集、2020 年中共中央一号文件《关于抓好"三农"领域重点工作确保如期实现全面小康的意见》（以下简称"一号文件"）[4]、MPI 指数及其他部分文献。其中，文献［5］对 UNDP-MPI 进行全面分析，文章表明 UNDP-MPI 使用健康、教育和生活水平 3 个维度的 10 项指标来反映多维贫困情况，自 2010 年起连续 4 年在《人类发展报告》中公布，截至 2017 年已有 117 个国家运用该指数进行贫困测量。具体地说，UNDP-MPI 教育维度使用家庭成员受教育程度和是否有儿童失学 2 个指标；健康维度使用是否营养不良和是否有儿童死亡两个指标；生活水平维度使用用电、生活用水、炊事燃料、卫生条件、住房和家庭财产 6 个指标。事实上，该指数不仅操作方便、运用广泛，而且与 CFPS 属性以及"一号文件"任务相适应。CFPS 数据集的属性主要包含收入支出、健康教育、生活情况等方面，囊括了 UNDP-MPI 所有指标，分类细致，相容性好。其次，"一号文件"指出要加快补上农村基础设施和公共服务短板，涉及生活基础设施、健康教育等任务要点，与 UNDP-MPI 多项指标相符合。综上所述，本节以 UNDP-MPI 为基础，参考文献［6-9］的设定标准，以及其他文献进行调整。

表 8-4 展示了本节在 4 个维度选取的 9 项指标，并给出了各指标的临界剥夺值。

表 8-4　多维贫困指标的临界剥夺值

维度	指标	临界剥夺值
收入	人均家庭纯收入	低于 2016 人均收入贫困线 3000 元
健康	医疗保险	家中至少一个 7 岁以上的成员未参加任何医疗保险
	健康状况	家庭成员的平均自评健康状况较差
教育	成人受教育程度	家庭成人平均受教育年限少于 6 年
	儿童受教育程度	任意 7～15 岁儿童辍学
生活水平	通电情况	家中不通电
	做饭用水	饮用水非自来水、桶装水/纯净水/过滤水
	炊事燃料	常用做饭燃料为非清洁燃料，如柴草、煤炭
	耐用品资产	无任何家庭耐用消费品资产

下面从收入、健康、教育、生活水平 4 个维度解释各指标的选取依据，并结合 CFPS2016 数据集中家庭的属性对各指标临界剥夺值进行说明。由于 CFPS2016 数据集中现有属性与多维贫困指标的需求不完全一致，需基于 CFPS2016 数据集现有属性进行转化。

1. 收入

人均家庭纯收入：文献［10］测算了单一收入贫困家庭的多维贫困指数，发现陷入收入贫困的家庭往往伴随着其他维度的贫困。文献［10-11］指出，尽管多年来以收入衡量的贫困在不断下降，但是收入仍然是多维贫困的重要维度之一。该指标对应的家庭样本属性值由其全部家庭纯收入属性的取值除以人口数得到。根据 2016 年我国的贫困线，取 3000 元为标准线，如果该属性值低于 3000，则此项指标被剥夺。在具体计算中，将该指标赋值为 1；否则，赋值为 0。

2. 健康

①医疗保险：适当提高城乡居民基本医疗保险财政补助和个人缴费标准，提高城乡居民基本医保、大病保险、医疗救助经办服务水平，地级市域范围内实现"一站式服务、一窗口办理、一单制结算"[4]。在对该指标进行测度时，根据儿童和成人数据表统计家庭成员的医疗保险状况，如果家中有人没有医疗保险，则此项指标被剥夺，赋值为1；否则，赋值为0。

②健康状况：办好县级医院，推进标准化乡镇卫生院建设，改造提升村卫生室，消除医疗服务空白点，稳步推进紧密型县城医疗卫生共同体建设[4]。在对该指标进行测度时，根据儿童和成人数据表统计家庭成员的健康状况，如果家中有人的健康状况为较差，则此项指标被剥夺，赋值为1；否则，赋值为0。

3. 教育

①成人受教育程度：教育不仅对儿童有巨大作用，对于成人也是一样。文献[12]调研了儿童贫困问题，具体为利用 A-F 法，运用 CFPS 数据库调查我国儿童多维贫困程度。其中，文献谈及父母受教育程度对孩子的影响：父母的受教育程度和素质是影响儿童未来的重要内部因素，受教育程度较高的父母更有可能选择让孩子继续接受教育，也理解教育可能的潜在收益，并可以在孩子学习方面提供帮助和辅导。在对成人教育进行测度时，根据成人数据表统计成人受教育年限，并计算家庭成人平均受教育年限。如果家庭成人平均受教育年限小于6年，则此项指标被剥夺，赋值为1；否则，赋值为0。

②适龄儿童入学，在贫困家庭中推广义务教育一直是我国扶贫工作的重点，农民工随迁子女上学问题也已引起广泛关注，在对多维贫困进行测度时，应对适龄儿童的入学情况予以重视。在对适龄儿童入学进行测度时，根据儿童数据表统计孩子的在学状态，若家庭中有儿童处于不上学状态，则此项指标被剥夺，赋值为1；否则，赋值为0。

4. 生活水平

①通电情况：电力是居民的一项基本生活保障。在 A-F 法中以是否通电为标准测度各家庭样本的贫困程度。该指标根据家庭的每月电费属性进行测度，如果家庭每月电费为0元，则将该家庭归于没有通电的一类，此项指标被剥夺，赋值为1；否则，赋值为0。

②做饭用水：统筹布局农村饮水基础设施建设，在人口相对集中的地区推进规模化供水工程建设[4]，是全面完成农村饮水安全巩固提升工程任务。该任务可根据家庭的做饭用水属性进行测度，如果家中使用的不是自来水、桶装水或纯净水，则此项指标被剥夺，赋值为1；否则，赋值为0。

③炊事燃料：联合国在千年发展目标中纳入该指标，证实了其与贫困的关联性。另外，文献[13]以连片特困地区围观农户调查数据为基础，运用 A-F 指数及 BP 神经网络法测度贫困地区农户的多维贫困情况。其中，文献指出 67.6% 的农户没有清洁的做饭燃料，因此，该问题值得重视。该指标根据家庭的炊事燃料属性进行测度，如果家中使用非清洁能源例如

柴草、煤炭等，则此项指标被剥夺，赋值为 1；否则，赋值为 0。

④耐用品资产：耐用品与经济实力、生活状态挂钩。该指标可根据家庭的耐用品资产属性进行测度，如果家中没有耐用品资产，则此项指标被剥夺，赋值为 1；否则，赋值为 0。

8.3.3　基于层次分析法的多维贫困指标权重计算

为了计算家庭的多维贫困剥夺分值，需要根据指标与脱贫的关联度赋予其相应的权重，并进行加权求和。UNDP-MPI 采用维度等权的方法，赋予教育、健康和生活水平 3 个维度相同的权重，再使同一维度下的指标等权化。对于该方法，有学者持批判态度。文献［11］指出多维贫困指标权重的设定一般都是人为武断地赋予相同数值，这种武断的做法受到贫困测量专家的一致批评。这是因为等权的赋值方法虽然简便、易于操作，但该方法得出的结果并不符合客观事实。

本节运用层次分析法（The Analytic Hierarchy Process，AHP）进行多维贫困指标权重的计算。该方法是由美国运筹学家 T. L. Satty 教授制定的，常用于解决复杂系统的权重分配以及难以完全定量分析的问题。层次分析法是一种主观结合客观的赋权方法，其成效较大程度依赖于主观判断。因此，在运用该方法的时候，往往采取专家评价的方式，即邀请多位专家、发送评价表，经填写回收后进行平均处理，进而在较大程度上提高评价的合理性。另外，专家的意见对贫困问题具有较强的针对性。因此，在多维贫困这样的复杂问题面前，AHP 法具有一定的优势。

AHP 法将评价指标分为 3 个层次：目标层、准则层、方案层，并基于此构建层次结构模型。随后构建判断矩阵，并进行层次排序和一致性检验。其中，有两个核心步骤：构建判断矩阵和一致性检验。构建判断矩阵是通过指标的两两比较进行确定，是获取权重的根本依据。一致性检验则是通过理论计算进行，该步骤能有效避免内部评价矛盾。AHP 方法主观性较强，因此结果不会与事实产生明显相悖。具体判断过程中，往往参考 T. L. Satty 教授提出的九级比例标尺，如表 8-5 所示。

表 8-5　AHP 评价尺度

标度	含义
1	两个指标相比，具有同样重要性
3	两个指标相比，一个指标比另一个指标稍微重要
5	两个指标相比，一个指标比另一个指标明显重要
7	两个指标相比，一个指标比另一个指标强烈重要
9	两个指标相比，一个指标比另一个指标极端重要
2，4，6，8	上述两相邻判断的中值
倒数	指标 i 与 j 比较的判断为 a_{ij}，则指标 j 与 i 比较的判断为 $a_{ji}=1/a_{ij}$

该九级比例标尺的标度为 1、3、5、7、9，介于其中的折中值为 2、4、6、8。两指标

相比，标度为 1，则意味着前者与后者具有相同重要性；标度为 3，则意味着前者比后者稍微重要；标度为 5，则意味着前者比后者明显重要；标度为 7，则意味着前者比后者强烈重要；标度为 9，则意味着前者比后者极端重要；标度 2、4、6、8 则表示上述相邻判断的中值。若指标 i 与指标 j 相比，得出标度 a_{ij}，则指标 j 与指标 i 相比，得出标度 $\dfrac{1}{a_{ij}}$。

采用层次分析法进行多维贫困指标权重计算的过程具体分为 4 步：构建层次结构模型、构建判断矩阵、计算多维贫困各指标权重、一致性检验。下面对各步骤的具体内容进行详细介绍。

1. 构建层次结构模型

该步骤用于厘清总体结构层次关系，以便权重分配。如前文所述，AHP 对应 3 层结构，目标层、准则层、方案层。基于本节目标可知，贫困识别作为目标层，维度作为准则层，指标作为方案层。但由于维度结构下指标较少，不适合运用 AHP 层次分析法，故去掉准则层。如图 8-4 所示，目标层为贫困识别；准则层为所有选取的指标：人均家庭纯收入、医疗保险、健康状况、成人受教育程度、儿童受教育程度、通电情况、做饭用水、炊事燃料、耐用品资产。

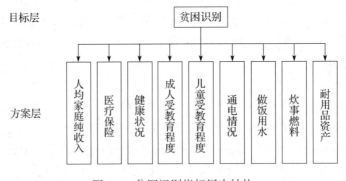

图 8-4　贫困识别指标层次结构

2. 构建判断矩阵

AHP 的权值计算结果依赖于判断矩阵的构建。假设 $\boldsymbol{A}=[a_{ij}]\in\mathbb{R}^{s\times s}$ 表示针对 s 项指标的判断矩阵，基于 8.3.2 节的论述，本节共选取 9 项多维贫困指标，分别是：人均家庭纯收入、医疗保险、健康状况、成人受教育程度、儿童受教育程度、通电情况、做饭用水、炊事燃料、耐用品资产，故 $s=9$。对于矩阵 $\boldsymbol{A}$ 中的元素 a_{ij}，需要参考比例标尺，即通过比较第 i 个指标与第 j 个指标的重要性，得到对应的标度，所得结果即 a_{ij}。

AHP 的判断矩阵很大程度上取决于判断人员的判断能力。本节所研究的多维贫困问题与我国推行的脱贫攻坚战步调一致，因此，可以参考"一号文件"，借鉴我国政府的决策提高判断的准确性。在具体比较时，需要将主观评价结果转化成客观结果，通常需参考前文所述的九级比例标尺或在其基础上进行改进。

由此可见，判断矩阵还会受到比例标尺合理性的影响，包括标度方法、标度值形式与大小合理性的影响。由于在识别多维贫困家庭时，各指标的重要度差异并不明显，故根据文献［14］采用改进的 9/9 ～ 9/1 标度。如表 8-6 所示，相较于表 8-5 中的传统 AHP 评价尺度，改进的评价尺度在两指标重要性相差较小时的标度更加细致。例如，若一个指标比另一指标稍微重要，传统 AHP 评价尺度的标度为 3，而改进的评价尺度的标度为 9/7；若一个指标比另一个明显重要，传统 AHP 评价尺度的标度为 5，而改进的评价尺度的标度为 9/5。得益于上述细致的标度，基于改进的 AHP 评价尺度所得的权重在各指标之间更加均衡。

表 8-6　改进的 AHP 评价尺度

标度	含义
9/9	两个指标相比，具有同样重要性
9/7	两个指标相比，一个指标比另一个指标稍微重要
9/5	两个指标相比，一个指标比另一个指标明显重要
9/3	两个指标相比，一个指标比另一个指标强烈重要
9/1	两个指标相比，一个指标比另一个指标极端重要
9/8，9/6，9/4，9/2	上述两相邻判断的中值
倒数	指标 i 与 j 比较的判断 a_{ij}，则指标 j 与 i 比较的判断 $a_{ji}=1/a_{ij}$

经上述过程，所得判断矩阵如式（8-1）所示。

$$A=\begin{bmatrix} 1.00 & 1.29 & 1.80 & 3.00 & 1.50 & 4.50 & 1.50 & 4.50 & 1.50 \\ 0.78 & 1.00 & 1.13 & 1.50 & 1.13 & 3.00 & 1.13 & 3.00 & 1.13 \\ 0.56 & 0.89 & 1.00 & 1.29 & 0.89 & 1.80 & 0.89 & 1.80 & 0.89 \\ 0.33 & 0.67 & 0.78 & 1.00 & 0.67 & 1.29 & 0.44 & 1.29 & 0.56 \\ 0.67 & 0.89 & 1.13 & 1.50 & 1.00 & 2.25 & 0.89 & 1.80 & 1.13 \\ 0.22 & 0.33 & 0.56 & 0.78 & 0.44 & 1.00 & 0.44 & 1.13 & 0.44 \\ 0.67 & 0.89 & 1.13 & 2.25 & 1.13 & 2.25 & 1.00 & 1.80 & 0.89 \\ 0.22 & 0.33 & 0.56 & 0.78 & 0.56 & 0.89 & 0.56 & 1.00 & 0.56 \\ 0.67 & 0.89 & 1.13 & 1.80 & 0.89 & 2.25 & 1.33 & 1.80 & 1.00 \end{bmatrix} \qquad (8\text{-}1)$$

3. 计算多维贫困各指标权重

此步骤根据判断矩阵，求解各多维指标权重。层次分析法中权重计算方法有 4 种：几何平均法、算术平均法、特征向量法、最小二乘法。这 4 种计算方法得出的权重向量一般比较接近，本节采用算数平均法计算权重。

算数平均法的计算步骤分为如下两步。

（1）判断矩阵的元素按列归一化，如式（8-2）所示：

$$a_{ij} = \frac{a_{ij}}{\displaystyle\sum_{k-1}^{s} a_{kj}} \qquad (8\text{-}2)$$

（2）将归一化后的各列按行相加，其平均值即各指标对应的权重。

综上，权重计算公式如式（8-3）所示：

$$w_i = \frac{1}{s}\sum_{j=1}^{s}\left(\frac{a_{ij}}{\sum_{k=1}^{s}a_{kj}}\right), \quad i = 1,\ 2,\ \cdots,\ s \tag{8-3}$$

式（8-3）中，w_i 表示第 i 个指标的权重，a_{ij} 表示指标 i 比较指标 j 所得的标度。根据上述步骤计算权重的过程如下。

（1）判断矩阵归一化

设判断矩阵按列归一化后所得矩阵为 $\boldsymbol{B}$，基于式（8-2）所求得的矩阵 $\boldsymbol{B}$ 如式（8-4）所示：

$$\boldsymbol{B}=\begin{bmatrix} 0.1957 & 0.1792 & 0.1959 & 0.2160 & 0.1831 & 0.2341 & 0.1882 & 0.2485 & 0.1856 \\ 0.1522 & 0.1394 & 0.1244 & 0.1080 & 0.1373 & 0.1561 & 0.1411 & 0.1656 & 0.1392 \\ 0.1087 & 0.1239 & 0.1088 & 0.0926 & 0.1085 & 0.0936 & 0.1115 & 0.0994 & 0.1100 \\ 0.0652 & 0.0929 & 0.0846 & 0.0720 & 0.0814 & 0.0669 & 0.0557 & 0.0710 & 0.0687 \\ 0.1304 & 0.1239 & 0.1224 & 0.1080 & 0.1220 & 0.1170 & 0.1115 & 0.0994 & 0.1392 \\ 0.0435 & 0.0465 & 0.0605 & 0.0560 & 0.0542 & 0.0520 & 0.0557 & 0.0621 & 0.0550 \\ 0.1304 & 0.1239 & 0.1224 & 0.1620 & 0.1373 & 0.1170 & 0.1254 & 0.0994 & 0.1100 \\ 0.0435 & 0.0465 & 0.0605 & 0.0560 & 0.0678 & 0.0462 & 0.0697 & 0.0552 & 0.0687 \\ 0.1304 & 0.1239 & 0.1224 & 0.1296 & 0.1085 & 0.1170 & 0.1411 & 0.0994 & 0.1237 \end{bmatrix} \tag{8-4}$$

（2）指标权重求解

基于式（8-3）求解各指标的权重，结果如表 8-7 所示。其中，$w_i(i=1,\ 2,\ \cdots,\ 9)$ 分别代表各多维贫困指标的权重。具体而言，w_1 为人均家庭纯收入；w_2 为医疗保险；w_3 为健康状况；w_4 为成人受教育程度；w_5 为儿童受教育程度；w_6 为通电情况；w_7 为做饭用水；w_8 为炊事燃料；w_9 为耐用品资产。

由表 8-7 可见，权重最大的是人均家庭收入指标，权值为 0.203；然后，依次是医疗保险、做饭用水、耐用品资产、儿童受教育以及健康状况等指标，这些指标的权值相近，在 0.1 ~ 0.14 之间；而权重较小的则是成人受教育程度、通电情况、炊事燃料，这些指标的权值虽小，但也都保持在 0.05 以上，对多维贫困的测定存在一定的影响。

表 8-7 算数平均法求得权重

多维贫困指标	w_1	w_2	w_3	w_4	w_5	w_6	w_7	w_8	w_9
权重	0.203	0.140	0.106	0.073	0.119	0.054	0.125	0.057	0.122

4. 一致性检验

一致性检验用于检验判断矩阵本身是否存在问题。如果指标 a 与指标 b 相比，得到标

度 m_1，而指标 b 与指标 c 相比，得到标度 m_2，那么指标 a 与指标 c 相比就应当得到指标 $m_1 \times m_2$，否则会出现不一致。但是，在一致性检验时，允许出现轻微的不一致，而判断该不一致性程度是否超出限度则要计算一致性指标（Consistency Index，CI）与随机一致性指标（Random consistency Index，RI）的比值 CI/RI，记作 CR。如果 CR < 0.1，则认为不一致性程度未超出限度，一致性检验通过。其中，CI 计算公式如式（8-5）所示。

$$CI = \frac{\lambda_{max} - s}{s - 1} \qquad (8-5)$$

式（8-5）中，λ_{max} 表示判断矩阵最大特征根。此外，RI 的取值则需要参考随机一致性指标对应阶数表，如表 8-8 所示。由表 8-8 可知，当阶数为 9 时，RI 取值为 1.45。

表 8-8　随机一致性指标对应阶数

判断矩阵阶数	RI 取值	判断矩阵阶数	RI 取值
1，2	0	6	1.24
3	0.58	7	1.32
4	0.89	8	1.41
5	1.12	9	1.45

下面根据归一化后的判断矩阵进行一致性检验。首先，计算 λ_{max}，如式（8-6）所示：

$$\lambda_{max} = \frac{1}{s} \sum_{i=1}^{s} \frac{(AW)_i}{w_i}, \quad i = 1, 2, \cdots, n \qquad (8-6)$$

式（8-6）中，W 为个指标权重组成的向量，$(AW)_i$ 表示矩阵 A 乘以矩阵 W 所得结果的第 i 个分量。由式（8-6）可得，$\lambda_{max} \approx 9.064$，此处保留小数点后三位有效数字。随后，将 λ_{max} 代入式（8-5），得到 CI = 0.008。由此得到，CR=CI/RI ≈ 0.006。综上，计算得出 CR<0.1，一致性检验通过。

8.3.4　CFPS2016 数据集的多维贫困家庭识别

本节基于 CFPS2016 数据集，根据 8.3.2 节选定的多维贫困维度指标以及确定的多维贫困指标临界剥夺值，依照 8.3.3 节求得的各指标权重计算各个家庭的多维贫困剥夺分值等属性。通过多维贫困剥夺分值与贫困临界值 ε 的比较，划分出多维贫困家庭，并对结果进行分析。具体将分为以下两步进行：基于单个指标识别家庭是否处于单维贫困；基于全体指标识别家庭是否处于多维贫困。

1. 基于单个指标识别家庭是否处于单维贫困

根据 8.3.2 选定的多维贫困指标及各指标的临界剥夺值对 14 019 户家庭进行分析。首先计算各个指标的平均多维贫困剥夺分值，即在各指标处于单维贫困的家庭占全部家庭的比例。随后，计算各指标对于多维贫困测度的贡献率。该贡献率是指单个指标平均多维贫困剥夺分值占所有指标平均多维贫困剥夺分值总和的比例。各指标按其多维贫困贡献率的排序情况如表 8-9 所示。

表 8-9　多维贫困指标中每个维度的贫困信息

指标	多维贫困贡献率	平均多维贫困剥夺分值
炊事燃料	0.234155	0.319923
成人受教育程度	0.231388	0.316142
做饭用水	0.186750	0.255154
医疗保险	0.148220	0.202511
耐用品资产	0.073144	0.099935
人均家庭纯收入	0.063015	0.086097
身体情况	0.041453	0.056637
通电情况	0.017437	0.023824
儿童受教育情况	0.004437	0.006063

其中，炊事燃料指标和成人受教育程度指标的多维贫困贡献率较高，儿童受教育情况指标和通电情况指标的多维贫困贡献率偏低。炊事燃料与生活息息相关，有效地反映了贫困家庭较低的生活水平，故占有较大的贡献率。成人受教育程度对其工作收入存在直接影响，因此成人受教育水平偏低也是导致其家庭处于贫困状态的重要原因。由于儿童相比成人具有更强的可塑性和潜力，我国较为重视儿童的受教育情况，义务教育的推行使得全国各地适龄儿童能够得到良好的教育，这使得该指标的贡献率较低。而通电情况的多维贫困贡献率低则是因为我国大力推行电网建设，现在仍未通电的家庭相对较少，在 CFPS2016 数据集中，仅有 2.38% 的家庭尚未通电，因而该指标对总体贫困情况的贡献率较小。

2. 基于全体指标识别家庭是否处于多维贫困

该步骤为计算每户家庭的多维贫困剥夺分值，并以此划分多维贫困家庭。根据 8.3.2 节描述的临界剥夺值，对每一户家庭的各个指标进行分析。如果指标被剥夺，该家庭在该指标的值为 1。随后，将上述赋值与 8.3.3 节描述的指标权重相乘，并对每个家庭 9 个指标对应结果进行加和，得到多维贫困剥夺分值。对于剥夺分值大于等于 0.3 的家庭，判定为多维贫困家庭。

基于 CFPS2016 数据集的实验结果显示，在 14 019 户家庭中，有 1887 户家庭处于多维贫困。如若采取指标等权重法计算权重，则有 2585 户家庭被识别为多维贫困家庭。由此可见，A-F 方法的测定结果受指标权重因素的影响较大。一方面，从宏观角度分析，采取层次分析法分析指标权重，能够较好地突出对于脱贫更为重要的部分指标。因此，单从权重的角度讲，AHP 方法比等权重法更有说服力。另一方面，从微观角度分析，以常用于衡量贫困情况的收入贫困作为切入点，发现仍存在 3 户年均收入过 10 万却被划分为多维贫困的情况。具体分析，发现其中 2 户虽然有较高的收入，却家中有人没有购置医保；1 户的成人受教育水平偏低；1 户存在未入学的适龄儿童；2 户使用的是不清洁的能源，例如柴草、煤炭等；2 户使用的是不清洁水源；1 户未购置汽车等的耐用品资产。但是，该种异常情况较为罕见，且情况通常比较特殊。因此，可以认为，该多维贫困划分结果比较符合实际贫困情况。

8.4　基于聚类算法的贫困家庭类别划分

在目前的研究方法中，大多学者根据贫困标准将受访家庭划分为贫困和非贫困状态，继而针对贫困家庭展开针对性分析。然而，我国贫困结构复杂，贫困家庭分布范围较广，不同地区的贫困家庭所处的贫困现状不尽相同，贫困家庭群体内部的致贫原因既存在相似性，也存在差异性。在扶贫过程中，如何根据贫困家庭的共性和差异性将其划分为不同的贫困群体，并针对每个群体制定适宜的帮扶对策，是本节关注和研究的重点。在机器学习领域，聚类算法能够将特征相近的样本划归到相同的类别。本节采用聚类算法对 CFPS2016 数据集的贫困家庭数据实行合理划分，以识别不同的贫困家庭状态，借此辅助贫困帮扶措施的制定与实施。

8.4.1　层次聚类算法

在人口调查过程中，受访家庭的选择具有随机性，各受访家庭样本在样本空间中的分布不规则。此外，贫困家庭样本来源广泛，在类别划分之前无法确切得知贫困家庭的类别数量。因此，在对贫困家庭样本聚类时，需对上述限制条件合理应对。目前，常用的聚类方法主要包括 K 均值聚类、基于密度的聚类、谱聚类、层次聚类等。K 均值聚类算法基于划分实现聚类，其将每个样本划到距该样本最近的聚类中心所在的簇中，接着通过簇内样本的均值更新聚类中心，并由此反复迭代直至聚类结束。此方法简单易行，但需预先设定聚类数目和初始聚类中心，且不适用于非凸数据集。基于密度且带噪声的空间聚类（Density-Based Spatial Clustering of Applications with Noise，DBSCAN）是一类常见的密度聚类方法，其将簇定义为密度相连样本的最大集合，并将具有高密度的样本区域划分为一个簇，以此在噪声空间内发现任意形状的簇。然而，在 DBSCAN 算法中超参数数量较多，其初始值的设置对聚类结果有较大影响，且不适用于具有不同密度分布的数据集。谱聚类算法首先将高维空间的样本映射到低维空间，然后采用 K 均值聚类算法对低维空间的样本进行聚类，从而反映出高维空间样本的集群结构。此方法使用了降维的技术，所以更加适用于高维数据的聚类，但其仅能处理各类样本数量均衡的聚类问题，贫困家庭样本分布不规则，极可能出现类间样本数量不平衡的现象，在聚类时不宜采用此方法。凝聚型层次聚类（Hierarchical Agglomerative Clustering，HAC）算法将每个样本视为单独的簇，接着不断合并最相似的两个簇以构成新簇。该方法无须设定初始聚类中心，且在聚类结束之前无须设置所得类别数量。在对分布形状和类别数目不确定的贫困家庭样本进行聚类时，此方法具备一定的优势。

凝聚型层次聚类将每个样本视为一个单独的簇，通过度量样本的相似度找到最相似两个簇以合并为新簇。该方法将每个簇作为一个样本的集合，通过簇间的距离度量两个簇内样本的相似度。常用的簇间距离有 3 种——平均距离、最小距离和最大距离。假设 $\boldsymbol{X} = [x_{ij}] \in \mathbb{R}^{n \times s}$ 表示样本数量为 n，属性数量为 s 的数据集，其中第 i 个样本为 $\boldsymbol{x}_i = [x_{i1}, x_{i2}, \cdots, x_{is}]^{\mathrm{T}} (i = 1, 2, \cdots, n)$，对于簇 C_p、C_q，其平均距离、最小距离和最大距离依次表示如式（8-7）、式（8-8）和式（8-9）所示：

$$d_{avg}(C_p, C_q) = \frac{1}{|C_p||C_q|} \sum_{x_i \in C_p} \sum_{x_l \in C_q} d(\boldsymbol{x}_i, \boldsymbol{x}_l) \tag{8-7}$$

$$d_{min}(C_p, C_q) = \min\{d(\boldsymbol{x}_i, \boldsymbol{x}_l) | \boldsymbol{x}_i \in C_p, \boldsymbol{x}_l \in C_q\} \tag{8-8}$$

$$d_{max}(C_p, C_q) = \max\{d(\boldsymbol{x}_i, \boldsymbol{x}_l) | \boldsymbol{x}_i \in C_p, \boldsymbol{x}_l \in C_q\} \tag{8-9}$$

其中，$|C_p|$ 和 $|C_q|$ 分别表示两个簇中的样本数量，$d(\boldsymbol{x}_i, \boldsymbol{x}_l)$ 表示样本 $\boldsymbol{x}_i$ 与 $\boldsymbol{x}_l$ 间的距离。使用层次聚类算法对贫困家庭数据集进行划分的实施方案如表 8-10 所示。实验中采用平均距离度量簇间距离。

表 8-10　层次聚类算法实施方案

输入：数据集 X；簇间距离阈值 d_{thr}
输出：聚类簇集合 $C=\{C_1, C_2, \cdots, C_K\}$
1.　**For** $i = 1, 2, \cdots, n$ **do**
2.　　$C_i = \{x_i\}$
3.　**End**
4.　$K = n$
5.　初始化距离矩阵 $\boldsymbol{D} = [d_{il}] \in R^{n \times n}$
6.　**For** $i = 1, 2, \cdots, n$ **do**
7.　　**For** $l = 1, 2, \cdots, n$ **do**
8.　　　$d_{il} = \text{dist}(x_i, x_l)$
9.　　　$d_{li} = d_{il}$
10.　　**End**
11.　**End**
12.　**While** 距离矩阵 $\boldsymbol{D}$ 中元素小于 d_{thr} **do**
13.　　找出距离最近的两个簇 C_p 和 C_q
14.　　将 C_q 合并到 C_p
15.　　将 $C_{q+1}, C_{q+2}, \cdots, C_K$ 重新编号为 $C_q, C_{q+1}, \cdots, C_{K-1}$
16.　　删除距离矩阵 $\boldsymbol{D}$ 的第 q 行和第 q 列
17.　　$K = K-1$
18.　　**For** $l = 1, 2, \cdots, K$ **do**
19.　　　$d_{pl} = \text{dist}(x_p, x_l)$
20.　　　$d_{lp} = d_{pl}$
21.　　**End**
22.　**End**
23.　**Return** 聚类簇集合 $C=\{C_1, C_2, \cdots, C_K\}$

8.4.2　贫困家庭聚类

本节首先对比层次聚类算法、K 均值聚类算法、谱聚类算法在 CFPS2016 数据集上的聚类精度，验证其在处理贫困家庭样本聚类问题方面的优越性。3 种方法分别简记为 HAC、K-Means 和 SpeC。随后，提供基于层次聚类算法所得聚类簇的具体信息。

1. 评价指标

实验采用轮廓系数（Silhouette Coefficient，SC）和戴维森堡丁指数（Davies-Bouldin Index，DBI）衡量聚类性能。轮廓系数的定义如式（8-10）所示：

$$SC = \frac{1}{n}\sum_{i=1}^{n}\frac{b(i)-a(i)}{\max\{a(i),b(i)\}} \tag{8-10}$$

式（8-10）中，n 表示样本总数；$a(i)$ 表示样本 x_i 到所属簇中所有其他样本的平均距离，体现内聚类的凝聚度；$b(i)$ 表示样本 x_i 到任一其他簇中所有样本平均距离的最小值，体现聚类的分离度。SC 取值越大，聚类性能越高。

戴维森堡丁指数的定义如式（8-11）所示：

$$DBI = \frac{1}{K}\sum_{i,j=1}^{K}\max_{i\neq j}\left(\frac{\overline{S}_i-\overline{S}_j}{d(c_i,c_j)}\right) \tag{8-11}$$

式（8-11）中，K 表示聚类簇数量；$\overline{S}_i$ 和 $\overline{S}_j$ 表示簇内样本到聚类中心的平均距离；c_i、c_j 分别表示两个簇的聚类中心；$d(c_i,c_j)$ 表示两簇中心的距离。DBI 取值越小，聚类性能越高。

2. 对比方法

本节分别使用 3 种聚类算法对贫困家庭样本进行聚类，并对比其聚类精度。除层次聚类算法外，其他两种算法描述如下：

① K-Means：如 8.4.1 节所述，此方法将样本划分到最近聚类中心所在的簇中，并根据聚类结果调整聚类中心。重复上述迭代，直到聚类簇的数量等于设定的参数 K。

② SpeC：如 8.4.1 节所述，此方法将贫困家庭样本映射到低维空间，采用 K 均值聚类算法对低维空间的样本聚类，从而反映高维样本的聚类结果。

3. 贫困家庭类别划分结果

对 CFPS2016 数据集的 1887 户贫困家庭展开聚类，进而识别不同贫困家庭类别。表 8-11 为 3 种聚类算法基于 CFPS2016 数据集中的贫困家庭得到的指标值，其中，最优结果已加粗显示。

表 8-11　基于 CFPS2016 数据集的聚类指标值

Metric	K-Means	SpeC	HAC
SC	0.284	0.300	**0.354**
DBI	0.096	0.093	**0.082**

由表 8-11 可知，HAC 算法的轮廓系数和戴维森堡丁指数均优于 K-Means 算法和 SpeC 算法，可见 HAC 算法较为适用于对贫困家庭样本进行聚类。基于 HAC 算法获得的聚类结果如表 8-12 所示。若聚类簇中的样本数量小于 10，则该簇内样本被归为噪声样本。

表 8-12 基于层次聚类算法的聚类结果

类别标签	1	2	3	4	5	6	7	8	9	10	噪声
样本数量	42	161	30	32	363	651	204	36	312	21	35

8.5 贫困家庭典型特征分析

在精准扶贫政策下，针对各类贫困家庭所面临的问题，目前已经提出了很多扶贫方案，如产业扶贫、教育扶贫、健康扶贫、扶贫扶志等。而由于贫困家庭的特征众多，传统的方法很难准确分析出各类贫困家庭面临的主要问题。在机器学习领域，特征选择算法在处理高维度数据集上具有良好的表现。本节通过特征选择算法分析各类贫困家庭样本的主要特点，为针对性地解决各类贫困家庭面临的主要问题提供数据基础。

8.5.1 多重聚类特征选择算法

在机器学习领域，常见的特征选择算法包括过滤式特征选择、包裹式特征选择和嵌入式特征选择。过滤式特征选择通常依赖于特征的数值属性，通过计算每个特征的得分来对特征进行排名。作为一种典型的过滤式特征选择，Relief 通过同类最近邻和异类最近邻的距离之差度量特征对于分类的重要性，从而选择有益于分类的特征。从信息增益的角度分析，CART 决策树采用基尼指数衡量特征的纯度，从而选择纯度较高、对分类增益较大的特征。此类方法在特征选择的过程中往往忽视了特征之间的相关性，致使所选特征的质量不高。包裹式特征选择在算法中考虑后续的学习器，以学习器的性能为特征选择的评价标准。其通常以迭代的方式选择特征，每轮迭代中随机产生特征子集，并通过学习器的输出对子集进行评价，最终保留学习器性能最佳的子集并将其作为特征选择结果。此类方法的时间复杂度较高，而 CFPS2016 数据集规模较大，因此不便采用此类方法。嵌入式特征选择采用同时进行选择特征与学习器训练的方法，并且加入特征排序以降低算法的时间复杂度。此类方法在选择高质量特征的同时保持了较低的时间复杂度，适用于分析各类贫困家庭的典型特征。

多重聚类特征选择是一种常用的嵌入式特征选择算法[15]。该方法首先采用谱聚类对样本进行划分，随后根据样本的聚类标签训练分类器，从而选择分类过程中权重较大的特征作为特征选择结果。根据 8.4.1 节中的描述，谱聚类算法仅能处理各类样本数量均衡的聚类问题，不适用于样本分布不规则的贫困家庭数据集，故本节基于层次聚类算法获得样本类别标签训练分类器。假设 $X = [x_{ij}] \in \mathbb{R}^{n \times s}$ 表示样本数量为 n，属性数量为 s 的数据集，其中各样本类别标签的集合为 $Y = [y_1, y_2, \cdots, y_n]^T$。在训练分类器时，利用 l_1 范数稀疏化权重矩阵的特性，在分类器的损失函数中添加 l_1 正则化项，改进后的分类器损失函数如式（8-12）所示：

$$L = \| Y - XW \|^2 + \beta \| W \|_1 \tag{8-12}$$

式（8-12）中，W 为权重矩阵，$\| W \|_1$ 为矩阵的 l_1 范数，β 为正则化项系数。l_1 正则化

稀疏权重矩阵的原理如图 8-5 所示。

以权重矩阵中的两个权值 w_1 和 w_2 为例，图 8-5 中横坐标为 w_1，纵坐标为 w_2，则图中的椭圆表示 $\| Y - XW \|^2$ 的等值线，方形表示 $\beta \| W \|_1$ 的等值线。以最小化损失函数为优化目标，图中正则化的图形与等值线相交的地方即优化目标的最优解。可以直观的看出，方形的棱角突出，等值线接触棱角的机会远大于二者相交于其他边线的机会。这些棱角上常会出现权值为 0 的情况，因此，在损失函数中添加权重矩阵的 l_1 范数会使权重矩阵稀疏化。分类器训练结束后，将特征的权重由大到小排列，较大的权重对应的特征即为特征选择结果。

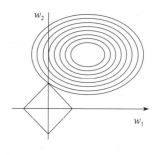

图 8-5　l_1 正则化

采用 MCFS 算法对 CFPS2016 数据集中不同类别贫困家庭的特征进行度量与分析，主要考察这些家庭的指标特征与非贫困家庭的差别。实验中，将非贫困家庭各项特征的数值作为衡量贫困程度的基准，以度量贫困家庭在各特征上与非贫困家庭的差距。在分析每一类贫困家庭的典型特征时，将该类贫困家庭与非贫困家庭组合成一个临时数据集 $X' = [x_{ij}] \in \mathbb{R}^{n' \times s}$，其中样本数量为 n'，属性数量为 s，该数据集对应的类别标签集合为 $Y' = [y_1, \ y_2, \ \cdots, \ y_{n'}]^T$。通过 MCFS 算法对该数据集进行特征选择，即该算法参照分类器中特征的权重大小进行选择。权重代表了特征对分类的贡献，特征对分类的贡献越大，表明此类贫困家庭在该特征上与非贫困家庭的差距越显著。其具体实施方案如表 8-13 所示。

表 8-13　多重聚类特征选择算法实施方案

输入：数据集 X'；类别标签集 Y'
输出：被选特征名称；
1. 初始化分类器参数，其损失函数如式（8-12）所示。
2. 设定迭代终止阈值 ε
3. 将数据集 X' 与类别标签集 Y' 传入分类器
4. **While** 相邻两次迭代的损失函数值之差 $> \varepsilon$ **do**
5. 基于 X' 中的样本及其类别标签训练分类器
6. **End**
7. 获取分类器中各特征的权重
8. 根据权重对特征降序排列
9. 获取排在前 10 的特征作为被选特征
10. **Return** 被选特征名称

8.5.2　贫困家庭典型特征选择

本节采用表 8-13 中的特征选择算法实施方案对各类贫困家庭的典型特征进行分析。根据表 8-12 所示的各类贫困家庭的样本数量，首先关注到规模较大、样本数量较多的贫困家庭类别。以第 5 类、第 6 类贫困家庭为例，表 8-14、表 8-15 分别列出了两类贫困家庭的典型特征，同时给出了贫困家庭和非贫困家庭在各特征上的平均值。

表 8-14　第 5 类贫困家庭的典型特征分析

贫困家庭典型特征	特征权重	贫困家庭均值	非贫困家庭均值
1. 您家现住房归谁所有	0.118129	6.56474	4.97674
2. 外貌	0.113000	4.72727	6.12403
3. 衣装整洁程度	0.060167	4.73829	6.15504
4. 年龄	0.057451	50.3302	32.8025
5. 过去 12 个月其他费用（元）	0.038147	18.3563	15.5039
6. 职业威望：ISEI Code	0.028635	26.5040	40.8941
7. 每周工作时间（小时）	0.022070	10.1209	28.6857
8. 物业费（元）	0.019116	9.89776	329.911
9. 每月电费	0.017863	57.5551	91.1473
10. 每月公付手机费（元）	0.013488	1.07075	6.44864

表 8-14 中，贫困家庭典型特征按照其在分类时的特征权重由大到小依次排列，特征越排前列，表明贫困家庭与非贫困家庭在此特征上的差异越显著，在减贫工作中应受到更多的关注。对于第 5 类贫困家庭，第 1 项特征为"您家现住房归谁所有"，由贫困家庭和非贫困家庭在此项特征的均值可知此类贫困家庭的房屋产权多为家庭成员所有，而结合第 8 项特征可见，虽然此类家庭的居住问题已得到了有效保障，但住房条件、物业服务条件有限。第 2 项、第 3 项特征表明此类贫困家庭成员的衣着外貌整洁度较低；第 4 项特征显示家庭成员的平均年龄相对于非贫困家庭高出 17 岁以上；第 6 项、第 7 项特征则反映了家庭成员所从事的工作职业威望较低且较为不稳定；其他两项从日常消费的角度反映了贫困家庭较低的生活水平。根据以上数据，虽然此类贫困家庭的住房方面已经得到有效的保障，但其成员年龄偏大，从事的工作不稳定，因此应对此类家庭的劳动力问题和工作问题予以重点关注。

表 8-15　第 6 类贫困家庭的典型特征分析

贫困家庭典型特征	特征权重	贫困家庭均值	非贫困家庭均值
1. 年龄	0.072771	56.1561	32.8025
2. 每月日用品费（元）	0.032927	40.8109	123.731
3. 过去 12 个月给其他人经济帮助（元）	0.018568	31.0138	118.217
4. 每月本地交通费（元）	0.018247	64.6641	297.742
5. 职业威望：SIOPS Code	0.014142	37.8681	39.7687
6. 家庭藏书量	0.011765	15.7096	31.2636
7. 其他人给的钱（元）	0.007057	30.0922	117.209
8. 每月手机费（元）	0.006844	34.8376	96.0425
9. 每月个人缴费额（元）	0.006716	4.92376	78.2665
10. 每月电费（元）	0.005215	41.1034	91.1473

如表 8-15 所示，对第 2 类贫困家庭的各项特征，按其与非贫困家庭特征的差异由大到小

依次进行分析。第 1 项特征显示家庭成员的平均年龄相对于非贫困家庭至少高出 23 岁，表明其中老年人口比重较大；其余特征从日用品、出行、工作、通信等方面体现了此类贫困家庭较低的生活水平。根据以上数据，扶贫过程中政府应对老年人口的日常生活予以重点关注。

除了关注到上述大量贫困家庭所面临的问题外，有些贫困家庭面临的问题虽然出现的频率较低，但在精准扶贫过程中同样有必要对其进行分析，并制定针对性的解决方案。以表 8-12 所示聚类结果中样本数量最少的第 10 类贫困家庭为例，其典型特征如表 8-16 所示。

表 8-16　第 10 类贫困家庭的典型特征分析

贫困家庭典型特征	特征权重	贫困家庭均值	非贫困家庭均值
1. 每月实物福利（元）- 免费早 / 中 / 晚餐	0.002 081	44	118.027
2. 雇工费收入（元）	0.001 886	219.048	88.081 4
3. 每月伙食费（元）	0.001 623	704.286	1803.72
4. 自家农副产品消费总值（元）	0.001 354	1810	372.713
5. 政府补助总额（元）	0.000 949	435.714	120.888
6. 取暖费（元）	0.000 886	11.3737	438.957
7. 医疗费用自付花费（元）	0.000 474	2190.74	726.856
8. 每月本地交通费（元）	0.000 416	184.480	297.742
9. 孩子去年教育支出总额	0.000 294	476.190	8.720 93
10. 种子化肥农药费（元）	0.000 281	3519.05	799.225

按照第 10 类家庭在各项特征与非贫困家庭特征的差距，第 1 项特征表明此类贫困家庭的饮食条件较差，第 3 项特征也佐证了这一点；第 2 项特征较高表明较多家庭成员的工作性质为受雇佣，同时，第 4 项、第 10 项特征反映了该类贫困家庭还从事农业工作；第 5 项特征显示政府部门已经关注到此类贫困家庭的现状，并采取了扶贫措施；第 7 项特征表明此类家庭成员健康状况不佳，同时反映了其医疗保障较差；其余特征从取暖、交通、教育等方面反映了其贫困现状。根据以上数据，该类贫困家庭成员多为受雇佣或从事农业工作，政府应予以重点关注；同时，由于其"医疗费用自付花费"较高，对家庭成员的健康状况和医疗条件也应予以关注。

综合以上分析，特征选择方法能够有效测度贫困家庭各项特征与非贫困家庭的差异，从而分析出分类贫困家庭的主要贫困特征。贫困特征可以归结到健康、工作、住房、养老等多个方面，从而为针对性改善各类贫困家庭面临的贫困问题提供依据。

8.6　本章小结

贫困问题是制约我国经济社会发展的重要因素。在精准扶贫的政策下，越来越多的研究者致力于通过人工智能算法对我国贫困问题进行研究和分析，并提出了一系列贫困帮扶方案。高质量的数据是对贫困问题进行准确研究和分析的基础，然而我国贫困结构复杂，数据采集和收集难度大，数据缺失问题无法避免。本章以 CFPS2016 数据集为基础，通过去跟踪自编码器对其中的缺失值进行填补。同时，考虑到该数据集中不完整样本数量大，采用基于动态缺失值估计的填补方案，在填补过程中实现了现有数据的充分利用。

对 CFPS2016 数据集进行缺失值填补之后得到一个相对完整的数据集，然后采用 A-F 法，综合考虑收入、健康、教育、生活水平 4 个维度对多维贫困家庭进行识别。随后，通过层次聚类算法，根据贫困家庭的各属性值将其划分为不同的类别，方便深入分析每类贫困家庭的主要特点，由此辅助贫困帮扶措施的制定与实施。最终，采用多重聚类特征选择，基于层次聚类所得类别标签分析各类贫困家庭典型特征，找到导致其贫困的主要原因，为进一步设计有针对性的扶贫策略提供依据。由此可见，缺失值填补在诸如贫困问题研究等领域发挥着重要作用，能够为后续算法设计及数据分析提供坚实的基础，体现了其重要的现实意义与实用价值。

参考文献

［1］ 郭建宇，吴国宝. 基于不同指标及权重选择的多维贫困测量——以山西省贫困县为例［J］. 中国农村经济，2012(02):12-20.

［2］ 丁建军. 多维贫困的理论基础、测度方法及实践进展［J］. 西部论坛，2014,24(01):61-70.

［3］ Alkire S, Foster J E. Counting and multidimensional poverty measurement［J］. Oxford Poverty and Human Development Initiative OPHI Working Paper 7, 2007.

［4］ 张志银. 中共中央国务院关于抓好"三农"领域重点工作确保如期实现全面小康的意见［EB/OL］. http://www.cpad.gov.cn/art/2020/2/5/art_1461_111143.html.

［5］ 徐文奇，周云波，平萍. 多维视角下的中国贫困问题研究——基于 MPI 指数的比较静态分析［J］. 经济问题探索，2017(12):31-41.

［6］ 汪为. 农村家庭多维贫困动态性研究［D］. 武汉：中南财经政法大学，2018.

［7］ 张茜. 多维贫困视角下中国农村贫困家庭的识别研究［D］. 北京：首都经济贸易大学，2018.

［8］ 车四方. 社会资本与农户多维贫困［D］. 重庆：西南大学，2019.

［9］ 史春芳. 多维贫困测度及致贫因素研究［D］. 天津：天津财经大学，2018.

［10］ 高明，唐丽霞. 多维贫困的精准识别——基于修正的 FGT 多维贫困测量方法［J］. 经济评论，2018(02):30-43.

［11］ 王保雪. 基于 DEMATEL- 熵权法云南多维贫困指标的权重研究［D］. 昆明：云南财经大学，2014.

［12］ 李晓明，杨文健. 儿童多维贫困测度与致贫机理分析——基于 CFPS 数据库［J］. 西北人口，2018,39(01):95-103.

［13］ 韩佳丽，王志章，王汉杰. 贫困地区劳动力流动对农户多维贫困的影响［J］. 经济科学，2017(06):87-101.

［14］ 骆正清，杨善林. 层次分析法中几种标度的比较［J］. 系统工程理论与实践，2004(09):51-60.

［15］ Cai D, Zhang C Y, He X F. Unsupervised Feature Selection for Multi-cluster Data［C］. Proceedings of the 16th ACM SIGKDD International Conference on Knowledge Discovery and Data Mining, 2010, 333-342.

数据中台

超级畅销书

这是一部系统讲解数据中台建设、管理与运营的著作，旨在帮助企业将数据转化为生产力，顺利实现数字化转型。

本书由国内数据中台领域的领先企业数澜科技官方出品，几位联合创始人亲自执笔，7位作者都是资深的数据人，大部分作者来自原阿里巴巴数据中台团队。他们结合过去帮助百余家各行业头部企业建设数据中台的经验，系统总结了一套可落地的数据中台建设方法论。本书得到了包括阿里巴巴集团联合创始人在内的多位行业专家的高度评价和推荐。

中台战略

超级畅销书

这是一本全面讲解企业如何建设各类中台，并利用中台以数字营销为突破口，最终实现数字化转型和商业创新的著作。

云徙科技是国内双中台技术和数字商业云领域领先的服务提供商，在中台领域有雄厚的技术实力，也积累了丰富的行业经验，已经成功通过中台系统和数字商业云服务帮助良品铺子、珠江啤酒、富力地产、美的置业、长安福特、长安汽车等近40家国内外行业龙头企业实现了数字化转型。

推荐阅读